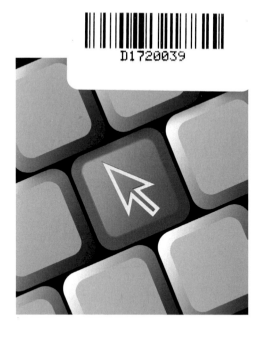

```
D1720039
```

Der **Onlineservice InfoClick**
bietet unter www.vogel-buchverlag.de
nach Codeeingabe zusätzliche
Informationen und Aktualisierungen
zu diesem Buch.

 **In 3 Schritten zum Onlineservice**

1. Einfach www.vogel-buchverlag.de aufrufen.
2. Auf das Logo **InfoClick** klicken.
3. Den unten stehenden Zugangscode und eine
   E-Mail-Adresse eingeben.

Ihr persönlicher Zugang
zum Onlineservice 327105930002

Volker Lenzner/Werner Böhm
Aufzugstechnik

Volker Lenzner
Werner Böhm

Aufzugstechnik

Grundlagen und Entwicklung
Komponenten und Systeme
Richtlinien und Normen
Planung und Betrieb

2., bearbeitete und aktualisierte Auflage

Vogel Buchverlag

Dipl.-Ing. VOLKER LENZNER
Jahrgang 1956
Projektingenieur für CAD, Software-Entwicklung, technische EDV und Dokumentation
Betreuung und Abwicklung von Großprojekten
Leiter der Bereiche Normung, Konstruktionsservice und Dokumentation eines Aufzugsherstellers
Seit 2007 Leiter Vertriebssupport und Key Account
Mitarbeit in nationalen und internationalen Verbänden und Organisationen, beim DIN, bei der ELA,
beim VFA-interlift e.V., beim VDMA, beim VDI und bei der IHK
Schulungstätigkeit in der Aus- und Weiterbildung des VFA-Interlift e.V.

OIng. Dipl.-Ing. WERNER BÖHM
Jahrgang 1938
Nach dem Studium, Fachrichtung Elektrische Energietechnik, zunächst Projektierungsingenieur für elektrische Steuerungen von Werkzeugmaschinen bei Brown Boveri in Baden/Schweiz, danach Entwicklungs-
ingenieur für Stromerzeuger und Schweißgeräte bei Bosch in Stuttgart und seit 1968 nacheinander Leiter
der Versuchsabteilung, Leiter der elektrischen Entwicklung, Geschäftsführer des Vertriebsbereiches Entwicklung. Ab 2003 zunächst Geschäftsführer des Aufzug-Fachverbandes VFA-Interlift e.V. und seit
2008 Koordinator der Aus- und Weiterbildung der VFA-Akademie. Umfangreiche Erfahrungen aus der
Mitgliedschaft in nationalen und internationalen Verbänden, Ausschüssen und Organisationen.

Weitere Informationen:
www.vogel-buchverlag.de

ISBN 978-3-8343-3271-4
2. Auflage. 2012

Vorwort

Das Buch wendet sich an Architekten, Planer und Betreiber von Aufzügen sowie Mitarbeiter von Aufzugsfirmen und Hausverwaltungen, die mehr über die unterschiedlichen Aufzugssysteme, den Stand der Technik und neue Konzepte rund um das Transportmittel Aufzug lernen möchten.

Das vorliegende Buch ist entstanden auf Basis von Vorlesungen von Herrn Dipl.-Ing. (BA), Dipl.-Wirtsch.-Ing. (FH) BERND SCHERZINGER an der Fachhochschule Künzelsau. Herr SCHERZINGER war mehr als fünfzehn Jahre in leitender Position im Bereich Vertrieb und Marketing bei ThyssenKrupp Aufzugswerke in Neuhausen beschäftigt.

Die beiden Autoren Dipl.-Ing. VOLKER LENZNER und Obering. Dipl.-Ing. WERNER BÖHM verfügen ebenfalls über langjährige Erfahrungen im Aufzugsbau. Als leitende Mitarbeiter in unterschiedlichen Funktionsbereichen der Firmen ThyssenKrupp Aufzugswerke und LiftEquip, einer Vertriebstochter für Komponenten von ThyssenKrupp Aufzugswerke, sowie der Mitarbeit in verschiedenen Gremien und Verbänden der Aufzugsindustrie kennen sie die Aufzugsbranche aus den unterschiedlichen Blickwinkeln.

Die Erfahrungen aus der Schulungstätigkeit im Verband VFA-interlift e.V. haben zu der Entscheidung geführt, ein Buch zu veröffentlichen, das sowohl dem interessierten Laien als auch dem Aufzugsbauer eine Einführung und ein Nachschlagewerk zur Verfügung stellt, das sowohl die rechtliche Situation für die Planung und den Betrieb von Aufzügen beschreibt als auch die Grundlagen zur Planung einer Aufzugsanlage auf Basis am Markt frei verfügbarer Komponenten und Systeme aufzeigt.

Bei den technischen Unterlagen, Fotos und Darstellungen wurde im Wesentlichen auf Unterlagen von ThyssenKrupp Aufzugswerke und LiftEquip sowie einiger Mitgliedsfirmen des VFA-interlift zurückgegriffen. Es wurde bei der Auswahl der Informationen darauf geachtet, dass die Ausführungen unabhängig von der verwendeten Quelle den allgemeinen Stand der Technik beschreiben. Alle am Markt verfügbaren Komponenten und Sonderlösungen konnten dabei nicht im Detail beschrieben werden. Über verschiedene Querverweise und Links kann aber auch auf diese Informationen, die häufig in Normen und Richtlinien veröffentlicht sind, zugegriffen werden.

Für die Unterstützung bedanken wir uns bei den in den Quellen genannten Firmen.

Neben der Verlagsausgabe wird das Buch auch in verschiedenen Sonderdrucken erscheinen.

Für die Überlassung der Unterlagen von Herrn BERND SCHERZINGER als Basis für das Buch und die Unterstützung bei der Umsetzung im Layout von ELLEN

Steinhage-Lenzner sowie dem Vogel Buchverlag in Würzburg bei der Druckvorbereitung und Realisierung möchten wir uns bedanken.

Hinweis:
Die Beiträge in diesem Manuskript sind sorgfältig recherchiert und entsprechen dem aktuellen Stand. Abweichungen, beispielsweise durch seit Erstellung geänderte rechtliche Grundlagen sind nicht auszuschließen.

Vorwort zur 2. Auflage

Das große Interesse der Fachwelt und die vielen positiven Rückmeldungen zeigen, dass mit diesem Buch offensichtlich eine Lücke geschlossen werden konnte und eine breite Leserschaft aus dem Umfeld der Aufzugsanwendung angesprochen wurde.

Das Fachbuch wird durch die kompakte Darstellung aller Aspekte in und um den Aufzug zu einem Standardwerk.

Die erste Auflage ist auf ein so großes Interesse gestoßen, dass diese innerhalb von 6 Monaten verkauft wurde. Die Struktur und das Gesamtkonzept wurden beibehalten, mit der 2. Auflage haben wir nur die Möglichkeit wahrgenommen, einige Korrekturen und Ergänzungen an den Stand der Technik einzufügen, wobei hier vor allem im Bereich der Vorschriften und Richtlinien die aktuell geänderten und neuen Dokumente ergänzt wurden.

Volker Lenzner, Waldenbuch   Werner Böhm, Weinstadt

Grußwort

VFA
INTERLIFT
E.V.

VERBAND
FÜR
AUFZUGS-
TECHNIK

Sehr geehrte, interessierte Leser/innen,

das vorliegende Buch stellt eine Einführung, einen Überblick und ein Nachschlagewerk zu den verschiedenen Bereichen der Aufzugstechnik dar. Wir danken den Autoren, dass sie es auf sich genommen haben, das Wissen der Branche zusammenzutragen und allen Interessierten in Form dieses Buches zugänglich zu machen.

Inspiriert wurde diese Arbeit von den vielen Seminarteilnehmern unserer VFA-Akademie, die Weiterbildung in Form von Seminaren und Tagungen anbietet:

In der Schulungsreihe, basierend auf der VDI-Richtlinie 2168, werden alle Themen rund um den Aufzug abgedeckt. Die Inhalte sind auf vier Seminare verteilt. Sie richten sich an die unterschiedlichen Benutzergruppen Mitarbeiter von Aufzugsfirmen, Lieferanten und Hersteller von Aufzugskomponenten sowie Planer und Betreiber.

Eine weitere Schulungsreihe ist die Ausbildung von Mitarbeitern ohne elektrotechnische Ausbildung in Montage und Wartung, damit diese spezielle ausgewiesene Tätigkeiten – Anschlussarbeiten und Messungen – auf Basis der BGG 944 und der TRBS 1201 Teil 4/BGV A3 durchführen dürfen.

Getragen wird die VFA-Akademie vom VFA-Interlift e.V., einem mittelständischen Industrieverband mit ca. 150 Mitgliedsunternehmen, die ca. 1 Mrd. € im Jahr umsetzen. Unsere Mitglieder stellen Aufzüge und deren Komponenten her. Wir sponsern die weltgrößte Aufzugmesse, die interlift in Augsburg. Wir sind aktiv in die deutsche und europäische Gesetzgebung und Normung eingebunden.

Wir wünschen dem Werk eine große Verbreitung im Interesse der Hersteller und Nutzer von Aufzügen.

Achim Hütter

VFA-Interlift e.V.
Vorsitzender

VFA-Interlift e.V.
Rahlau 62, D-22045 Hamburg
Telefon +49 (0) 40 727 30 150, Fax +49 (0) 40 727 30 160
E-Mail info@vfa-interlift.de, Internet www.vfa-interlift.de

Hochwertige Zubehörteile für die Aufzugsindustrie

Rollenführungen

Aufsetzpuffer

Führungsschuhe

Führungschuh-Einlagen

Schienenöler

Ölauffangbehälter

Seilaufhängungsfedern

Kabelaufhängungen

Seilspannrollen

Profil- und Türführungsrollen

Rollen aus ACLATHAN®/Vulkollan®

ACLATHAN ist ein eingetragenes Warenzeichen der ACLA-WERKE GMBH.
Vulkollan ist ein eingetragenes Warenzeichen der Bayer AG.

ACLA-WERKE GMBH · Frankfurter Str. 142-190 · 51065 Köln · Germany
Tel. ++49(0)2 21/6 99 98-0 · Fax ++49(0)2 21/69 71 21 · e-mail: info@acla-werke.de · www.acla-werke.de

Inhaltsverzeichnis

Vorwort 5

Grußwort 7

1   Einführung 13
    1.1   Geschichte des Aufzuges 13
    1.2   Grundbegriffe 15
        1.2.1   Aufzug 15
        1.2.2   Fahrstuhl 16
        1.2.3   Nennlast 17
        1.2.4   Nenngeschwindigkeit 17
        1.2.5   Förderhöhe 18
    1.3   Gliederung der Aufzüge nach der Nutzung 18
        1.3.1   Personenaufzug 19
        1.3.2   Lastenaufzug 20
        1.3.3   Güteraufzug 22
        1.3.4   Kleingüteraufzug 23
        1.3.5   Behindertengerechter Aufzug 25
        1.3.6   Krankenbettenaufzug 27
        1.3.7   Feuerwehraufzug 29
        1.3.8   Autoaufzug 29
        1.3.9   Glasaufzug 30
        1.3.10 Panoramaaufzug 34
        1.3.11 Doppeldeckeraufzug 35
        1.3.12 Aufzugssystem TWIN 37
        1.3.13 Schrägaufzug 40
        1.3.14 Umlaufaufzug – Paternoster 43
        1.3.15 Schiffshebewerk 45
        1.3.16 Trommelaufzug 47

2   Aufzugstechnik 49
    2.1   Aufzugssysteme 49
        2.1.1   Elektrischer Treibscheibenaufzug 56
        2.1.2   Hydraulischer Aufzug 60
        2.1.3   Triebwerksraumloser Aufzug 64
        2.1.4   Sonderausführungen 68
    2.2   Aufzugskomponenten 69
        2.2.1   Antriebstechnik 69
        2.2.2   Antriebsregelung 73
        2.2.3   Steuerung 92
        2.2.4   Schachtinstallation (elektrischer Teil) 114

	2.2.5	Kraftübertragung	114
	2.2.6	Fahrkorb und Fahrkorbausstattung	125
	2.2.7	Türen	131
	2.2.8	Bedienung und Anzeigen	138
	2.2.9	Gegengewicht	143
	2.2.10	Peripherie	145
2.3		Entwicklungen, Trends	153
	2.3.1	Einbindung des Aufzuges in die Gebäudeautomation	153
	2.3.2	Berührungslose Signal- und Energieübertragung zum Fahrkorb	154
	2.3.3	Multimedia in Aufzugskabinen	155
	2.3.4	Linearantrieb	155
	2.3.5	Peoplemover®	155

3		Sicherheitstechnik im Aufzug	157
3.1		Fangvorrichtung	159
3.2		Seilbremse	162
3.3		Geschwindigkeitsbegrenzer	162
3.4		Puffer	164
3.5		Elektrische Sicherheitskreise	165
3.6		Bremse	175
3.7		Leitungsbruchventile	176
3.8		Notrufsysteme	176

4		Gebäude als Schnittstelle	183
4.1		Aufzugsschacht	183
4.2		Triebwerksraum	186
4.3		Schachttüren	189
4.4		Elektrischer Anschluss	192
4.5		Schachtentlüftung/Schachtentrauchung	197
4.6		Bauseitige Leistungen	198

5		Regelwerke für Aufzüge	203
5.1		Struktur und Aufbau des Regelwerks	203
5.2		Europäische Richtlinien	205
	5.2.1	Aufzugsrichtlinie 95/16/EG (ARL)	206
	5.2.2	Maschinenrichtlinie 2006/42/EG (MRL)	210
	5.2.3	Bauproduktenrichtlinie 89/106/EWG	211
	5.2.4	Arbeitsmittelbenutzungsrichtlinie 95/63/EG	211
	5.2.5	Niederspannungsrichtlinie 2006/95/EG	211
	5.2.6	EMV-Richtlinie 2004/108/EG	211
	5.2.7	ATEX-Richtlinie 94/9/EG	212
	5.2.8	Druckgeräterichtlinie 97/23/EG	212

	5.2.9	Richtlinie über die Gesamteffizienz von Gebäuden (EPB) 2010/31/EU	212
	5.2.10	Öko-Design-Richtlinie 2005/32/EG – EuP – Energy using Products	213
	5.2.11	Öko-Design-Richtlinie 2009/125/EG – ErP – Energy related Products	213
	5.2.12	Richtlinie zur Endenergieeffizienz und Energiedienstleistungen 2009/125/EG	215
5.3		Europäische Normen	215
	5.3.1	System der Normenreihe EN 81	215
	5.3.2	Aufzugsrelevante europäische Normen	215
5.4		Nationale Gesetze und Verordnungen	226
	5.4.1	Geräte- und Produktsicherheitsgesetz (GPSG)	226
	5.4.2	Betriebssicherheitsverordnung (BetrSichV)	226
	5.4.3	Landesbauordnungen (LBOs)	229
	5.4.4	Hochhausrichtlinie	229
5.5		Nationale Regeln, Normen und Richtlinien	230
	5.5.1	DIN-Normen	230
	5.5.2	Technische Regeln für Betriebssicherheit (TRBS)	231
	5.5.3	Ablösung der technischen Richtlinien (TRA)	231
	5.5.4	Berufsgenossenschaftliche Informationen (BGIs) und Vorschriften (BGVs)	232
	5.5.5	VDI-Richtlinie	232
	5.5.6	VDMA-Einheitsblätter	234
	5.5.7	VdTÜV-Merkblätter	234
	5.5.8	DAfA-Empfehlungen	235
5.6		ISO-Standards	236
6		**Planung von Aufzügen**	239
6.1		Ausschreibung	239
6.2		Aufzugsfachplaner	239
6.3		Verkehrserschließung und Gebäudelogistik	240
	6.3.1	Auslegung und Bemessung von Aufzügen	241
	6.3.2	Verkehrsanalyse und Förderleistungsberechnung	242
	6.3.3	Einzelaufzüge im Gebäude	243
	6.3.4	Gruppenanordnungen	243
	6.3.5	Aufzugsdimensionierung	244
	6.3.6	Dokumentation	245
	6.3.7	Inverkehrbringen von Aufzügen	247
	6.3.8	Aufzug als Geräuschquelle im Gebäude	247
6.4		Brandschutz	252
6.5		Barrierefreies Bauen	254
6.6		Explosionsschutz	256

6.7   Elektromagnetische Verträglichkeit (EMV) 260
6.8   Blitzschutz 263
6.9   Platzbedarf im Gebäude 265
6.10 Anlagenbeurteilung 272

7   Prüfung und Betrieb von Aufzügen 283
7.1   Baustellenbetrieb 283
7.2   Abnahmeprüfung 284
7.3   Wiederkehrende Prüfung 285
7.4   Sonderprüfungen 286
7.5   Betreiberpflichten 286
       7.5.1   Aufzugswärter/Eingewiesene Person 287
       7.5.2   Aufzugsnotruf 288

8   Service und Wartung 289
8.1   Verschleiß und Lebensdauer 289
8.2   Wartung 289
       8.2.1   Wartungspflicht 289
       8.2.2   Wartungsverträge 290
8.3   Reparaturen 291
8.4   Störungen 292
       8.4.1   Dokumentation von Störungen 292
       8.4.2   Unfallmeldung 293
8.5   Modernisierungsaspekte 295
       8.5.1   Anpassung an den Stand der Technik 295
       8.5.2   Erhöhung der Förderleistung 295
       8.5.3   Verschönerungsmaßnahmen 296
8.6   Arbeits- und Gesundheitsschutz 299
8.7   Umweltschutz 301

9   Ausblick 305

10   Prozesse und Fertigungstechnologien 315

Formelzeichen und Abkürzungen 319

Publikationen und Veranstaltungen 323

Infopool 327
       Gremien und Organisationen in Deutschland 327
       Gremien und Organisationen in Europa 328
       Informationen rund um den Aufzug 328
Literaturverzeichnis 329
Quellenverzeichnis 331
Glossar 333
Stichwortverzeichnis 337

1 Einführung

1.1 Geschichte des Aufzuges

Der Aufzug als Personen- und Lasterbeförderungssystem existiert in seiner Grundform schon sehr lange und hat mit der zunehmend Verstädterung und der damit verbundenen Geschossbauweise sowie der Industrialisierung eine zunehmend größere Bedeutung erlangt. Im Industriellen Bereich ist er für die Beförderung von Waren und Gütern – teilweise eingebunden in den Produktionsprozess – nicht mehr wegzudenken. In Hotels, öffentlichen Gebäuden, auf Bahnhöfen, in Einkaufszentren und im Geschosswohnungsbau gehört der Aufzug damit auch vor dem Hintergrund gesetzlicher Vorgaben, in denen geregelt ist, dass öffentlich Gebäude im Neubau barrierefrei ausgeführt bzw. im Bestand entsprechend nachgerüstet werden müssen, zu einem der wichtigsten Transportmittel für den Vertikaltransport von Personen und Gütern.

Der Ursprung der Aufzüge reicht schon sehr weit zurück.

Aristoteles (384–322 v. Chr.) beschreibt mechanische Hebe- und Förderanlagen:

einfache Winden, auf deren hölzernen Achse ein Seil durch Muskelkraft auf- und abgetrommelt werden kann und an dem Lasten auf und ab bewegt werden können. [1]

Archimedes (287–212 v. Chr.) und Vitruv (1. Jh. v. Chr.) erwähnen Aufzugsanlagen in römischen Palästen. [1]

Im Mittelalter wird die Technik der Winden zum vertikalen Lastentransport verfeinert und immer weiter perfektioniert, primär zur Durchführung großer Baumaßnahmen oder zur Förderung wertvoller Rohstoffe. [1]

«All safe, Gentlemen, all safe!»
Elisha Graves Otis (1811–1861) im Jahr 1854 im New Yorker Crystal Palace

Die Demonstration einer Plattform für den Lastentransport, deren Absturz nach dem Durchschneiden des Tragseiles eine automatische Sicherheitsfangvorrichtung sofort stoppte, zeigt Bild 1.1.

Mitte des 19. Jahrhunderts werden Wasser- und Dampfantrieb zur Erzeugung der Antriebskräfte genutzt. [1]

1880 präsentiert Werner von Siemens den Elektromotor, die ideale Antriebsmaschine auch für Aufzüge. Die Präsentation fand auf der Pfalzgauausstellung in Mannheim statt. [7]

Der Aufzug wird in der Folge auch von den Architekten als Gestaltungselement entdeckt. [7]

Bild 1.1
ELISHA GRAVES OTIS bei der publikumswirksamen Demonstration
seiner Sicherheitsfangvorrichtung [1]

Die Antriebstechnik wird weiterentwickelt und der ursprüngliche Trommelantrieb wird zunehmend durch einen Antrieb nach dem Treibscheibenprinzip mit zusätzlichem Gegengewicht abgelöst. [7]

Da Aufzüge, anders als andere Verkehrssysteme, mehr und mehr ohne Aufsichtspersonal (Bild 1.2) betrieben werden, bekommen die Anforderungen an die Sicherheit einen immer größeren Stellenwert.

Die Sicherheit der Aufzüge wird der staatlichen Aufsichtspflicht unterworfen. Von 1893 bis 1926 werden einheitliche Aufzugsverordnungen in allen deutschen Ländern erlassen. [7]

Der Aufzug wird sicherheitstechnisch und bei der Bedienung immer weiter verfeinert. [7]

Mit der weltweiten Nutzung des Transportmittels Aufzug wurden in den einzelnen Ländern Sicherheitsstandards definiert, und durch gesetzliche Regelungen wurden Richtlinien erlassen, nach denen Aufzüge gebaut, in den Verkehr gebracht und im Betrieb überwacht werden müssen.

Mit Entstehung und Erweiterung der EU wurden die verschiedenen nationalen Richtlinien und Normen durch EU-Recht ersetzt, und diese Regeln wurden dann von den einzelnen Ländern jeweils in nationales Recht überführt. Damit entstand um das Normenwerk der EN-81-Reihe ein Werk von Normen, das auch in anderen Ländern außerhalb der EU Anerkennung gefunden hat.

Damit war eine Basis geschaffen, Aufzugskomponenten und Aufzugssysteme nahezu weltweit nach einem einheitlichern Standard zu bauen und zu betreiben. Einige nationale Vorschriften und Marktgewohnheiten blieben weiterhin noch bestehen und machen Anpassungen und Sonderlösungen in den unterschiedlichen Märkten erforderlich.

Bild 1.2
Aufzugsanlage mit Liftboy im Warenhaus «Grands Magazins Jelmoli SA» in Zürich, um 1902 [13]

Diese Entwicklungen machen den Aufzug heute zu einem der sichersten Verkehrsmittel überhaupt.

1.2 Grundbegriffe

Im Aufzugsbau gibt es einige Begriffe, von denen hier kurz die wichtigsten erläutert werden. Die einzelnen Themen werden in späteren Kapiteln dann nochmals aufgegriffen.

1.2.1 Aufzug

Die Definition, was unter einem Aufzug zu verstehen ist, lässt sich anhand der für dieses Fördermittel gültigen Vorschriften ablesen.

Die **Aufzugsrichtlinie 95/16/EG** gilt für alle neuen Personen- und Lastenaufzüge, die in ein neues oder in ein bestehendes Gebäude eingebaut werden und die zur Personen- und Lastenbeförderung dienen, einen geschlossenen, betretbaren Fahrkorb besitzen, in einem Gebäude dauerhaft eingebaut sind, an starren Führungen fortbewegt werden, die gegenüber der Horizontalen um mehr als 15° geneigt sind und über Steuereinrichtungen verfügen, die vom Innern des Fahrkorbes aus bedient werden können. [10]

Im Sinne der **Aufzugsverordnung (AufzV)** sind Aufzüge Anlagen, die zur Personen- oder Güterbeförderung zwischen festgelegten Zugangs- und Haltestellen bestimmt sind und deren Lastaufnahmemittel in einer senkrechten oder gegen die Waagerechte geneigte Fahrbahn bewegt werden und mindestens teilweise geführt sind.

Die Betriebsgeschwindigkeit eines Aufzuges nach Aufzugsverordnung ist größer als 0,15 m/s.

Anlagen, die bei weniger als 1,8 m Förderhöhe zur ausschließlichen Güterbeförderung oder zur Güterbeförderung mit Personenbegleitung bestimmt sind oder eine Betriebsgeschwindigkeit von weniger als 0,15 m/s haben, sind keine Aufzugsanlagen im Sinne der Aufzugsrichtlinie. [1]

Damit fallen nachfolgende Anlagen nicht unter die Aufzugsrichtlinie:

❑ Kleingüteraufzüge,
❑ Güteraufzüge,
❑ Plattformaufzüge für Behinderte,
❑ Aufzüge in Beförderungsmitteln,
❑ Baustellenaufzüge usw.

Diese Anlagen fallen unter die Maschinenrichtlinie (2006/42/EG vom 26. Mai 2010) bzw. unterliegen nationalem Recht.

1.2.2 Fahrstuhl

Fahrstuhl ist eine altdeutsche oder auch umgangssprachlich verwendete Bezeichnung für einen «Aufzug»:

Der Name «Fahrstuhl» stammt vermutlich aus Zeiten, in denen Personen, in einem meist offenen Fahrkorb auf einem Stuhl sitzend, vertikal befördert wurden.

Die Personen wurden entweder aufwärts gezogen bzw. abwärts gelassen oder konnten sich selbst durch eigene Kraft, an einem Seil hangelnd, aufwärts bzw. abwärts bewegen.

Bild 1.3 zeigt einen «Fahrstuhl» in einem Treppenauge. Das Gewicht des Fahrkorbes war so ausbalanciert, dass sich eine Person, auf einem Stuhl sitzend, mit

Bild 1.3
Restaurierter «Fahrstuhl» im Schloss Waal bei Buchloe [15]

Handkraft an dem Seil selbst in das nächste Stockwerk ziehen bzw. ablassen konnte. [15]

1.2.3 Nennlast

Begriffsbestimmung nach der EN 81: [5]

Die Nennlast ist die Last, für die der Aufzug ausgelegt ist.

Die Nennlast bzw. die maximal zulässige Personenzahl sind auf einem Typenschild im Fahrkorb angegeben.

Gebräuchlich und gleichbedeutend sind auch die Begriffe:

❑ Tragfähigkeit,
❑ Traglast,
❑ Tragkraft,
❑ Zuladung,
❑ Nutzlast.

Im Weiteren soll aber stets der Begriff aus der Norm «Nennlast» verwendet werden.

1.2.4 Nenngeschwindigkeit

Begriffsbestimmung aus der EN 81 [5]
Unter der Nenngeschwindigkeit versteht man die Geschwindigkeit des Fahrkorbes, für die der Aufzug für den Normalbetrieb ausgelegt ist.

Die üblichen Geschwindigkeiten von Personenaufzügen betragen 1,0 m/s, 1,6 m/s und 2,0 m/s. Aufzüge mit größeren Förderhöhen und Förderleistungen werden auch mit Geschwindigkeiten bis 6,0 m/s ausgelegt. Der schnellste Aufzug in einem Bürogebäude in Europa fährt mit 8,5 m/s (31 km/h) und befindet sich im DaimlerChrysler-Gebäude in Berlin am Potsdamer Platz. Der derzeit schnellste Personenaufzug weltweit fährt 17 m/s (61 km/h) und befindet sich im Taipei Financial Center in Taiwan.

Außerhalb von Europa werden Aufzüge mit Nenngeschwindigkeiten von 1,2 m/s, 1,5 m/s und 1,75 m/s als Standardgeschwindigkeiten betrieben.

Die Nenngeschwindigkeit von Hydraulikaufzügen ist auf 1,0 m/s begrenzt. Die gängigen Geschwindigkeiten bei Hydraulikaufzügen sind 0,63 m/s, 0,8 m/s und 1,0 m/s. Dabei können die Geschwindigkeiten in Aufwärts- und Abwärtsrichtung unterschiedlich sein ($v_{ab} > v_{auf}$), dadurch kann bei der Fahrt in Aufwärtsrichtung Energie gespart werden, und es wird gleichzeitig eine größere mittlere Geschwindigkeit erreicht.

Die maximalen Geschwindigkeiten des Aufzuges sind im Wesentlichen technisch begrenzt. Der Mensch empfindet eine Aufwärtsgeschwindigkeit von 17 m/s ohne Druckausgleich nur noch bedingt als angenehm. Bei der Abwärtsfahrt ist der Mensch noch weniger belastbar. Deshalb ist z.B. die Abwärtsgeschwindigkeit im Taipei Financial Center auf 9 m/s begrenzt.

Für noch höhere Geschwindigkeiten müsste ein Druckausgleich vorgesehen werden. Der Aufenthalt in einer Druckschleuse würde den Zeitvorteil durch die hohen Geschwindigkeiten allerdings wieder zunichte machen.

Mit steigender Geschwindigkeit müssen auch aerodynamische Zusatzmaßnahmen in Bezug auf eine Reduzierung der Windgeräusche im Schacht und beim Vorbeifahren an den Schachttüren in den Haltestellen getroffen werden.

1.2.5 Förderhöhe

Unter der Förderhöhe versteht man die senkrechte Höhe, über die der Fahrkorb be- bzw. entladen werden kann, d.h. der Abstand zwischen der untersten und der obersten Haltestelle.

1.3 Gliederung der Aufzüge nach der Nutzung

Grundsätzlich kann unterschieden werden, ob es sich um einen Personen- oder Lastenaufzug handelt. Weitere Unterscheidungen sind nach der Anwendung und dem Einsatzgebiet des Aufzuges sowie dem Umfeld und des gewählten Antriebskonzeptes möglich. Weitere Gesichtspunkte bei der Planung sind die Anzahl und Anordnung der Aufzüge in einem Gebäude, wobei diese anhängig von der Gebäudenutzung, der Gebäudestruktur und den Anforderungen an die Förderleistung sind. Weitere Planungsaspekte sind, ob es sich um einen Gebäudeneubau handelt, bei dessen Gesamtplanung noch Veränderungen möglich sind, die Einfluss auf die Aufzüge haben, oder ob es eine Sanierungsmaßnahme im Bestandsbau betrifft, bei der evtl. auch Belange des Denkmalschutzes berücksichtigt werden müssen.

Bei Planungen im öffentlichen Bereich müssen auch die Anforderungen an die Behindertengerechtigkeit – Barrierefreiheit – von Aufzügen berücksichtigt werden. Dabei sind neben dem eigentlichen Aufzug auch das Umfeld des Aufzuges im Gebäude und die Zugänglichkeit zum Gebäude in die Planungen mit einzubeziehen.

Je nach Umfeld des Anlagenstandortes und der Benutzergruppen sind evtl. auch besondere Anforderungen hinsichtlich des Vandalenschutzes mit bei der Planung zu berücksichtigen. Glas, Spiegel, massive Bedien- und Anzeigeelemente sowie Materialien, die höheren Beanspruchungen standhalten, sind hier bei der Planung vorzusehen. In Sonderfällen kann auch eine Kameraüberwachung der Aufzugsanlage und der Umgebung sinnvoll sein.

Ganz andere Anforderungen an die Planung sind zu berücksichtigen, wenn bei einer bestehenden Aufzugsanlage Modernisierungen und Umbauten durchzuführen sind. In diesem Fall müssen sowohl die Ergebnisse der sicherheitstechnischen Beurteilung auf Basis der Betriebssicherheitsverordnung als auch die Anforderungen an den Aufzug aufgrund der gegenüber der Erstinbetriebnahme geänderten Anforderungen aus der derzeitigen Gebäudenutzung mit betrachtet werden. Da eine Modernisierung häufig wegen fehlender Finanzmittel in mehreren Einzelmaßnahmen durchgeführt werden muss, sollte vor Beginn der Sanierung ein Gesamtmodernisierungsplan erarbeitet werden, damit nach Abschluss der Sanierung / Modernisierung eine auf die Wünsche des Kunden zugeschnittene technisch und wirtschaftlich vernünftige Anlage umgesetzt wird.

Das Thema Energieeffizienz von Gebäuden hat in den letzten Jahren auch das Gewerk Aufzug erreicht und sollte bei allen Planungen, auch bei Reparaturen und Sanierungsmaßnahmen, mit betrachtet werden. In der VDI 4707 sind dazu die den Aufzug betreffenden Punkte für die Betriebszustände Fahren und Stand-by unter Berücksichtigung der Aufzugsnutzung definiert. Bei Anlagen mit geringer Nutzung (wenige Fahrten pro Tag) ist der Stand-by-Verbrauch die zu betrachtende Größe. Hier kann der Verbrauch bis zu 80% des Gesamtverbrauches der Anlage betragen, wenn keine entsprechenden Maßnahmen ergriffen werden.

Da die Planungen und Umsetzungen dieser Maßnahmen sehr unterschiedlichen Planungs- und Ausschreibungsaufwand erfordern können, ist es sinnvoll, dafür die Unterstützung von Fachleuten in Anspruch zu nehmen. Dazu können auf der einen Seite das Herstellerunternehmen, die Wartungsfirma, die benannten Stellen, die mit der regelmäßigen Überprüfung der Anlagen beauftragt sind, oder freie Sachverständige und Fachplaner angesprochen werden. Kontakte zu den entsprechenden Firmen und Organisationen können die Verbände vermitteln. Einige der Ansprechadressen sind ohne einen Anspruch auf Vollständigkeit im Anhang Infopool aufgelistet.

1.3.1   Personenaufzug

Ein Personenaufzug ist ein Aufzug, der vorwiegend zur Beförderung von Personen bestimmt ist. Die meisten Aufzüge in Wohn- und Geschäftsgebäuden sind Personenaufzüge. [15]

Die maximale Anzahl von Personen, die in einem Fahrkorb befördert werden dürfen, wird dabei durch die Fläche des Fahrkorbes begrenzt. Die Angaben auf dem Typenschild / Tragkraftschild, z. B. 630 kg oder 8 Personen, berücksichtigen ein mittleres Normgewicht von 75 kg pro Person (EN 81-1). In Abhängigkeit von der Tragfähigkeit ist die zugeordnete Fahrkorbgrundfläche zu ermitteln. Der Fahrkorb wird jedoch selten mit der maximalen Personenzahl belegt, da Körperkontakt gemieden wird und normalerweise nur so viele Personen zusteigen, dass ein angenehmes Stehen gerade noch möglich ist (Bild 1.4). [15]

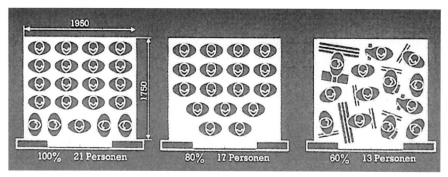

Bild 1.4   Verschiedene Füllgrade am Beispiel eines Fahrkorbes mit einer Nennlast von 1600 kg [1]

Je nach Einsatzbereich sind bei der Festlegung der erforderlichen Fahrkorbgröße von Personenaufzügen auch andere Gesichtspunkte zu berücksichtigen, wie z.B.: [15]

❑ eine für Rollstühle geeignete Größe,
❑ Wahl der Fahrkorbgröße und Nenngeschwindigkeit entsprechend der erforderlichen Förderleistung,
❑ eine geeignete Größe für den Transport von Kinderwagen einschließlich Begleitpersonen,
❑ eine geeignete Größe für den Transport von Krankentragen (ab einer bestimmten Geschossanzahl ist dies nach der Landesbauordnung vorgeschrieben),
❑ eine geeignete Größe für das Mitnehmen von Gepäckstücken, Gepäckwagen, Einkaufswagen,
❑ ein geeignetes Verhältnis von Fahrkorbbreite und Fahrkorbtiefe.

Elektrisch betriebene Personenaufzüge werden in der Europäischen Norm EN 81-1: 1998+A3:2009 behandelt; hydraulisch betriebene Personenaufzüge werden in der Europäischen Norm EN 81-2:1998+A3:2009 behandelt.

1.3.2   Lastenaufzug

Begriffsbestimmung nach **EN 81**: [5]
   Ein Lastenaufzug ist ein Aufzug, der vorwiegend zur Beförderung von Lasten, die im Allgemeinen von Personen begleitet werden, bestimmt ist.
   Begriffsbestimmung nach **TRA** (**T**echnische **R**egeln für **A**ufzüge) (gilt nicht mehr für neue Aufzüge nach der Aufzugsrichtlinie): Lastenaufzüge sind Aufzugsanlagen, die dazu bestimmt sind, Güter zu befördern oder Personen zu befördern, die von demjenigen beschäftigt werden, der die Anlage betreibt.

20

Mit Lastenaufzügen dürfen andere als die genannten Personen auch befördert werden, wenn der Lastenaufzug von einem Aufzugsführer bedient wird oder wenn die Fahrkorbzugänge mit Fahrkorbabschlusstüren versehen sind.

Hinweis
Die Begriffsbestimmung nach TRA ist nur noch gültig für Aufzüge, die vor dem 01.07.1999 nach TRA in Verkehr gebracht wurden. Die TRA-Regeln sind durch die Normenreihe EN 81 und die TRBS abgelöst worden. (Über den Onlineservice InfoClick finden Sie eine Gegenüberstellung, welche TRA durch welche TRBS ersetzt wurde.)

Bild 1.5
Lastenaufzug [Q.1]

Bild 1.6
Sicherheitslichtgitter am Lastenaufzug [Q.1]

1.3.3 Güteraufzug

Begriffsbestimmung nach EN 81

Güteraufzüge sind Aufzugsanlagen, die ausschließlich dazu bestimmt sind, Güter zu befördern, d.h., der Personentransport bei Güteraufzügen ist verboten!

Man unterscheidet generell drei Arten von Güteraufzügen:

Vereinfachte Güteraufzüge sind Aufzugsanlagen, die ausschließlich dazu bestimmt sind, Güter zwischen höchstens drei Haltestellen zu befördern, deren Nennlast 2000 kg, deren Fahrkorbgrundfläche 2,5 m² und deren Betriebsgeschwindigkeit 0,3 m/s nicht überschreiten.

Behälteraufzüge sind Aufzugsanlagen, die ausschließlich dazu bestimmt sind, Güter in für die jeweilige Aufzugsanlage bestimmten Sammelbehältern zwischen höchstens drei Haltestellen zu befördern, deren Nennlast 1000 kg und deren Betriebsgeschwindigkeit 0,3 m/s nicht übersteigen.

Unterfluraufzüge sind vereinfachte Güteraufzüge oder Behälteraufzüge, deren Fahrschacht in Höhe des Niveaus der oberen Haltestelle endet.

Bild 1.7a
Güteraufzug [Q.1]

Bild 1.7b
Unterfluraufzug [Q.1]

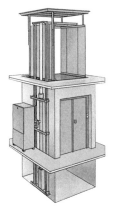

Bild 1.7c
Unterfluraufzug [Q.6]

Nach der Europäischen Norm EN 81-31:2010 H sind betretbare Güteraufzüge zugelassen.

1.3.4 Kleingüteraufzug

In der EN 81-3:2000 [6] werden Anforderungen für elektrisch und hydraulisch betriebene Kleingüteraufzüge festgelegt. Kleingüteraufzüge sind Güteraufzüge, die aufgrund ihrer Größe als nicht betretbar betrachtet werden können. Diese Aufzüge unterliegen der Maschinenrichtlinie. Nach den Definitionen der EN 81-3 dürfen sie eine maximale Grundfläche von $1\,m^2$, eine maximale Fahrkorbtiefe von $1,0\,m$ und eine maximale Fahrkorbhöhe von $1,2\,m$ nicht überschreiten. Die maximale Nennlast beträgt $300\,kg$, und die Nenngeschwindigkeit darf $1,0\,m/s$ nicht überschreiten. Die Führungen sind um nicht mehr als 15° gegen die Senkrechte geneigt.

Gegenüber normalen Personen- und Lastenaufzügen sind folgende wichtige Vereinfachungen in der EN 81-3 beschrieben:

- ❏ reduzierter Schachtkopf,
- ❏ reduzierte Schachtgrube mit beweglichen Anschlägen, falls diese betretbar ist,
- ❏ Zugänglichkeit zu Triebwerken in nicht betretbaren Triebwerksräumen durch Wartungstüren,

- reduzierte Anforderungen an Türverriegelungen in bestimmten Fällen, alternative Maßnahmen zur Ladungssicherung anstelle von Fahrkorbtüren, reduzierte Schürzenlänge,
- Fangvorrichtung nur in bestimmten Fällen erforderlich, vereinfachte Puffer und Anschläge zulässig, reduzierte Anforderungen an Triebwerke, keine Überlastkontrolle erforderlich und
- kein Notrufsystem erforderlich.

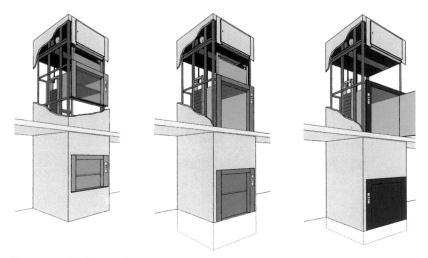

Bild 1.8   Verschiedene Ausführungen von Kleingüteraufzügen [Q.1]

Bild 1.9
Höhenriss von einem Kleingüteraufzug [9]

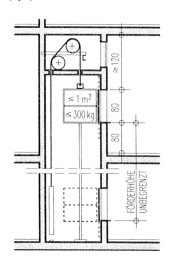

Kleingüteraufzüge werden in der Europäischen Norm EN 81-3:2000 behandelt.

24

1.3.5 Behindertengerechter Aufzug

Behindertengerechte Aufzüge sind Aufzüge, die bestimmte Anforderungen an Tür- und Fahrkorbgrößen sowie an Bedien- und Anzeigeelemente erfüllen müssen, um behinderten Personen (Rollstuhlfahrer, Personen mit Gehhilfen, Personen mit Seh- oder Hörbehinderungen usw.) die selbstständige Aufzugsnutzung bzw. die Nutzung mit einer Begleitpersonen zu ermöglichen.

Die Anforderungen an behindertengerechte Aufzüge sind in der EN 81-70:2003 beschrieben. In der DIN 18 025 Teil 1 und DIN 18 024 Teil 2 sind die Hauptabmessungen dieser Aufzüge angegeben. Das Rollstuhlfahrersymbol kennzeichnet die Aufzugsgrößen, die diese Anforderungen erfüllen.

Die wichtigsten Anforderungen für behindertengerechte Aufzüge lauten:

❑ lichte Türbreite mindestens 0,90 m,
❑ lichte Türhöhe mindestens 2,00 m,
❑ lichte Fahrkorbbreite mindestens 1,10 m,
❑ lichte Fahrkorbtiefe mindestens 1,40 m,
❑ behindertengerechte Befehlsgeber in Ausführung und Anordnung.

Die Anordnung und die Höhe der Befehlsgeber müssen so ausgeführt werden, dass sie eine Bedienung vom Rollstuhl aus ermöglichen (z.B. waagerechte, pultförmig angeordnete Fahrkorbbedientafeln können zusätzlich gefordert werden, wenn die Anordnung der Taster unter Berücksichtigung der festgelegten Höhen in dem Standardbedienpaneel nicht realisiert werden kann):

❑ kontrastreiche, taktile (= erhaben, fühlbar) Bezeichnungen der Taster,
❑ Anordnung der Taster in der Höhe im Fahrkorb und im Außenbereich im Mauerknopfkasten,
❑ Sonderausführung für die Haupthaltestelle (Taster vorstehend mit grünem Ring hinterlegt),
❑ Handlauf über die gesamte Fahrkorbtiefe,
❑ Spiegel an der Fahrkorbrückwand zur Orientierung beim Rückwärtsfahren für Rollstuhlfahrer,
❑ Flurbreite (Rangierfläche) am Zugang mind. 1,50 m,
❑ Sprachansagegerät zur Information, z.B. über Stockwerksinformationen.

Damit ergibt sich als Mindestanforderung für einen behindertengerechten Aufzug eine Nennlast von mindestens 630 kg bzw. eine zulässige Personenzahl von 8 Personen.

Alle Funktionen und Fahrbewegungen des Aufzuges werden zusätzlich optisch und akustisch eindeutig quittiert. Die Haltegenauigkeit (Stufenbildung) ist definiert.

Aufzüge im öffentlichen Bereich müssen diese Anforderungen erfüllen, im privaten Bereich sind Abweichungen in Bezug auf die besonderen Erfordernisse der Nutzer gemäß deren Mobilitätseinschränkungen möglich.

Bild 1.10
Fahrkorb mit waagerechtem Bedientableau [Q.6]

Damit bestehende Gebäude nachträglich diesen Anforderungen gerecht werden, ist eine Möglichkeit, diese Aufzüge gemeinsam mit einem Notausgang an bestehenden Gebäuden nachzurüsten. In diesem Fall sollte am Hauptzugang eine entsprechende Beschilderung erfolgen, die die Erreichbarkeit des Aufzuges beschreibt. Im Rathaus in Stuttgart war eine Änderung des Hauptzugangs aufgrund der Treppensituation nicht möglich; hier wurde im Hofbereich der Bereich des Notausgangs mit einem Aufzug nachgerüstet, damit ein behindertengerechter Zugang möglich ist.

Bild 1.11
Glasaufzug mit Notausgang Rathaus Stuttgart [Q.7]

1.3.6 Krankenbettenaufzug

In DIN 15 309 sind Abmessungen für elektrisch betriebene Bettenaufzüge genannt. Die DIN enthält auch Angaben zu erforderlichen Stauräumen vor den Fahrschachttüren. Diese Norm hat nur Gültigkeit für Seilaufzüge, die als Krankenbettenaufzug eingesetzt werden sollen, d.h., sie hat keine Gültigkeit für Aufzüge mit hydraulischem Antrieb.

Es werden drei Größen von Bettenaufzügen entsprechend der Nutzung unterschieden (DIN 15 309, Abschnitt 7): [3]

Bettenaufzug mit einer Nennlast von 1600 kg
Diese Aufzugsgröße ist vorwiegend geeignet für Altenheime und Pflegeheime und dient zum Transport eines Bettes von ca. 900 mm × 2000 mm einschließlich Personenbegleitung am Kopfende und/oder seitlich stehend.
  Fahrkorbgröße: 1,40 m × 2,40 m × 2,30 m (Breite × Tiefe × Höhe)
  Türgröße: 1,30 m × 2,10 m (Breite × Höhe) (Bild 1.12a).

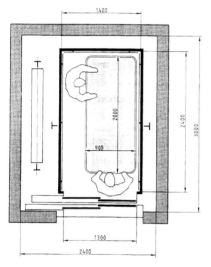

Bild 1.12a
Bettenaufzug nach DIN 15 309 mit Nennlast 1600 kg [3]

Bettenaufzug mit einer Nennlast von 2000 kg
Diese Aufzugsgröße ist vorwiegend geeignet für Krankenhäuser und als Zweit- bzw. Mehrfachaufzug für Kliniken und dient zum Transport eines Bettes von ca. 1000 mm × 2300 mm einschließlich Begleitperson am Kopfende und/oder seitlich stehend.
  Fahrkorbgröße: 1,50 m × 2,70 m × 2,30 m (Breite × Tiefe x Höhe)
  Türgröße: 1,30 m × 2,10 m (Breite × Höhe) (Bild 1.12b).

Bild 1.12b
Bettenaufzug nach DIN 15 309 mit Nennlast
2000 kg [3]

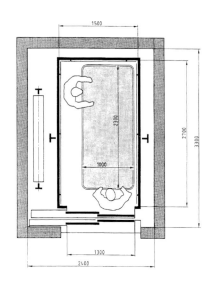

Bettenaufzug mit einer Nennlast von 2500 kg

Diese Aufzugsgröße ist vorwiegend geeignet für Krankenhäuser und Kliniken und dient zum Transport von Betten und Geräten für die medizinische Versorgung und Notbehandlung der Patienten.

Fahrkorbgröße: 1,80 m × 2,70 m × 2,30 m (Breite × Tiefe × Höhe)

Türgröße: 1,30 m bzw. 1,40 m × 2,10 m (Breite × Höhe) (Bild 1.12c).

Bild 1.12c
Bettenaufzug nach DIN 15 309 mit Nennlast
2500 kg [3]

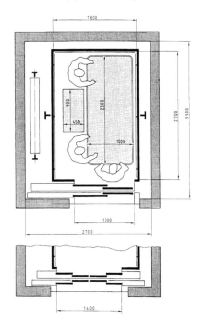

28

In den Krankenhausbauverordnungen der Länder können davon abweichende Aufzugsmindestgrößen vorgegeben sein.

1.3.7 Feuerwehraufzug

Feuerwehraufzüge sind Personen- oder Lastenaufzüge nach EN 81-72:2003, die entsprechend der Landesbauordnung und den Bauordnungen der Länder im Brandfall für den Feuerwehreinsatz zur Verfügung stehen sollen.

An Feuerwehraufzüge werden besondere Anforderungen gestellt, wie z. B.:

- ❑ Fahrkorb aus nicht brennbaren Materialien,
- ❑ Deckenausstiegsluke im Fahrkorb,
- ❑ Ausstiegsleiter im Fahrkorb,
- ❑ separater Triebwerksraum für Feuerwehraufzug,
- ❑ Notstromversorgung,
- ❑ spezielle Steuerungsprogramme,
- ❑ separate Sprechstelle für Feuerwehrbetrieb.

Einige Brandschutzbehörden haben die Ausführungskriterien für den Bau und Betrieb von Feuerwehraufzügen bereits im Internet veröffentlicht: Feuerwehr Düsseldorf und Branddirektion Frankfurt/Main (über Menü: Berufsfeuerwehr, Vorb. Brandschutz, 22.24).

Feuerwehraufzüge werden im normalen Betrieb zum allgemeinen Personen- und Lastentransport benutzt. Im Brandfall sollen Feuerwehraufzüge der Feuerwehr einen schnellen Rettungseinsatz ermöglichen und werden deshalb zu diesem Zweck aus der normalen Aufzugs(gruppen)steuerung herausgenommen.

Für die Planung von Feuerwehraufzügen wird empfohlen, bereits in der Planungsphase die zuständige Baubehörde und die Feuerwehr in die Entscheidung einzubeziehen. Insbesondere ist hier eine Vernetzung z. B. mit einer Brandmeldezentrale planerisch zu berücksichtigen.

Die Vorräume zu Feuerwehraufzügen müssen in die Planung mit einbezogen werden.

1.3.8 Autoaufzug

Der Autoaufzug ist speziell für den Transport von Fahrzeugen ausgelegt. Nachfolgend sind die wichtigsten konstruktiven Besonderheiten aufgeführt:

- ❑ Ampelanlage vor der Schachttür und in der Kabine,
- ❑ Heranholen des Aufzuges per Schlüsselschalter oder Funksignal,

- überdachter Einfahrtbereich vor der Schachttür ins Freie,
- beheizte Schwellenführung (gegen die Bildung von Eis im Winter),
- rutschfester Bodenbelag mit Auffangrinne und Ablauf für Schmelzwasser,
- Gefälle von der Schachttür ins Freie (gegen Zulauf von Wasser bei Regenfällen),
- evtl. Einbau einer Aufsetzvorrichtung für den Fahrkorb in den Haltestellen (gegen das Absinken beim Ein- und Ausfahren),
- Signalgeber in der Kabine auch vom Fahrzeug aus zugänglich,
- Leistungsfähige Be- und Entlüftung des Fahrkorbes,
- Rammschutzleisten in der Kabine,
- verstärkte Ausführung der Führungsschienen (starke Querkräfte durch Beschleunigung und Bremsen).

Bild 1.13   Autoaufzug [Q.6]

1.3.9   Glasaufzug

Glasaufzüge sind Personenaufzüge mit teil- oder ganzverglasten Fahrkörben und teilweise oder vollständig umwehrten Fahrschächten.

Die Fahrschächte können teilweise oder in Schachtgerüsten ganz verglast ausgeführt sein. Eine mechanische Mindestfestigkeit der Schachtwände ist vorgeschrieben.

In **Verkehrsbereichen** (zugängliche Verglasungen am Zugang oder an Umwehrungen) ist die Verglasung in Verbundsicherheitsglas (VSG) auszuführen.

In **Nichtverkehrsbereichen** ist Einscheibensicherheitsglas (ESG) zulässig. Die Mindestglasstärken können in Abhängigkeit von der Lagerungsart (Art der Einfassung und statische Lagerung der Glasscheiben) ermittelt werden. Bei unebenen Verglasungen oder Punktbefestigung ist ein entsprechender Nachweis durch Pendelschlagversuche zu erbringen.

30

Bei **teilumwehrten Fahrschächten** sind Sicherheitsabstände zwischen beweglichen Aufzugsteilen (Fahrkorb, Fahrkorbtüren, Gegengewicht) zu berücksichtigen.

Umwehrungen teilumwehrter Schächte müssen an Zugängen eine Mindesthöhe von 3,5 m aufweisen. An den anderen Seiten sind Mindestumwehrungshöhen in Abhängigkeit vom Abstand zu beweglichen Aufzugsteilen einzuhalten.

Bei Panorama- und Glasaufzügen sind die Reinigungsmöglichkeiten der Glasscheiben und der – durch das Glas einsehbaren – Aufzugsteile zu berücksichtigen.

Fahrkorbwände müssen eine mechanische Mindestfestigkeit aufweisen und umschlossen sein. Glas an Wänden muss aus Verbundsicherheitsglas bestehen und Pendelschlagversuchen standhalten bzw. die in den Sicherheitsregeln EN 81-1 Anhang J angegebenen Anforderungen erfüllen. Die nachfolgenden Bilder zeigen die Verwendung von Glas im Fahrkorb und im Bereich der Schachtumwehrung. Durch entsprechende Farbgebung kann im verglasten Schachtgerüst eine optisch ansprechende Lösung auch zur Nachrüstung in einem Treppenhaus realisiert werden (Bild 1.14). Andere Möglichkeiten bieten sich, wenn die Trennfolien im Sicherheitsglas mit entsprechenden Mustern versehen werden (Bild 1.15). Glas und Edelstahl zur Schachtgestaltung in Kombination mit Vollglastüren, die nur unten und oben gefasst sind, bieten viel Gestaltungsspielraum für Verwendung im Neubau, aber auch als Kontrastpunkt in der Modernisierung (Bild 1.16).

Bild 1.14
Glasschachtgerüst [Q.6]

31

Bild 1.15
Strukturen in der Glasschachtverklei-
dung [Q.6]

Bild 1.16
Materialmix Glas und Edelstahl [Q.6]

Türen mit Glastürblättern müssen in Verbundsicherheitsglas ausgeführt sein und einem Festigkeitsnachweis durch einen Pendelschlagversuch unterzogen werden.

Fahrkorbwände mit Glasflächen, deren Unterkanten weniger als 1,1 m vom Fußboden entfernt sind, müssen in einer Höhe zwischen 0,9 und 1,1 m einen Handlauf haben. Der Handlauf muss unabhängig vom Glas befestigt sein.

Bild 1.17
Teilverglaster Fahrkorb mit abgerundetem Handlauf [Q.1]

Bild 1.18
Verglastes Schachtgerüst mit Glasfahrkorb [Q.1]

1.3.10 Panoramaaufzug

Panoramaaufzüge sind Personenaufzüge mit teil- oder komplettverglasten Fahrkörben und teilumwehrten Fahrschächten.

Panoramaaufzüge sind transparente Aufzüge, bei denen die verglasten Kabinen entweder vor dem eigentlichen Fahrschacht, in dem der Hubmechanismus, die Fahrschachttüren und die Führungsschienen untergebracht sind, auskragen oder in denen der Fahrkorb direkt im Glasschachtgerüst auf und ab fährt.

Sie finden immer häufiger Anwendung in mehrgeschossigen Eingangshallen und Atrien von Bürogebäuden, Hotels, Banken und Einkaufszentren oder als Außenaufzug vor der Fassade.

Im Gegensatz zu den Aufzugsanlagen in einem geschlossenen Fahrschacht erfüllen sie vor allem eine gestalterische und werbewirksame Funktion, gewähren Rundblick und Übersicht und ermöglichen dem Aufzugsbenutzer ein besonderes dynamisches Raumerlebnis, die Raumstruktur des Gebäudes zu «erfahren».

Für die nicht genormten Panoramaaufzüge existieren keine Vorschriften, d. h., es ist eine Ausnahmegenehmigung erforderlich.

Bild 1.19
Beispiele für Formen von Panoramaaufzügen [9]

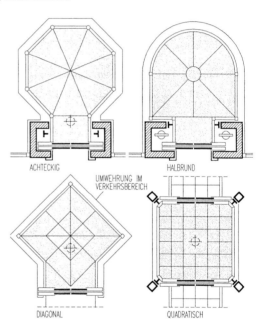

Da jeder Panoramaaufzug in der Regel vom Architekten individuell für das jeweilige Projekt entworfen und von der Herstellerfirma auf diese Anforderungen hin konstruiert und gefertigt werden muss, sind die Kosten häufig erheblich höher als für genormte Standardaufzüge. Auch bei sogenannten Standardaufzügen sind Ausführungen mit Wandglaselementen und Glastürblättern realisierbar, hier wer-

34

den aber dann einige Einschränkungen gemacht, um die entsprechenden Bauteile als Serienteile fertigen zu können.

Wenn diese Anlagen zusätzlich im Außenbereich angeordnet sind, müssen spezielle Maßnahmen gegen Witterungseinflüsse berücksichtigt werden.

Die Ausführung eines Panoramaaufzuges ist sowohl als Treibscheibenaufzug als auch als Hydraulikaufzug möglich. Bei geringen Förderhöhen und reduzierten Anforderungen an die Förderleistung hat ein Hydraulikaufzug Vorteile, da die Technik ohne Gegengewicht so angeordnet werden kann, dass ein großer freier Bereich für den Panoramablick zur Verfügung steht. Auch Lösungen mit Fahrkorbzugang über Eck oder mit drei Fahrkorbtüren sind hier leichter zu realisieren. Ein weiterer Vorteil kann sein, dass der Triebwerksraum nicht in unmittelbarer Nähe zum Schacht angeordnet sein muss. [9]

Bild 1.20   Panoramaaufzug [Q.1]

1.3.11 Doppeldeckeraufzug

Der Doppeldeckeraufzug hat in einem Fangrahmen zwei Kabinen. Beide Kabinen sind damit fest miteinander gekoppelt und können sich nicht unabhängig voneinander bewegen. Doppeldeckeraufzüge nutzen den Schachtquerschnitt besser aus als ein klassischer Aufzug mit nur einer Kabine in einem Schacht. Deshalb werden Doppeldeckeraufzüge bei sehr hohen Gebäuden eingesetzt, um größere Personenströme von einer Haupteingangsebene zu einer definierten Endhaltestelle zu befördern. Die Endhaltestelle kann z.B. eine Aussichtsplattform oder eine Verteilerhaltestelle (Lobby) sein.

Aufgrund der hohen Fahrkorbgewichte (zwei Fahrkörbe) und der doppelten Tragfähigkeit gegenüber einem Einzelaufzug müssen höhere Antriebsleistungen und damit größere Antriebe zur Verfügung gestellt werden. Ein Beispiel für einen derartigen Antrieb ist die Synchron Gearless SF 1000 von ThyssenKrupp Aufzugswerke.

Dieser Antrieb kann eingesetzt werden für Tragfähigkeiten bis zu 5000 kg für beide Fahrkörbe, einem Fahrkorbgewicht der beiden Kabinen inklusive des gemeinsamen Fangrahmens bis zu 13 500 kg und einer Förderhöhe bis zu 550 m bei einer Nenngeschwindigkeit von max. 12 m/s.

Bild 1.21 Gearless SF 1000 im Shanghai World Financial Center [Q.1]

Es gibt unterschiedliche Möglichkeiten, die Fahrkörbe zu «befüllen»:

Es werden jeweils zwei Zugangs- und Ausstiegshaltestellen vorgesehen, die durch Fahrtreppen miteinander verbunden sind, oder die Fahrkörbe halten nacheinander an ein und der gleichen Haltestelle. Wenn die Haltestellenabstände, die von beiden Fahrkörben angefahren werden, im Gebäude nicht jeweils gleich sind, kann es erforderlich sein, dass die beiden Fahrkörbe ihre Lage zueinander im Fangrahmen verändern können. Damit ist auch ein getrenntes Nachholen in der Haltestelle möglich, wenn sich durch unterschiedliche Beladung eine Stufenbildung zur Schachttürschwelle ergibt.

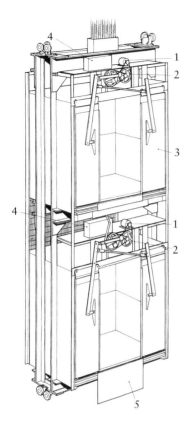

Bild 1.22
Doppeldeckeraufzug mit zwei übereinander
angeordneten Kabinen in einem gemeinsamen
Fangrahmen [8]

1   Türmotor
2   Türmechanismus (Führung)
3   Fahrkorbtür
4   Türsteuerung
5   Türschürze

1.3.12   Aufzugssystem TWIN

Eine Alternative zum Doppeldeckeraufzug stellt ein Aufzugssystem mit zwei unabhängigen Fahrkörben in einem Schacht dar, das System TWIN. Bei diesem System
können sich beide Aufzüge unter bestimmten Randbedingungen unabhängig voneinander im Schacht bewegen.

Es ist eine alte Idee, einen Aufzugsschacht nicht nur für einen Fahrkorb, sondern für zwei oder mehrere Kabinen zu nutzen. Schon im Jahr 1930 wurden diese
ersten Patente angemeldet, die über komplizierte Seilverläufe und Rollenanord-
nung dies ermöglicht hätten. Die Idee wurde aber nie verwirklicht. Erst im Jahr
2003 wurde dieses Konzept der Mehrfachnutzung von Aufzugsschächten aufgegriffen und in die Realität umgesetzt.

Ein Vorteil des TWIN-Systems liegt darin, dass die Aufzugsschächte besser als
bei konventionellen Aufzügen ausgenutzt werden. Die beiden Aufzüge sind als getrennte Systeme anzusehen, die aber die Schachtabschlusstüren und die Schachtinstallation mit den Schienen gemeinsam nutzen. Über eine spezielle Sicherheitssteu-

erung wird verhindert, dass die beiden Aufzüge miteinander kollidieren und ein Mindestabstand in jedem Betriebszustand eingehalten wird. Innerhalb dieser Grenzen können beide Systeme sich unabhängig voneinander im Schacht bewegen. Die Aufteilung der Antriebsleistung gegenüber einem Doppeldecker in zwei Antriebsmaschinen reduziert die Gesamtkosten der Antriebssysteme. Diese Aufzugssysteme – Doppeldecker und TWIN – werden jeweils nur als Teil einer Aufzugsgruppe realisiert. Beide System machen andere Steuerungssysteme erforderlich, bei denen über eine sogenannte Zielauswahlsteuerung (Bild 1.25) vom Fahrgast bereits vor dem Aufzug sein Fahrziel ausgewählt wird und aufgrund der unterschiedlichen Fahrtanforderungen und des momentanen Standortes der Aufzüge ein Aufzug dem Fahrgast zugeordnet wird, der diesen dann, ohne dass er im Fahrkorb sein Fahrtziel nochmals eingeben muss, an die Zieletage fährt.

Damit kann z.B. eine konventionelle Vierergruppe durch TWIN-Systeme mit drei Schächten ersetzt werden; in diesem Fall ist die Leistungsfähigkeit, d.h. die Förderleistung, mindestens gleichwertig oder sogar noch höher.

Um die eindeutige Zuordnung der einzelnen Komponenten zum oberen bzw. unteren Aufzug möglich zu machen, werden die Komponenten der einzelnen Aufzüge in verschiedenen Farben lackiert – hier Rot und Blau (Bilder 1.26 und 1.27).

Diese Konzepte können damit nicht nur bei Neuplanungen, sondern auch im Bestand bei Komplettsanierungen wie der BMW-Hauptverwaltung (Vierzylinder) in München eine technisch und wirtschaftlich günstige Lösung sein. Damit können

Bild 1.23
TWIN als Panoramaaufzüge Maintriangel in Frankfurt [Q.1]

die bestehenden Schächte effektiver ausgenutzt werden und evtl. besteht auch die Möglichkeit, in einem bestehenden Gebäude einen Schacht für die Hausinstallation zur Verfügung zu stellen, ohne die Förderleitung zu verringern.

ThyssenKrupp Aufzugswerke ist derzeit der einzige Hersteller weltweit, der dieses System serienreif am Markt anbietet.

Bild 1.24   TWIN-Zweiebenenzugangskonzept [Q.1]

Bild 1.25
TWIN mit Zielwahlsteuerung [Q.1]

Bild 1.26
TWIN; Blick in den Schacht [Q.1]

Bild 1.27
Triebwerksraum TWIN [Q.1]

1.3.13 Schrägaufzug

Schrägaufzüge für Personen und Lasten finden Verwendung bei besonderen Geländeverhältnissen, z.B. bei Hanglagen, Terrassenhaussiedlungen oder bei im Grundriss versetzten Haltestellen.

Daneben können sie auch als Ersatz für eine Fahrtreppe eingebaut werden, wenn die verschiedenen Ebenen für Rollstuhlfahrer, Kinder- oder Gepäckwagen problemlos erreicht werden sollen. In Deutschland wurde vor Jahren damit begonnen, auf Bahnhöfen in den Bauraum einer Fahrtreppe einen Schrägaufzug zu installieren, damit z.B. Personen mir Rollstühlen und Kinderwagen die verschiedenen Ebenen erreichen können, ohne dass ein Aufzug installiert werden muss.

Bild 1.28
Schrägaufzug an einer Haltestelle der Stuttgarter S-Bahn [Q.7]

Bild 1.29
Schrägaufzug der Firma Hütter in Amsterdam [Q.11]

Bild 1.30 Schrägaufzug von SMW in Schweden mit Komponenten von LiftEquip [Q.9]

Neben einer unteren und oberen Haltestelle, die in der Regel kopfseitig angeordnet sind, können auch Aufzüge mit seitlichen Zugängen eingebaut werden.

Als Antriebsart kommen in erster Linie Seilantriebe in Frage, aber auch Hydrauliklösungen, Ketten- und Zahnstangenantriebe sind möglich. Je nach Geländesituation kann es erforderlich sein, dass die Neigung der Fahrbahn sich über die Fahrstrecke ändert. Dies ist bei der Antriebsauslegung zu berücksichtigen.

Die Schachtbreite ist abhängig von der Kabinenbreite, die lichte Höhe von der Kabinenhöhe zuzüglich der Fahrrollen und dem darunter angeordneten Fahrschacht für das Gegengewicht. Bei Schrägaufzügen oder Zugängen im Freien sind alle Teile gegen Regen und Eisbildung zu schützen. [9]

Bild 1.31a
Gegengewicht eines Schrägaufzuges von SMW [Q.9]

Bild 1.31b
Triebwerksraum mit Getriebe für Schrägaufzug SMW [Q.9]

Die Firma Hütter aus Hamburg hat sich bei der Entwicklung, Konstruktion und Ausführung von Schrägaufzügen weltweit einen guten Namen erworben. Bild 1.32 zeigt Schrägaufzüge in einem Freizeitpark in Seoul.

Wenn Schrägaufzüge aufgrund der Geländestruktur über die Fahrstrecke eine unterschiedliche Steigung haben, muss die horizontale Lage des Fahrkorbes über diese Fahrstrecke entsprechend angepasst werden. Bild 1.33 zeigt diese Verstellbarkeit an einer Anlage der Firma Leitner im belgischen Spa.

Bild 1.32   Schrägaufzug von Firma Hütter [Q.11]

Bild 1.33
Schrägaufzug mit Neigungsverstellung [Q.7]

1.3.14 Umlaufaufzug – Paternoster

Die im Allgemeinen als «Paternoster» bezeichneten Personen-Umlaufaufzüge sind vor allem geeignet für einen gleichmäßigen, kontinuierlichen Verkehr zwischen den Geschossen und wurden deshalb früher häufig in Büro- und Amtsgebäuden eingebaut.

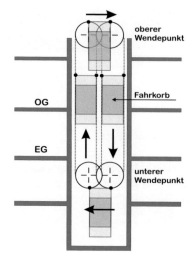

Bild 1.34
Höhenriss von einem Umlaufaufzug [9]

Bild 1.35
Paternoster im Rathaus Stuttgart [Q.7]

Die Fahrkörbe sind an zwei Ketten aufgehängt, die kontinuierlich in einer Richtung bewegt werden, so dass in jedem Stockwerk je eine Kabine für die Aufwärts- und die Abwärtsfahrt zur Verfügung steht.

Die Fahrkörbe sind nach vorne hin offen und bieten Platz für 1, meist 2 Personen. Die Geschwindigkeit ist mit max. 0,25 m/s so gering, dass während der Fahrt zu- und ausgestiegen werden kann.

Die Antriebsmaschine liegt, zusammen mit der Überfahrt, wo die Kabine aufrecht stehend die Fahrtrichtung wechselt, über dem obersten Geschoss. Für die Unterfahrt der Kabine ist eine relativ tiefe Schachtgrube entsprechend der Kabinenhöhe erforderlich.

Die Förderleistung ist aufgrund der Nenngeschwindigkeit vergleichbar mit der von Fahrtreppen. Für den Stock-Stock-Verkehr ist dieser Nachteil gegenüber einem Aufzug vernachlässigbar.

Seit 1974 dürfen in Deutschland keine neuen Paternosteraufzüge mehr in Verkehr gebracht werden. Mit einer gesetzlichen Änderung sollte erreicht werden, dass auch die bestehenden Systeme stillgelegt werden müssen. Da sich großer Widerstand gegen eine Stilllegung und ein Verbot des Betriebs dieses Kulturgutes formierte, wurde die geplante Änderung aufgehoben und damit der Betrieb bestehender Paternoster bis auf Weiteres mit Einschränkungen an den Nutzerkreis erlaubt. In öffentlichen Gebäuden mit Paternostern wurden zusätzliche Aufzüge für den öffentlichen Bereich installiert. Den Stand der Technik für die Nutzung von Paternosteraufzügen beschreibt die TRA 500 [9].

44

1.3.15 Schiffshebewerk

Schiffshebewerke sind Sonderformen von Aufzügen, die als Hubwerk oder auch als Schrägaufzug ausgeführt werden. Aufgrund der hohen Hublasten werden hier mehrere verkettete Antriebe eingesetzt, um den Trog zwischen den beiden Niveaus zu bewegen.

In den Bildern 1.36 a und b ist die Hebeanlage (Hubtrog und Maschinenraum) eines der größten Hubwerke in Europa, das Schiffshebewerk Strépy-Thieu in Belgien am Canal du Centre, dargestellt. Es wurde 2002 in Betrieb genommen. Die beiden Fördertröge können Wasserfahrzeuge mit bis zu 1350 t Gewicht befördern. Der Höhenunterschied zwischen Ein- und Ausfahrt beträgt 73,15 m und wird in 7 Minuten überwunden.

Bild 1.36a
Schiffshebewerk [Q.7]

Bild 1.36b   Schiffshebewerk, Maschinenraum [Q.7]

Bild 1.36c   Bootshebeanlage als Schrägaufzug [Q.7]]

Bild 1.36d   Bootshebeanlage
als Schrägaufzug,
Triebwerksraum [Q.7]

Eine andere Variante ist die Ausführung als Schrägaufzug, bei dem ein mit Wasser gefüllter Trog, in den die Schiffe ein- und ausfahren können, über eine Schräge auf Rollen zwischen den beiden Stationen bewegt wird. Eine Anlage dieser Art gibt es im Nordelsass am Rhein-Marne-Kanal bei Lutzelbourg. Sie ersetzt mit einer Förderhöhe von knapp 45 m 17 Schleusen, die im alten Kanal über diese Höhe den Höhenunterschied überwinden. Aufgrund der Größe des «Fahrkorbes» und der Belastungen werden zwei Antriebe und zwei Gegengewichte eingesetzt. Die Bilder 1.36c und 1.36d zeigen die Anlage mit dem Fördertrog mit zwei Booten und den Gegengewichten sowie einen Blick in den Maschinenraum mit den beiden Antrieben.

1.3.16 Trommelaufzug

Beim Trommelaufzug hängt der Fahrkorb am Seil, und die Antriebsmaschine wickelt das an der Trommel befestigte Seil ähnlich wie bei einem Kran auf die Trommel auf. Als Antrieb werden Schneckengetriebe mit entsprechender Adaption zum Anbau der Trommel verwendet. Alternativ können auch Hydrauliksysteme eingesetzt werden. Damit kann bei beengten Platzverhältnissen die Anlage ohne Gegengewicht ausgeführt werden. Die Lösung eignet sich besonders zur Nachrüstung in Gebäuden mit beengten Platzverhältnissen. Der Schachtquerschnitt kann hier für einen größeren Fahrkorb ausgenutzt werden, da kein Gegengewicht erforderlich ist.

Bild 1.37   Trommelantrieb Firma Janzhoff [Q.10]

2 Aufzugstechnik

2.1 Aufzugssysteme

In der Einführung zu diesem Buch wurden schon kurz einige Punkte angesprochen, die die unterschiedlichen Aufzugssysteme sowie deren Einsatzmöglichkeiten beschreiben und einige Anhaltspunkte aufzeigen, die bei der Planung berücksichtigt werden sollten.

> *Bei den Hauptanwendungen, auf die in diesem Buch schwerpunktmäßig eingegangen werden soll, werden Treibscheibenaufzüge und Hydraulikaufzüge betrachtet, die es jeweils in Ausführungen mit einem Triebwerksraum oder auch als maschinenraumlose Systeme am Markt gibt. Diese Systeme können in unterschiedlichen Anordnungen der Aufhängung ausgeführt werden. Durch dieses Prinzip – vergleichbar mit einem Flaschenzug – können mit geringerer Antriebsleistung bzw. geringerem Heberquerschnitt entsprechend größere Lasten gehoben werden. Bild 2.1 zeigt den Platzbedarf für die verschiedenen Systeme mit Treibscheibenantrieb mit Triebwerksraum, als MRL-System mit Schutzräumen und als MRL-System mit reduzierten Schutzräumen. Für Hydrauliksysteme sind ähnliche Vergleiche möglich. Die Anordnung der Triebwerksräume muss nicht zwingend oben über dem Schacht vorgesehen sein.*

Anlage mit TWR   Anlage ohne TWR (MRL System)   MRL Anlage (ohne SK und SG)

Bild 2.1   Anordnung Seilaufzug [Q.1]

Es werden dazu die verschiedenen Antriebskomponenten, die Steuerung, die Komponenten der Sicherheitstechnik und die übrigen Baugruppen wie Türen, Schachtausrüstung, elektrische Komponenten und Zusatzausrüstungen beschrieben.

Die Planung der unterschiedlichen Systeme wird auf der Grundlage der Richtlinien und Normen verglichen und es wird beispielhaft eine Planung einer Musteranlage durchgeführt und die Dokumentation für den Endkunden in Form der Betriebsanleitung und den Unterlagen für die benannten Stellen und zur Anmeldung bei der Aufsichtbehörde erläutert.

Weitere Systeme wie Schrägaufzüge, Tommelaufzüge, Kettenaufzüge, Zahnstangenaufzüge und Aufzüge mit Spindelantrieb werden nicht vertiefend betrachtet.

Neben den technischen Rahmenbedingungen bei der Planung sind auch die Designanforderungen des Architekten und die speziellen Wünsche des Kunden zu berücksichtigen. Hier sind die Fahrkorbausstattungen wie Wandverkleidungen mit Panelen oder Spiegeln, Glaswandelementen, Glastüren, Steinböden und Zusatzeinbauten wie Handläufe, Rammschutzleisten, abgehängte Beleuchtungsdecken, Multimediaanwendungen usw. zu nennen. Diese Kundenwünsche sollten frühzeitig bekannt sein, da Sonderausstattungen das Fahrkorbgewicht erhöhen und damit auch die Antriebsleistung beeinflussen. Spätere Änderungen können hier umfangreiche Umplanungen erforderlich machen, die dann häufig auch kostenrelevant sind.

Häufig sind eine Bauzeichnung und eine technische Ausschreibung die Basis für die Anlagenplanung. Durch die Schachtabmessungen und die Lage des Maschinenraumes – wenn vorhanden – werden wichtige Planungsparameter festgelegt. Die Schachtzugänge und die verfügbare Grundfläche legen die mögliche Fahrkorbgrundfläche und damit die Tragfähigkeit der Anlage fest. Mit der Förderhöhe und den Leistungsanforderungen an die Anlage kann die Betriebsgeschwindigkeit definiert werden. Mit den Abmessungen des Schachtkopfes können die Überfahrwege und die Schutzräume überprüft werden. Die Antriebsauslegung definiert die Größe des Antriebs, der dann in dem verfügbaren Maschinenraum oder bei maschinenraumlosen Systemen im Schacht verbaut werden muss. In dem Zusammenhang wird bei Treibscheibenaufzügen die Treibfähigkeit nach EN 81-1 Anhang M berechnet.

Danach werden die Sicherheitsbauteile berechnet und die übrigen Komponenten ausgewählt und im Schacht positioniert. Für die Übertragung der statischen und dynamischen Lasten in das Gebäude werden die Führungsschienen für Fahrkorb und Gegengewicht nach EN 81-1 bzw. EN 81-2 Anhang G berechnet und die auftretenden Kräfte auf die Puffer unter Fahrkorb und Gegengewicht ermittelt. Die Befestigung im Schacht erfolgt über Schachtbügel mit Halfenschienen bzw. durch Dübelbefestigung. Bei Dübelbefestigung ist darauf zu achten, dass die Dübel für die auftretende dynamische Belastung zugelassen sind.

Die Lieferanten von Aufzügen und Aufzugskomponenten sowie unabhängige Softwarehäuser haben für diese unterschiedlichen Berechnungen Tools entwickelt, die sie bei der Planung nutzen und die Berechnungsergebnisse den Kunden für die Dokumentation zur Verfügung stellen. Häufig werden in Aufzugskonfiguratoren diese Berechnungsergebnisse zur weiteren Planungsunterstützung weiterverwendet und können im Auftragsfall nach der Auftragsbearbeitung für eine automatisierte Erstellung der anlagenspezifischen Dokumentation genutzt werden.

Das Ergebnis einer Aufzugsanlagenplanung ist neben den Berechnungsergebnissen eine Planzeichnung (Anlagezeichnung), in der in die Baugrundrisse die Aufzugskomponenten mit ihren Hauptabmessungen eingezeichnet sind. Ergänzt wird die Zeichnung um die Anschlussmasse zum Gebäude mit Angabe der jeweiligen Belastungen für den Statiker.

Dieser Plan mit einer Legende zur Abgrenzung der Leistungen der einzelnen Gewerke ist Grundlage für die weitere Realisierung des Aufzugsprojektes. Die notwendigen Angaben werden in die Bauzeichnungen übernommen, die technische Bearbeitung des Aufzuges wird auf dieser Basis durchgeführt, und für den Montagbetrieb ist diese Zeichnung der Einbau- und Montageplan. Zusätzlich geht dieser Plan mit in die Dokumentation ein, damit für spätere Umbauten und Modernisierung darauf zurückgegriffen werden kann.

Im Wesentlichen sind folgende Darstellungen auf der Zeichnung ausgeführt:

❑ Schnitt durch den Fahrkorb,
❑ Schnitt in der Schachtgrube,
❑ Schnitt im Triebwerksraum bzw. Schachtkopf bei MRL-Systemen,
❑ Höhenschnitt mit Angabe der Haltestellenbezeichnungen und Höhencode,
❑ Türaussparungen und Türansichten,
❑ Montagegerüste und Lastpunkt für Lastösen und Montageträger,
❑ Detaildarstellungen von Aussparungen und Durchbrüchen,
❑ Angabe der Belastungen auf das Gebäude in den einzelnen Darstellungen mit Angabe der Lage der Halfenschienen bzw. Befestigungspunkte für die Dübel,
❑ Legende mit Leistungsabgrenzungen und Angabe technischer Daten für die Planung anderer Gewerke (elektrische Anschlussleistung und abzuführende Wärmemengen),
❑ Verlegewege der elektrischen Verkabelung im Triebwerksraum und der Schachtinstallation,
❑ Blattkopf mit Anlagendaten, Änderungsstand und Freigabevermerk des Auftraggebers.

Bild 2.2 gibt einen Gesamtüberblick über den Aufbau in den Inhalt einer Anlagezeichnung am Beispiel eines MRL-Systems. Diese Zeichnungen werden im Format A0 oder A1 ausgedruckt. Einige Anwender bevorzugen die Darstellung auf Zeichnung im A3-Format, da diese einfacher im Handling sind und auch von den meisten Bürodruckern ausgedruckt werden können. Hier werden dann die einzelnen Darstellungen auf mehreren Blättern ausgeführt.

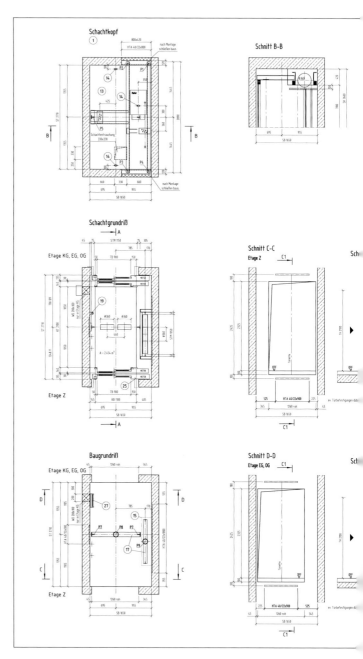

Bild 2.2   Anlagezeichnung [Q.2]

52

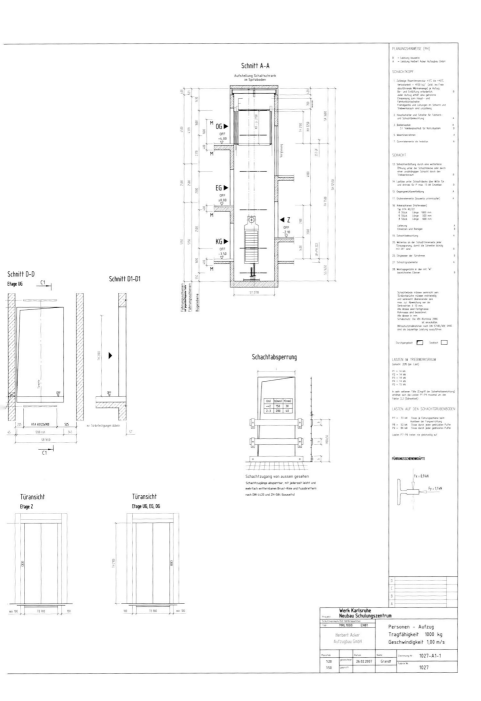

Schnitt A-A

Aufstellung Schaltschrank
im Spitzboden

OG ▶
OFF
+4,00

EG ▶
OFF
±0,00

KG ▶
OFF
–3,50

◀ Z
OFF
–2,10

Schnitt D-D
Etage UG

Schnitt D1-D1

Schachtabsperrung

Schachtzugang von aussen gesehen

Schachtzugänge absperrbar, mit jederzeit leicht und
mehrfach entfernbaren Brust-Knie und Fussleitern
nach DIN 4420 und ZH-584 (Bauseits)

Türansicht
Etage Z

Türansicht
Etage UG, EG, OG

PLANUNGSHINWEISE (PH)

Werk Karlsruhe
Neubau Schulungszentrum

Personen - Aufzug
Tragfähigkeit 1000 kg
Geschwindigkeit 1,00 m/s

Herbert Acker
Aufzugbau GmbH

26.02.2007   Grandt

1027-A1-1

1027

53

In den Bildern 2.3 bis 2.6 sind einzelne Darstellungen herausgezogen, damit die Einzelkomponenten erkennbar sind. Hier sind die einzelnen Baugruppen des Aufzuges dargestellt und in der Lage zum Gebäude vermaßt.

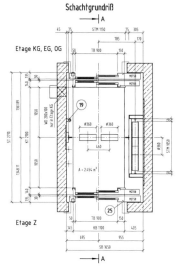

Bild 2.3a   Schachtgrundriss [Q.2]

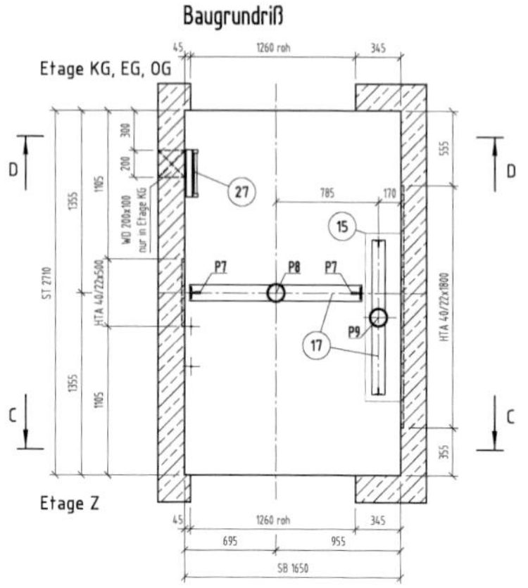

Bild 2.3b   Schachtgrundriss / Schachtgrube [Q.2]

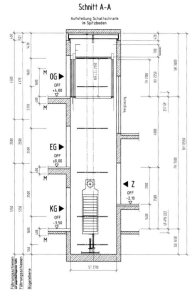

Bild 2.4   Schachthöhenschnitt [Q.2]

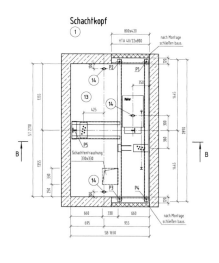

Bild 2.5   Schachtkopf [Q.2]

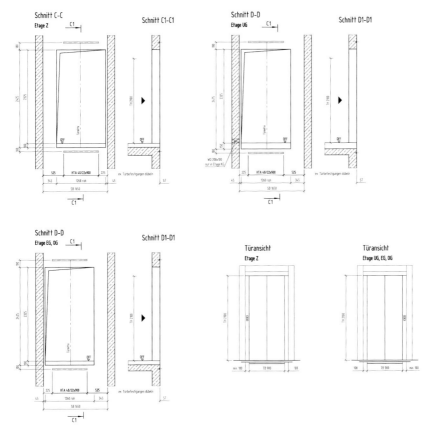

Bild 2.6 Türansicht und Türaussparungen [Q.2]

Weitere Hinweise auf der Zeichnung sind folgende Angaben:

❑ Hauptzugangsseite und Angabe der Haupthaltestellen bei mehreren Zugangs-
seiten,
❑ Eintragen von Zusatzeinbauten wie Ausstiegsluke, Leiterlamelle, Kabinenüber-
stiege,
❑ Nischeneinbauten für Telefon, Klappsitze usw.
❑ wenn vorhanden, werden Bauachsen aus der Bauzeichnung eingetragen,
❑ Schachtentlüftung und Maschinenraumentlüftung.

2.1.1 Elektrischer Treibscheibenaufzug

Es handelt sich dabei um ein Antriebssystem, dessen Kraftübertragung auf der Reibung zwischen den Tragseilen und den Rillen der Treibscheibe des Triebwerkes beruht.

Mit Treibscheibenaufzügen sind große Förderhöhen und hohe Fahrgeschwindigkeiten erzielbar.

Bei **Treibscheibenaufzügen** (Seilaufzügen) (Bild 2.9) sind Fahrkorb und Gegengewicht über Seile (Tragseile) miteinander verbunden. Die Seile werden über eine Treibscheibe meist mit Ableitrolle geführt. Eine Antriebsmaschine (Motor mit Getriebe bzw. ein Gearless-Antrieb ohne Getriebe) dreht die Treibscheibe in beide Richtungen. Durch eine spezielle Rillengeometrie wird über die Seilreibung die Treibfähigkeit erreicht, die den Fahrkorb nach oben bzw. unten bewegt.

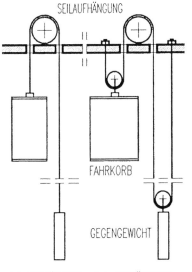

SEILAUFHÄNGUNG

FAHRKORB

GEGENGEWICHT

1:1–AUFHÄNGUNG   2:1–AUFHÄNGUNG

Bild 2.9
Prinzipdarstellung Seilaufzug

Die folgenden Bilder zeigen am Beispiel des Projektes Westfalentower der Firma Janzhoff in Dortmund Anlagen mit Gearless-Technologie. Die Kenndaten sind 3,0 m/s, 24 Haltestellen und 88 m Förderhöhe.

Bild 2.10a
Westfalentower Dortmund, Gebäudeansicht
[Q.7]

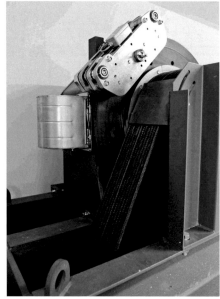

Bild 2.10b   Westfalentower Dortmund,
Schacht [Q.10]

Bild 2.10c   Westfalentower Dortmund, Antrieb SC400 [Q.10]

Bild 2.10d
Westfalentower Dortmund, Triebwerksraum
[Q.10]

Das physikalische Prinzip des Treibscheibenaufzuges ist seit etwa 1900 bekannt
und beruht auf der Ausnutzung der Reibung, die zwischen den Tragseilen und den
speziell geformten Rillen einer Treibscheibe besteht, oder mit anderen Worten: Die
Kraftübertragung zwischen der angetriebenen Treibscheibe und den mehr oder
weniger lose aufgelegten Tragseilen erfolgt durch Reibungsschluss. Dabei wird
eine Drehbewegung in eine lineare Bewegung gewandelt.

An dem einen Ende der Tragseile ist das Gegengewicht und an dem anderen
Ende ist der Fahrkorb befestigt; dazwischen befindet sich die Treibscheibe, in deren Treibrillen die Tragseile aufliegen. Gegengewicht und Fahrkorb bewegen sich
damit stets gegenläufig im Schacht; fährt der Fahrkorb aufwärts, fährt das Gegengewicht abwärts und umgekehrt. Ruht das Gegengewicht auf seinem völlig zusam-

58

mengedrückten Puffer, so befindet sich der Fahrkorb an seiner höchstmöglichen Stelle im Schacht. Die Tragseile liegen maximal 180° auf der Treibscheibe auf, also max. auf dem halben Treibscheibenumfang. Das eigentliche Merkmal dieser Erfindung ist jedoch, dass die Rillen bzw. Nuten in Längsrichtung eine spezielle Rillenform (Sitzrille, Keilrille oder Halbrundrille) besitzen, in denen die Tragseile geklemmt werden. Damit der Verschleiß an der Treibscheibe möglichst gering ist und damit nur ein Seiltausch notwendig ist, werden die Rillen gehärtet. Bei Ausführung mit doppelter Umschlingung für eine höhere Treibfähigkeit werden Rillen mit Halbrundprofil verwendet. Diese Klemmwirkung ermöglicht erst das Funktionieren und ist die eigentliche Innovation dieses Antriebsprinzips. Die Berechnung der Treibfähigkeit bei Treibscheibenaufzügen beruht auf der EYTELWEIN'schen Formel der Seilreibung, die auftritt, wenn ein Seil über eine Scheibe geschlungen wird.

Bei fast jeder Fahrt ändert sich durch Be- bzw. Entladen von Nutzlast das Gewicht des Fahrkorbes, das Gegengewicht aber bleibt konstant – trotz dieser ständigen Lastwechsel muss die Treibfähigkeit erhalten bleiben. Das bedeutet, die Treibfähigkeit muss für die verschiedenen Beladungszustände ausgelegt sein.

Nach DIN EN 81-1 Ziffer 12.5.1.2 muss (hauptsächlich zur Personenbefreiung) im Triebwerksraum leicht erkennbar sein, ob sich der Fahrkorb in einer Entriegelungszone im Türbereich befindet. Dazu werden farbliche Markierungen auf den Tragseilen angebracht. An diesen Markierungen kann man sich über Jahre orientieren.

Bild 2.11
Gearless mit doppelter Umschlingung und Seilmarkierung [Q.1]

Der **Triebwerksraum**, in dem sich Antriebsmaschine, Steuerung, Regelung und andere Aufzugsbaugruppen befinden, kann über oder neben dem Schacht mit entsprechender Seilumlenkung angeordnet werden. Ein neben- bzw. untenliegender Triebwerksraum muss bei Seilaufzügen direkt an den Schacht angrenzen. Bei Treibscheibenaufzügen ohne Triebwerksraum (MRL-Systeme) sind Antrieb, Steuerung und Regelung im Schacht angeordnet.

Seilaufzüge können im Gegensatz zu Hydraulikaufzügen für höhere Geschwindigkeiten und große Förderhöhen eingesetzt werden.

Seilaufzüge benötigen wegen der vorgeschriebenen Überfahrt und der meist höheren Geschwindigkeit einen höheren Schachtkopf als Hydraulik- bzw. Seilhydraulikaufzüge.

Vorteile von Seilaufzügen sind:

❑ große Förderhöhen,
❑ hohe Fahrgeschwindigkeiten,
❑ hohe Förderleistung durch schnelles Beschleunigen und direktes Einfahren in eine Haltestelle,
❑ geringe Energiekosten durch guten Gesamtwirkungsgrad der Anlage mit Gegengewicht,
❑ weniger Abwärme im Triebwerksraum,
❑ geringe Entsorgungsprobleme von Betriebsstoffen,
❑ meist kostengünstiger ab ca. 5 Haltestellen gegenüber hydraulisch betriebenen Aufzügen.

Nachteile von Seilaufzügen:

❑ begrenzte Möglichkeiten der Triebwerksraumanordnung, (durch die neuen Aufzüge ohne Triebwerksraum ist dieser Nachteil kaum noch relevant)
❑ höherer Schachtkopf erforderlich wegen der größeren Überfahrt.

2.1.2 Hydraulischer Aufzug

Ein **Hydraulikaufzug** ist ein Aufzug, bei dem die Hubarbeit von einer elektrisch angetriebenen Pumpe aufgebracht wird und das Hydrauliköl einem direkt oder indirekt mit dem Fahrkorb verbundenen Heber zuführt.

Man unterscheidet folgende Systeme:

❑ **direkt angetriebener Aufzug:** hydraulischer Aufzug, dessen Kolben oder Zylinder direkt mit dem Fahrkorb oder dessen Rahmen verbunden sind;
❑ **indirekt angetriebener Aufzug:** hydraulischer Aufzug, bei dem Kolben oder Zylinder über Tragmittel wie Seile oder Ketten mit dem Fahrkorb oder seinem Rahmen verbunden sind.

Direkt angetriebener Hydraulikaufzug
Bei direkt angetriebenen Hydraulikaufzügen (Bild 2.12) wird der Fahrkorb durch einen oder mehrere Heber bewegt. Der Hydraulikzylinder ist über eine Hydraulik-

leitung mit dem Antriebsaggregat verbunden. Eine Pumpe drückt Öl in den Hydraulikzylinder. Der Heber drückt den Fahrkorb nach oben. In Abwärtsrichtung läuft die Pumpe nicht. Durch geregeltes Öffnen eines Ventils fährt der Fahrkorb durch das Eigengewicht abwärts. Das im Heber befindliche Öl wird dabei in den Ölbehälter zurückgedrückt.

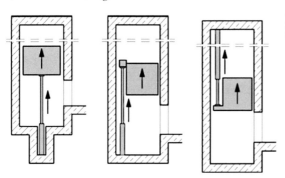

Bild 2.12   Prinzipdarstellung Hydrauliksystem, direkt angetrieben [9]

Zentrale Heberanordnung unter dem Fahrkorb

Diese Anordnung bedeutet, dass sich der Hydraulikzylinder meist im Erdreich in einem Schutzrohr befindet. Ein im Erdreich befindliches Schutzrohr ist Korrosion und Erdverschiebungen (Querkräften) ausgesetzt. Das Schutzrohr kann im Laufe der Jahre undicht werden, was zur Korrosion des Hydraulikzylinders führen kann.

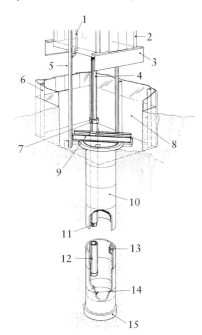

Bild 2.13
Hydraulikantrieb 1 : 1, unten mit Erdbohrung [8]

1   Fangrahmen
2   Fahrkorb
3   Türschürze
4   Kolben
5   Führungsschiene
6   Schachtumwährung
7   Heberkopf
8   Schachtgrube
9   Heberführung
10   Schutzrohr
11   Kolben
12   Zylinder
13   Schutzrohrüberwachung
14   Transportführung
15   Schutzrohrboden

Bei einer Leckage besteht die Gefahr, dass Erdreich bzw. Grundwasser kontaminiert werden. Hier sind entsprechende Überwachungseinrichtungen – vergleichbar mit denen bei Öltanks – im Erdreich vorzusehen. Aus planerischer Sicht und Verantwortungsbewusstsein der Umwelt gegenüber sollte deshalb auf den Einbau von Hydraulikzylindern in einer Bohrung im Erdreich verzichtet werden.

Seitliche Heberanordnung neben dem Fahrkorb
Bei dieser Anordnung werden der oder die Heber seitlich neben dem Fahrkorb angeordnet. Die Ausführung kann einseitig (Rucksackprinzip) oder beidseitig (Tandemprinzip) des Fahrkorbes erfolgen. Der Hydraulikzylinder steht korrosionsgeschützt im Schacht. Eventuelle Leckagen sind sofort erkennbar und werden durch einen ölbeständigen Schutzanstrich in der Schachtgrube zurückgehalten.

Da das Hydraulikaggregat nur über eine Ölleitung (Druckschlauch) mit dem Hydraulikzylinder verbunden ist, kann die **Anordnung des Triebwerksraumes variabel** gestaltet werden. Der Abstand zwischen Hydraulikzylinder und Aggregat sollte so gering wie möglich sein, damit keine zusätzlichen Leitungsverluste entstehen. Bei größeren Abständen zwischen Pumpenaggregat und Heber sind die höheren Leitungsverluste bei der Antriebsdimensionierung zu berücksichtigen.

Vorteile von direkt angetriebenen Hydraulikaufzügen:

- ❑ hohe Tragfähigkeiten (z. B. für Lastenaufzüge),
- ❑ variable Anordnung des Triebwerkraumes,
- ❑ etwas geringerer Schachtkopf erforderlich,
- ❑ keine Kräfte auf die Schachtabschlussdecke.

Nachteile von direkt angetriebenen Hydraulikaufzügen:

- ❑ begrenzte Förderhöhe,
- ❑ höhere Energiekosten, somit höhere Betriebskosten,
- ❑ geringere Fahrgeschwindigkeiten möglich, damit weniger Förderleistung,
- ❑ steigende Entsorgungskosten bei Hydrauliкölwechsel,
- ❑ hohe Motoranschlusswerte,
- ❑ schlechter Gesamtwirkungsgrad der Anlage,
- ❑ in Wasserschutz- bzw. hochwassergefährdeten Gebieten problematisch.

Indirekt angetriebener Hydraulikaufzug
Bei **indirekt angetriebenen Hydraulikaufzügen** (Bild 2.14) wirkt der Kolben nicht direkt auf den Fahrkorb. Ähnlich dem Flaschenzugprinzip erfolgt durch eine Umlenkrolle am Heber und zwischen Fahrkorb und Schachtboden befestigte Seile eine Umsetzung der Geschwindigkeiten und Wege im Verhältnis 1 : 2, d. h., bei Hub des Hebers um 1 m fährt der Fahrkorb 2 m weit. Analog verhält sich die Hubgeschwindigkeit. Seltener werden andere Umsetzungsverhältnisse (4 : 1, 6 : 1) verwendet.

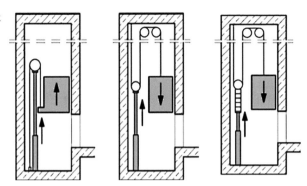

Bild 2.14 Prinzipdarstellung Hydrauliksystem, indirekt 1 : 2 aufgehängt [9]

Unter einem indirekt hydraulischen Aufzug verstehen wir einen hydraulischen Aufzug, bei dem das Huborgan (Zylinder und Kolben) stehend neben der Fahrbahn des Fahrkorbes angeordnet ist und bei dem die Bewegung des Kolbens über Tragseile und Rollen auf den Fahrkorb übertragen wird und diesen damit hebt oder senkt. Diese Bauart wird verwendet, wenn kleinere Tragkräfte mit größerer Förderhöhe und höherer Fahrgeschwindigkeit gefordert werden. Sie stellt im Grunde einen Seilflaschenzug mit festen und beweglichen Rollen dar, wobei der Fahrkorb mit seinen Rollen die Unterflasche bildet.

Die Seilführung ist so gewählt, dass der Fahrkorb annähernd im Schwerpunkt aufgehängt ist, so dass kleine Führungskräfte und damit ruhige Laufeigenschaften erzielt werden. Durch die Übersetzung 1 : 2 wird erreicht, dass bei einer gewählten Förderhöhe nur der halbe Kolbenweg erforderlich ist und dass sich die Geschwindigkeit des Fahrkorbes gegenüber der Kolbengeschwindigkeit verdoppelt. Weiterhin gilt aber auch, dass die erforderliche Kraft zur Bewegung des Fahrkorbes doppelt so groß sein muss wie die Last.

Unter der Last verstehen wir dabei das Fahrkorbgewicht und die Nennlast zuzüglich dem Eigengewicht des Arbeitskolbens. Unter der Kraft verstehen wir dabei die Druckkraft, die erzeugt werden muss, um die Last zu heben.

Bei **Seilhydraulikaufzügen** wird eine seitliche Heberanordnung erforderlich. Die Ausführung kann einseitig des Fahrkorbes (Rucksackprinzip) oder beidseitig des Fahrkorbes (Tandemprinzip) erfolgen. Der oder die Hydraulikzylinder befinden sich korrosionsgeschützt und einsehbar im Schacht. Eventuelle Leckagen sind sofort erkennbar.

Triebwerksraum: Variable Gestaltung wie beim Hydraulikaufzug möglich.

Ab größeren Förderhöhen werden sie im Vergleich zu Seilaufzügen meist unwirtschaftlich.

Vorteile von indirekt angetriebenen Hydraulikaufzügen:

❑ größere Hubhöhe als direkt angetriebene Hydraulikaufzüge,
❑ variable Anordnung des Triebwerksraumes,
❑ keine Kräfte auf die Schachtabschlussdecke.

63

Nachteile von indirekt angetriebenen Hydraulikaufzügen:

❑ begrenzte Förderhöhe,
❑ höhere Energiekosten, somit höhere Betriebskosten,
❑ max. Fahrgeschwindigkeiten im Vergleich zu Seilaufzügen begrenzt,
❑ steigende Entsorgungskosten bei Hydraulikölwechsel,
❑ hohe Motoranschlusswerte,
❑ schlechter Gesamtwirkungsgrad der Anlage,
❑ stärkere Einfederung bei Be-/Entladung in den oberen Haltestellen,
❑ in Wasserschutz- bzw. hochwassergefährdeten Gebieten problematisch.

Anwendungsbereiche indirekt angetriebener Hydraulikaufzüge

❑ Personen- und Lastenaufzüge bis ca. sechs Stockwerke,
❑ bei geringer Frequentierung des Aufzuges,
❑ bei Geschwindigkeiten von max. 1,0 m/s,
❑ falls der Triebwerksraum nicht an den Schacht angrenzend ausgeführt werden kann.

2.1.3   Triebwerksraumloser Aufzug

Der triebwerksraumlose Aufzug ist erst seit ca.1990 am Markt erhältlich. Möglich wurde diese Innovation durch die Neuauslegung der Vorschriften. Früher mussten die zahlreichen für Aufzüge gültigen Vorschriften «buchstabengetreu» eingehalten werden, d.h., es wurden in der Vorschrift die Ausführungen beschrieben. Erst mit Einführung der EN 81 wurde die Möglichkeit geschaffen, über die Gefahrenanalyse auch andere technische Lösungen als mindestens gleichwertig sicher darzustellen und eine Zulassung dafür zu erlangen. Damit wurden Lösungen umgesetzt, bei denen auf den traditionellen Triebwerksraum verzichtet werden konnte, indem man die gesamte Technik im Aufzugsschacht angeordnet hat. In der EN 81-1:A2 für Seilaufzüge und in der EN 81-2:A2 für Hydraulikaufzüge wurden die Anforde-

Bild 2.15
MRL-Schachtkopf [Q.2]

rungen an maschinenraumlose Aufzüge definiert. Als Antriebsaggregat spielt der Getriebeantrieb bei den Seilaufzügen nur eine untergeordnete Rolle, der Gearless-Antrieb ist hier zum Standard geworden.

Das Besondere an diesem System ist, dass der Antrieb und sogar Teile der Steuerung und der Geschwindigkeitsbegrenzer, die bisher im Triebwerksraum angeordnet waren, sich im Aufzugsschacht befinden. Die für die Bedienung und Wartung erforderlichen Teile der Steuerung sind in der Regel in einem Bedienkasten in der Haltestelle neben dem Schachtzugang installiert. Von dort können Wartungsarbeiten bzw. Maßnahmen zur Personenbefreiung durchgeführt werden.

Für Arbeiten an der Anlage wird in dem Bereich ein temporärer Schutzraum abgetrennt. Dieser Raum darf nicht im Fluchtweg liegen; dies ist bei der Planung zu berücksichtigen.

Bild 2.16   Bedientableau für MRL-Aufzug [Q.1]

Bild 2.17   Servicetechniker an einer MRL-Anlage [Q.1]

Viele der am Markt angebotenen Lösungen wurden mit Patenten und Gebrauchsmustern geschützt.

In einem weiteren Entwicklungsschritt wurde von den Herstellern versucht, die notwendigen Schutzräume im Schachtkopf und in der Schachtgrube so weit zu reduzieren, dass diese im Normalbetrieb nicht vorhanden sind. Damit konnte für den Architekten und Betreiber der für den Aufzug erforderliche Raum weiter reduziert werden. Ein Anfahren der obersten Haltestelle im Dachausbaubereich ist damit möglich, ohne die Bauhöhe des Gebäudes zu verändern. Untergeschosse können angefahren werden, wenn Räume oder Leitungen unter dem Schacht oder Fels und Grundwasser eine Ausführung der Schachtgrube erschweren.

Diese Ausführungen machen es erforderlich, dass durch technische Zusatzmaßnahmen wie variable Endanschläge im Schachtkopf bzw. Klappstützen in der Schachtgrube für den Monteur temporäre Schutzräume geschaffen werden können, wenn er für Arbeiten an der Anlage diese Bereiche betreten muss. Diese Ersatzmaßnahmen müssen einer Gefahrenanalyse unterzogen werden. Damit wird sichergestellt, dass damit ein vergleichbar sicherer Zustand erreicht wird, wie bei einer Anlage mit Schutzräumen. Diese Gefahrenanalyse muss von einer benannten Stelle geprüft und genehmigt werden.

Da diese technischen Lösungen auch zusätzliche Kosten verursachen, sollte im Einzelfall immer geprüft werden, ob es nicht doch möglich ist, einen entsprechenden Schutzraum auszuführen.

Man sollte bei der Planung immer beachten, dass Ersatzmaßnahmen immer nur die zweitbeste Lösung sind, da sie auch erhöhte Anforderungen an das Wartungspersonal stellen. In Bild 2.18 ist eine Komplettansicht eines MRL-Systems dargestellt.

Bild 2.18
MRL-System in 3D-Darstellung [Q.2]

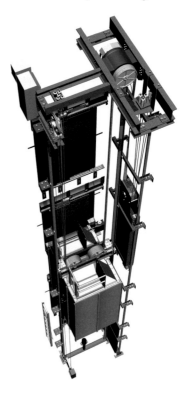

Alle großen Aufzugshersteller haben ihre Lösungen am Markt platziert. Der klassische Personenaufzug mit Triebwerksraum hat damit im Bereich der Standardaufzüge an Bedeutung verloren. Nachdem auch die Komponentenlieferanten diese Systeme und Komponenten in ihr Vertriebsprogramm aufgenommen haben, hat dieses Aufzugssystem auch den Marktzugang für die KMUs (kleine und mittel-ständische Unternehmen) ermöglicht.

Zahlen über Neuanlagen in Deutschland belegen den großen Markdurchbruch dieser Aufzugskonzepte. In den letzten Jahren wurden jeweils mehr als 80% der Neuanlagen als maschinenraumlose Systeme ausgeführt. Neben diesen Standardaufzügen wurden auch im Markt der Sonderanlagen verstärkt Aufzüge in dieser Bauform ausgeführt. Das Leistungsspektrum wurde mit der Weiterentwicklung der Gearless-Antriebe für größere Leistungen bei gleichzeitig kompakteren Abmessungen für das Anlagenspektrum bis 3000 kg Nutzlast bei 2:1-Aufhängung erweitert. In einzelnen Anwendungsfällen stehen Lösungen bis 5000 kg Nutzlast mit 4:1-Aufhängung zur Verfügung.

Der Einsatz dieser Systeme wurde damit auch für die Anwendung als maschinenraumloser Bettenaufzug möglich. Generell wurde auch dem Einsatz von maschinenraumlosen Aufzügen als Feuerwehraufzüge der Weg geebnet.

Einzelne Hersteller bieten auch Lösungen mit noch mehr Seilrollen und einer Aufhängung bis 10 : 1 an, wobei man hier noch abwarten muss, wie sich derartige Systeme im Hinblick auf Verschleiß und Wartung darstellen.

Ein weiterer Entwicklungsschub wurde dadurch ausgelöst, dass durch den Einsatz «dünner Seile» ($d < 8$ mm, wie in der EN 81 definiert) kleinere Treibscheibendurchmesser verwendet werden konnten, ohne das in der Norm beschriebene Durchmesserverhältnis von Treibscheibe zu Seilen von mehr als 40 zu unterschreiten. Mit einem kleineren Treibscheibendurchmesser kann bei gleicher elektrischer Leistung ein höheres Moment übertragen werden. Damit konnten die Platzverhältnisse im Schacht besser ausgenutzt werden, von der verfügbaren Schachtgrundfläche konnte ein größerer Anteil als Fahrkorbgrundfläche genutzt und damit eine bessere Raumnutzung im Gebäude erreicht werden.

Weitere Entwicklungen im Bereich der Seile sind der Einsatz von Spezialseilen mit 4 mm bis 6 mm Durchmesser, teilweise auch mit Kunststoffummantelung. Auch der Einsatz von Gurten hat die Entwicklung in Richtung kleinerer Antriebe weiter vorangetrieben. Diese Art von Tragmitteln konnte entgegen den Vorgaben in der EN 81 eingesetzt werden, da die Sicherheit und die Lebensdauer dieser Tragmittel über Dauerversuche entsprechend nachgewiesen wurden. In vielen Fällen wurde auch eine Reduzierung des D/d-Verhältnisses mit speziellen Baumusterprüfungen möglich. In der Anlage ist beispielhaft für diese Entwicklung das Zertifikat G530 der Firma Pfeifer Drako abgelegt, aus dem die Einsatzbedingungen für kunststoffummantelte Seile vom Typ PTX 300 beschrieben sind. Der Treibscheiben- und der Seilrollendurchmesser dürfen bei Verwendung dieser 6-mm-Seile auf 150 mm reduziert werden, wenn bestimmte Anforderungen an die Biegewechsel bis zur Ablegereife eingehalten werden.

Diese modernen Tragmittel müssen mit besonderer Sorgfalt montiert und gewartet werden. Es wird darüber hinaus empfohlen, die Einstellung der Seilspannung mit geeigneten Messsystemen vorzunehmen, damit alle Seile gleichmäßig belastet werden.

In der Planung sollte aber auch hier immer kritisch hinterfragt werden, welches Konzept auch unter wirtschaftlichen Aspekten das beste für den geplanten Einsatzfall ist.

2.1.4 Sonderausführungen

Zahnstangenaufzug

Zahnstangen werden vor allem bei Bauaufzügen eingesetzt. Der Vorteil der Zahnstange als Tragmittel besteht darin, dass sie auf einfache Weise verlängert werden kann. Für den Bauaufzug, dessen Fahrbahn entsprechend dem Baufortschritt mehrfach wachsen muss, wird gerade diese Eigenschaft verlangt.

Die Antriebswelle, die mit einem Ritzel in die Zahnstange eingreift, ist am Fahrkorb befestigt. Der Fahrkorb ist durch Rollen an dem Tragbaum geführt, der auch die Zahnstange enthält. Oft werden zwei Winden übereinander angeordnet, von denen jede mit einem Ritzel in die Zahnstange eingreift und jede mit einer einfach wirkenden Bremse ausgestattet ist, die allein den mit Nennlast beladenen Fahrkorb abbremsen kann.

Zahnstangenaufzüge werden in der Europäischen Norm prEN 81-7:1998 behandelt.

Spindelaufzug

Die Kraft auf den Fahrkorb wird über eine senkrecht stehende bzw. hängende Spindel (ein- oder mehrgängig) übertragen. Die Spindel wird direkt oder über ein Getriebe angetrieben. Durch die Rotation der Spindel wird die Spindelmutter, die mit dem Fahrkorb verbunden ist, mitgenommen; dadurch bewegt sich der Fahrkorb nach oben bzw. nach unten.

Der Einsatzbereich ist hinsichtlich der maximalen Förderhöhe (bis 12 m) und Geschwindigkeit (bis 0,6 m/s) eingeschränkt. Typischerweise wird diese Antriebsart bei sog. Homelifts oder Behindertenaufzügen eingesetzt. Im klassischen Aufzug spielt diese Antriebstechnik keine Rolle.

Spindelaufzüge werden in der Europäischen Norm prEN 81-5:1998 behandelt.

Stützkettenaufzug

Stützkettenaufzüge werden in der Europäischen Norm prEN 81-6:1998 behandelt, haben aber heute im praktischen Einsatz keine große Bedeutung und werden daher auch nicht näher beschrieben.

Aufzug mit Reibradantrieb

Über ein oder mehrere Reibräder, die sich am Fahrkorb befinden, fährt der Aufzug ähnlich einem Kraftfahrzeug senkrecht nach oben bzw. unten. Das Reibrad rollt direkt auf der Führungsschiene ab. Das oder die Reibräder werden mit einem hohen Druck gegen die Schiene gepresst. Die Schiene darf in diesem Fall nicht geschmiert sein, d. h., der Fahrkorb muss mit Rollenführungen ausgestattet sein.

Am Fahrkorb befindet sich ebenfalls der Motor und das Getriebe, über den die Reibräder angetrieben werden. Die Energiezuführung zum Antrieb muss damit über das Hängekabel erfolgen.

Diese Sonderform der Antriebstechnik spielt eine geringe Rolle bei Aufzügen.

2.2 Aufzugskomponenten

2.2.1 Antriebstechnik

Unter der Antriebstechnik versteht man die Funktionseinheit aus Getriebe, Motor und Antriebsregelung.

Getriebeantrieb

Unter einem Getriebeantrieb versteht man das Getriebe einschließlich des Motors, der die Bewegung des Aufzuges bewirkt. Es werden unterschiedliche Triebwerke verwendet. Am weitesten verbreitet ist das Schneckengetriebe (Bild 2.19).

Bild 2.19
Aufbau eines Schnecken-
getriebes [7]

1   Handrad
2   Fremdlüftung
3   Seile
4   Maschinenrahmen
5   Isolation
6   Schutzkragen an Decken-
    durchbrüchen
7   Ableitrolle
8   Achse für Ableitrolle
9   Rollenbefestigung
10 Ölablass
11 Ölschauglas
12 Geber
13 Lagerdeckel
14 Getriebegehäuse
15 Typenschild Getriebe
16 Bremsbacken
17 Bremslüfthebel
18 Bremsmagnet
19 Motoranschlusskasten
20 Typenschild Motor
21 Lüfter

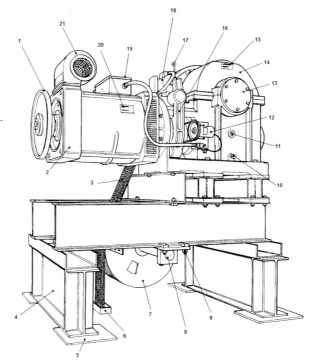

Triebwerk mit Schneckengetriebe

Das Schneckengetriebe ist der «Klassiker» unter den Aufzugsgetrieben. Antriebe mit Schneckengetrieben haben sich über Jahrzehnte bewährt und wurden optimiert durch den Einsatz von Wälzlagern statt Gleitlagern in komplett gekapselten Lagereinheiten, sogenannten Hub Units, und den Einsatz von synthetischen Ölen. Beide Entwicklungen haben die Laufruhe verbessert und den Getriebewirkungsgrad erhöht.

Der Anwendungsbereich mit Schneckengetriebe geht bis zu Nenngeschwindigkeiten von 2,5 m/s. Bei der Auslegung des Antriebes ist darauf zu achten, dass eine niedrige Motordrehzahl das Geräuschverhalten des Antriebes positiv beeinflusst. Früher wurden Getriebe mit polumschaltbaren Motoren eingesetzt. Diese Technik wurde durch die Entwicklung der Frequenzumrichtertechnologie auch für den unteren Leistungsbereich fast vollständig verdrängt. Durch den Einsatz dieser modernen Regelungstechnik können bessere Fahreigenschaften verbunden mit einem höheren Komfort für die Fahrgäste erreicht werden. Die kostengünstigeren Synchronmotoren machen das gesamte Antriebspaket wirtschaftlicher. Die Betriebsbremse befindet sich auf der Antriebswelle zwischen Motor und Getriebe. Sie ist als Zweikreisbremse (Bild 2.20a) ausgeführt und so dimensioniert, dass der Aufzug mit einem Bremskreis verzögert werden kann. Für den Schutz gegen Übergeschwindigkeit in Aufwärtsrichtung kann auf der Abtriebswelle ein sogenanntes NBS-System (Notbremssystem) als Sicherheitsbremse installiert werden (Bild 2.20b).

Das Schneckengetriebe weist nahezu keine Drehschwingungen an der Abtriebswelle auf und erfüllt damit eine wichtige Forderung aus dem Aufzugsbereich. Der Wirkungsgrad dieser Antriebe liegt je nach Bauform zwischen 70 % und 85 %.

Bild 2.20a   Schneckengetriebe mit Zweikreisbremse TW130 [Q.2]

Bild 2.20b   Schneckengetriebe TW130 mit NBS-System [Q.2]

Triebwerk mit Planetengetriebe

Planetengetriebe sind seit mehreren Jahren auf dem Markt und haben sich nach anfänglichen Problemen (Geräusche, Schwingungen) nicht durchsetzen können.

Der Anwendungsbereich für Geschwindigkeiten bis 2,5 m/s ist derselbe wie bei Schneckengetrieben, aber mit einem deutlich besseren Wirkungsgrad.

Der konstruktive Aufbau und die Anzahl der bewegten Teile sind allerdings wesentlich größer und die Fertigungskosten damit deutlich höher. Im Vergleich mit Schneckengetrieben und Gearless-Antrieben konnte sich diese Technik damit am Markt nicht entscheidend durchsetzen.

Triebwerke mit anderen Getrieben

Von einigen Aufzugsfirmen werden auch andere Getriebe verwendet, wie z.B. Stirnradgetriebe, Keilriemengetriebe usw. Diese spielen aber auch nur eine sehr untergeordnete Rolle.

Getriebeloser Antrieb

Der getriebelose Antrieb – Gearless-Antrieb – ist ein Motor ohne Zwischenübersetzung und wurde zu Beginn seiner Entwicklung nur für den Bereich der Hochleistungsaufzüge mit Geschwindigkeiten größer 2,5 m/s eingesetzt. Die ersten Antriebe waren Ward-Leonhard-Antriebe in Gleichstromtechnik mit rotierendem Umformer. Die nächste Entwicklungsstufe waren dann Antriebe mit Gleichstromtechnik und Stromrichtern.

Einen Durchbruch auch für andere Leistungsbereiche war der Einsatz von Motoren mit Drehstromtechnik, zuerst in Asynchrontechnik und später verstärkt in Synchrontechnik. Für die Regelung wird ein Frequenzumrichter eingesetzt.

Durch die Miniaturisierung der Antriebe und den Einsatz dünnerer Seile wurden diese Antriebssysteme zum Standardantrieb für die Systeme der maschinenraumlosen Aufzüge mit ihrem heute sehr hohen Marktanteil.

Die Antriebe der PMC- und DAF-Baureihe wurden für den Einsatz bei MRL-Systemen entwickelt, sind aber auch in Ausführungen mit manuell lüftbarer Bremse für den Einsatz im Triebwerksraum verfügbar. Dort wird diese Art von Antrieben häufig im Rahmen von Modernisierungen als Ersatz von Getriebemaschinen eingesetzt.

Bild 2.21a Gearless PMC 145 mit Treibscheibe 240 mm für 6-mm-Seile [Q.2]

Bild 2.21b Gearless DAF 270 für 8-mm-Seile [Q.2]

Der Anwendungsbereich der Gearless-Antriebe geht heute über das gesamte Geschwindigkeitsspektrum von 1,0 m/s im Standardbereich bis zu 17 m/s im High-Rise-Bereich.

Die besonderen *Vorteile* dieser Antriebtechnologie neben dem höheren Wirkungsgrad gegenüber Getriebelösungen sind:

- hohe Laufruhe,
- geringe Geräuschentwicklung,
- geringere Schwingungen,
- kleinere Abmessungen,
- höherer Wirkungsgrad,
- nahezu wartungsfrei im Betrieb,
- sehr hohe Lebensdauer.

Die Betriebsbremse dieser Antriebe als baumustergeprüfte Sicherheitsbremse kann auch für den Fall der Übergeschwindigkeit in Aufwärtsrichtung verwendet werden. Damit sind hier keine zusätzlichen Maßnahmen erforderlich.

Bild 2.22
Compact Gearless SC400 [Q.2]

Bild 2.22 zeigt eine Synchron-Gearless für den Einsatz im Triebwerksraum im Leistungsbereich bis 2000 kg Tragfähigkeit und Geschwindigkeiten bis 4,0 m/s.

Hydraulischer Antrieb
Diese Einrichtung, umfasst Pumpe, Pumpenmotor und Steuerventile und bewirkt die Bewegung sowie das Anhalten des Aufzuges (Bild 2.23).

Bild 2.23
Hydraulik-Aggregat für Triebwerksraum [Q.12]

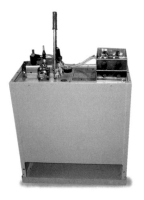

Beim hydraulischen Aufzugsantrieb treibt ein normal geschalteter Drehstromunterölmotor eine Schraubenspindelpumpe an, die das Öl auf den notwendigen Betriebsdruck für die Aufwärtsfahrt des Aufzuges bringt. Eine Schraubenspindelpumpe erzeugt nur geringe Pulsationen. Das Öl wird in einer Druckleitung über Ventile dem Zylinder zugeführt, so dass der Kolben den Fahrkorb bei verhältnismäßig sanftem Anfahren aufwärts bewegt. Bei der Abwärtsfahrt wird durch ein geöffnetes Ventil das Öl unter dem Druck des Fahrkorbes in den Ölbehälter zurückgeführt (Bild 2.24). Der gesamte Fahrkurvenverlauf wird von gesteuerten oder geregelten Ventilen beeinflusst. Die Betriebsgeschwindigkeit von hydraulischen Aufzügen ist nach EN 81-2 auf 1,0 m/s begrenzt.

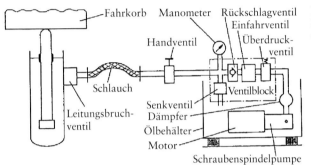

Bild 2.24
Funktionsschaltbild bei einem Hydraulik-Aggregat [11]

2.2.2 Antriebsregelung

Der Energiefluss vom speisenden elektrischen Stromnetz zum Aufzug und weiter zum Gebäude und wieder vom Gebäude zurück zum Aufzug und ggfs. zum speisenden Stromnetz geschieht in Form der potentiellen Energie, die zum Befüllen und Entleeren eines Gebäudes erforderlich ist, und in Form der kinetischen Energie, die zum Beschleunigen und Verzögern des Aufzugantriebes notwendig ist. Die Umwandlung der elektrischen Energie in die mechanische Energie geschieht im Elektromotor, wobei der Energiefluss in beiden Richtungen erfolgen kann.

Nach Bild 2.25 wird die elektrische Energie vom speisenden Versorgungsnetz kommend dem Aufzug über den Motor zugeführt und dort in mechanische Energie umgeformt. Über die Winde, in diesem Fall als Getriebe ausgeführt, wird die Energie dem Aufzug in Form von translatorischer, mechanischer Energie und rotatorischer, mechanischer Energie zur Verfügung gestellt. Bei geschalteten Aufzugsantrieben ist häufig ein zusätzlicher Schwungring erforderlich, damit ein befriedigendes Fahrverhalten beim Beschleunigen und Abbremsen sichergestellt werden kann. Der Schwungring nimmt dann weitere, rotatorische mechanische Energie auf. Falls es das elektrische System erlaubt, kann auch die Energierichtung zurück zum speisenden Versorgungsnetz umgekehrt werden. Falls dies nicht möglich ist, muss die zurückfließende Energie beim Senkbetrieb und beim Abbremsen vor Ort in Wärme umgesetzt und damit unnütz vernichtet werden.

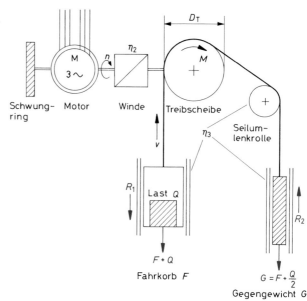

Bild 2.25
Grundprinzip eines Aufzugs-
antriebes [23] [Q.25]

Unterscheidungsmerkmale von Aufzugsantrieben

Die elektrischen Aufzugsantriebe unterscheiden sich voneinander durch die dabei verwendete Motorart und das eingesetzte Steuer- oder Regelverfahren.

Lange Zeit waren praktisch alle Standardaufzüge mit Fahrgeschwindigkeiten bis 1,25 m/s mit an den Getrieben angeflanschten Drehstromasynchronmotoren ausgestattet. Es sind **Antriebe für direkte Netzeinschaltung,** die auch heute noch gelegentlich zur Anwendung kommen, vor allem im Bereich der Lastenaufzüge:

Die hierfür eingesetzten «Aufzugsmotoren» sind eine spezielle Ausführungsart des Drehstromasynchronmotors für Anlauf unter Last mit einem sog. «Stromverdrängungsläufer». Es handelte sich um einen einfachen, robusten und weitestgehend wartungsfreien Motor. Er wird als Innen- und Außenläufer gebaut und ist im Normalfall mit einer Fremdbelüftung ausgestattet. Die eintourige Version mit nur einer Drehstromwicklung im Motor wird für Fahrgeschwindigkeiten bis 0,5 m/s eingesetzt, die zwei- und mehrtourigen Versionen mit mehreren Drehstromwicklungen im Motor werden mit **Polumschaltung** für Fahrgeschwindigkeiten bis 1,25 m/s eingesetzt. Mit der Polumschaltung ist eine Drehzahlverstellung nur in den mit der Polpaarzahl vorgegebenen Stufen möglich.

Nach der Grundgleichung $\quad n = \dfrac{f}{p}$ (Gl. 2.1)

n = Drehzahl des Motors
f = Frequenz des speisenden Netzes
p = Polpaarzahl des Motors

ist die Drehzahl des Motors und damit auch die Fahrgeschwindigkeit des Aufzuges umgekehrt proportional zur Polpaarzahl des Motors. Mit den am häufigsten verwendeten, 4/16-poligen Aufzugsmotoren beispielsweise konnte so mit 1 m/s in Normalfahrt gefahren und mit 0,25 m/s in die Haltestelle eingefahren werden. Mit der kleineren Fahrgeschwindigkeit wurde auch bei Inspektions- und Rückholfahrt gefahren. Insgesamt bietet diese Antriebsart eine gutes Netzverhalten und systembedingt eine geringe Energierückspeisung bei Bremsbetrieb.

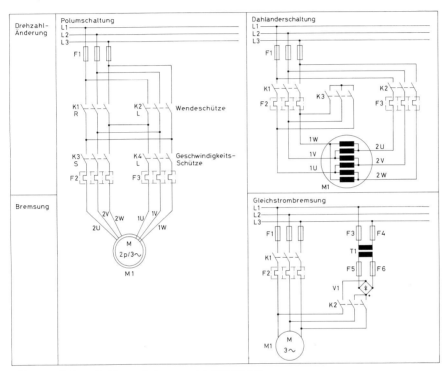

Bild 2.26   Polumschaltbarer Aufzugsantrieb [23] [Q.25]

Auch bei den **Hydraulikaufzügen** werden Drehstrom-Asynchronantriebe für die direkte Netzeinschaltung eingesetzt. Zur Anwendung gelangen Standard-Drehstrom-Asynchronmotoren für den Anlauf ohne Last. Sie werden normalerweise in offener Bauweise und in eintouriger Version als zweipolige **Unterölmotoren** gebaut, d.h., sie befinden sich angebaut an die Hydraulikpumpe im Öltank des Hydraulikaggregats.

Sie sind für Fahrgeschwindigkeiten bis 0,5 m/s ausgelegt. Es erfolgt bei den Standardausführungen keine Drehzahlverstellung. Als Anlaufhilfe zur Begrenzung des Einschaltstromes wird der Motor über die Stern-Dreieck-Schaltung eingeschaltet. Die Begrenzung des Anlaufstromes kann auch mit einem Sanftanlaufgerät, also einem Spannungssteller, in der Zuleitung zum Motor erreicht werden.

Eine weitverbreitete Antriebstechnik bei Seilaufzügen war lange Zeit der **Drehstromantrieb mit Spannungsregelung.** Zur Anwendung kamen Drehstrom-Asynchronmotoren mit Stromverdrängungsläufern für den Anlauf unter voller Last mit zwei Wicklungen, der niederpoligen Antriebswicklung und der hochpoligen Bremswicklung. Die Motoren sind an modernen Getrieben mit hohem Wirkungsgrad angeflanscht, d.h., der Einsatz dieser Antriebstechnik beschränkt sich auf Fahrgeschwindigkeiten bis 1,6 m/s, in Einzelfällen bis 2,5 m/s. Die Drehzahlverstellung im treibenden Betriebsbereich erfolgt durch die Regelung der Motorklemmenspannung an der niederpoligen Wicklung. Im bremsenden Betriebsbereich wird eine Gleichspannung an die hochpolige Wicklung angelegt, d.h., der Antrieb arbeitet dann quasi als Wirbelstrombremse. Die Bremsenergie wird im Motor in Wärme umgesetzt. Eine Fremdbelüftung ist also zwingend erforderlich. Es erfolgt keine Energierückspeisung im Bremsbetrieb. Die Erfassung des Motordrehzahl-Istwertes für die Regelung erfolgt mit einem Tachogenerator. Mit diesen Antrieben kann ein hervorragendes Fahrverhalten bei Standardaufzügen erreicht werden, bezüglich des Energieverbrauchs können wohl Vorteile gegenüber den polumschaltbaren Antrieben nachgewiesen werden, im Vergleich zu Aufzugsantrieben mit Frequenzumrichtern sind Aufzugsantriebe mit Spannungsregelung aber ungünstiger.

Bild 2.27
Drehstromantrieb mit Spannungssteller [19] [Q.24]

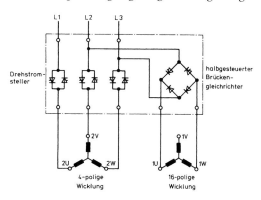

Große Fortschritte in der Antriebstechnik für Aufzüge konnten mit der Einführung von **frequenzumrichtergespeisten Drehstrom-Asynchronantrieben für Seilaufzüge** erreicht werden. Zum Einsatz kommen im Getriebebereich eintourige, 4-polige Drehstrom-Asynchronmotoren in Sonderausführung für den Einsatz in Aufzugsanlagen. Bei Verwendung von hochwertigen Aufzugsgetrieben wird mit diesen Antrieben bis 2,5 m/s gefahren, bei Gearless-Antrieben sind auch Fahrgeschwindigkeiten bis 10 m/s möglich. Die Drehzahlverstellung erfolgt durch **Regelung der Frequenz und der Spannung** am Motor. Die Erfassung des Motordrehzahl-Istwertes für die Regelung kann mit Inkrementaldrehgebern erfolgen. Bei Bremsbetrieb arbeitet der Motor im generatorischen Bereich, die Bremsenergie kann in einem Bremswiderstand in Wärme umgesetzt und damit vernichtet oder bei höherwertigen Systemen in das Netz zurückgespeist werden (Energierückspei-

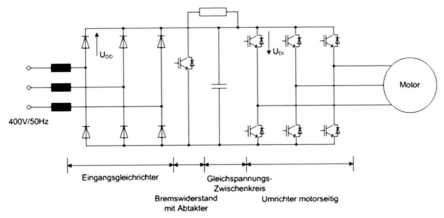

Bild 2.28 Frequenzumrichter für Drehstrom-Asynchronmotoren von Seilaufzügen mit Bremswiderstand [Q.1]

sung). Je nach Verwendung der Bremsenergie ergeben sich hohe Wirkungsgrade dieses Antriebssystems. Systembedingt müssen Netzrückwirkungen in Kauf genommen werden.

Auch bei den Antrieben für Hydraulikaufzüge hat der Frequenzumrichter Einzug gehalten.

Die Drehstrom-Asynchronmotoren der Hydraulikpumpen werden über Frequenzumrichter gespeist. Es wird ein hervorragendes Fahrverhalten mit Fahrgeschwindigkeiten bis 1,0 m/s erreicht. Die Drehzahlverstellung am Motor erfolgt wiederum durch Regelung der Frequenz *und* der Spannung, die Geschwindigkeits-

Bild 2.29 Gearless-Komponenten (asynchron – synchron) [Q.1]

änderung durch Regelung des Ölflusses. Die Erfassung der Fahrgeschwindigkeit für die Regelung erfolgt indirekt mit Öldurchfluss-Messaufnehmer. Auch beim Hydraulikaufzug stellt sich bei der Abwärtsfahrt ein generatorischer Betrieb des Motors ein. Die dabei auftretende Bremsenergie wird im Bremswiderstand in Wärme umgesetzt und damit vernichtet. Es müssen auch hier systembedingte Netzrückwirkungen in Kauf genommen werden. Es ergibt sich aber ein sehr guter Wirkungsgrad, d.h., diese Antriebsart bietet die beste Energieeffizienz für Hydraulikaufzüge.

Die neueste Antriebstechnologie für Aufzüge arbeitet mit **Drehstrom-Synchronmotoren** mit Frequenzumrichterspeisung. Sie werden grundsätzlich ohne Getriebe als Gearless-Antrieb über den gesamten Leistungsbereich der Aufzüge vom Standardaufzug mit Fahrgeschwindigkeit 1 m/s bis zum Hochleistungsaufzug mit Fahrgeschwindigkeiten bis 17,0 m/s eingesetzt. Die Drehzahlverstellung erfolgt, wie schon dargestellt, durch Regelung der **Frequenz und der Spannung** am Motor. Die Erfassung des Motordrehzahl-Istwertes für die Regelung erfolgt mit einem Absolutwert-Drehgeber, der die **Drehzahl** und die **Rotorlage** im Motor erfasst. Beim Bremsen und Verzögern des Aufzuges geht der Antrieb in den generatorischen Betriebsmodus über. Je nach der Ausstattung der Aufzugsanlage wird die dabei auftretende Bremsenergie in einen Bremswiderstand geführt und dort «verheizt» oder mit einem entsprechend aufgebauten ins Netz zurückgeführt. Bild 2.30 zeigt einen rückspeisefähigen Frequenzumrichter. Anstelle des Eingangsgleichrichters, wie in Bild 2.28 dargestellt, befindet sich eine weitere, netzseitige Umrichterbaugruppe, über die die Energie ins Netz zurückgespeist werden kann.

Wie bei Frequenzumrichterantrieben üblich, treten auch bei diesem Antriebssystem systembedingte Netzrückwirkungen auf, deren Auswirkung durch geeignete Beschaltungsmaßnahmen auf die zulässigen Werte reduziert werden muss. Die Aufzugsantriebe mit Drehstrom-Synchronmotoren in Gearless-Bauweise und mit

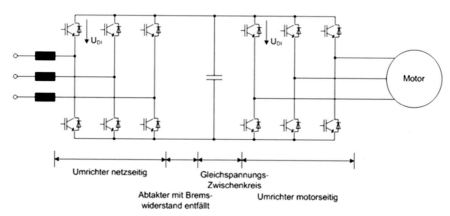

Bild 2.30 Frequenzumrichter für Drehstrom-Synchronmotoren von Seilaufzügen mit Netzrückspeisung [Q.1]

rückspeisefähigen Frequenzumrichtern haben den besten Wirkungsgrad unter den heute verfügbaren Aufzugsantrieben.

Lange Jahre waren die **Aufzugsantriebe mit Gleichstrommotoren** die dominierende Antriebstechnik bei höherwertigen Aufzügen. Sie sind auch heute noch bei der Modernisierung von Aufzügen anzutreffen.

Der Aufzugsmotor ist bei diesem Antriebssystem eine Gleichstrom-Nebenschlussmaschine mit Fremderregung. Zunächst wurden die Gleichstromantriebe für Seilaufzüge in Ward-Leonard-Technik (WL-Technik) aufgebaut, bei der neben dem eigentlichen Aufzugsmotor eine Umformerbaugruppe mit Drehstrom-Asynchronmotor und direkt angeflanschtem, fremderregtem Gleichstromgenerator zum Einsatz kam. Wie Bild 2.31 zeigt, erfolgt die Drehzahlverstellung durch gesteuerte und geregelte Ward-Leonard-Technik. Dabei wird das Erregerfeld des WL-Generators geregelt, die Erfassung des Motordrehzahl-Istwertes erfolgt mit einem Tachogenerator, der am Gleichstrom-Aufzugsmotor angeflanscht ist bzw. mit diesem rutschfrei verbunden ist.

Mit dieser Antriebsart wurden Aufzüge mit Getrieben mit Fahrgeschwindigkeiten bis 2 m/s und Aufzüge mit Gleichstrom-Gearless bis 4 m/s gefahren. Die WL-Aufzugsantriebe hatten eine (geringe) systembedingte Energierückspeisung im Bremsbetrieb, allerdings mit sehr schlechtem Gesamtwirkungsgrad. Das Netzverhalten war sehr gut, d.h., es traten keine Netzrückwirkungen auf. Nachteile ergaben sich vor allem beim Startverhalten und im hohen Wartungsaufwand.

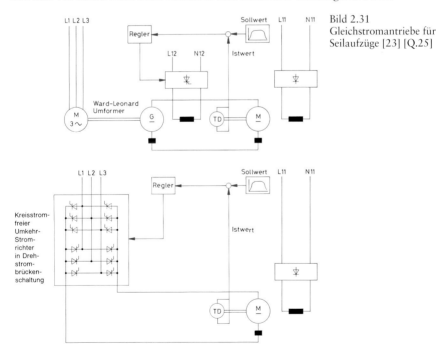

Bild 2.31
Gleichstromantriebe für
Seilaufzüge [23] [Q.25]

79

Mit dem Einsatz moderner Leistungselektronik in den **Stromrichtern** ist eine gewisse Wiederbelebung der Gleichstromantriebe für Seilaufzüge, vor allem bei der Modernisierung von Gleichstrom-Gearless-Anlagen zu beobachten. Die weitere Verwendung der Gleichstrom-Nebenschlussmaschine mit Fremderregung ist vor allem der guten und leicht überschaubaren Regelbarkeit der Drehzahl durch Veränderung nur einer Stellgröße, der Ankerspannung, zu verdanken. Gegebenenfalls kann zusätzlich noch das Erregerfeld verändert werden. Der Motor fährt dann im sog. Feldschwächbereich. Die Erfassung des Motordrehzahl-Istwertes für die Regelung kann mit Tachogenerator oder Inkrementaldrehgeber durchgeführt werden. Die Fahrgeschwindigkeiten dieser Antriebe sind im Getriebebereich maximal 2,5 m/s und im Gearless-Bereich bis 8 m/s. Es erfolgt eine systembedingte Energierückspeisung bei Bremsbetrieb. Nachteilig sind die Netzrückwirkungen und vor allem der erhöhte Bedarf an Netzblindleistung. Hierauf muss insbesondere bei Anlagen geachtet werden, die an einem Notstromaggregat betrieben werden müssen, z.B. in Kliniken. Wenn z.B. von einem älteren WL-Antrieb auf einen neuen Stromrichterantrieb umgerüstet wird, ist dieser Gesichtspunkt von besonderer Bedeutung. Der gesamte Wirkungsgrad einer Aufzugsanlage mit Gleichstrom-Stromrichterantrieben ist sehr gut.

Betriebsverhalten von Drehstrom-Asynchronmotoren

Wie das Ersatzschaltbild des Drehstrom-Asynchronmotors in Bild 2.32 zeigt, ist der Drehstrom-Asynchronmotor bezüglich seiner elektrischen Funktionsweise quasi ein Transformator, bei dem sich die kurzgeschlossene Sekundärwicklung drehen kann.

Die Primärwicklung, also die Statorwicklung, erzeugt ein drehendes Magnetfeld, das die Sekundärwicklung, also die mit dem «Kurzschlussring» kurzgeschlossenen Rotorstäbe, durchflutet. Den Aufbau des Rotors mit den Rotorstäben und dem Kurzschlussring zeigt auch Bild 2.32.

In den Rotorstäben wird der Strom I_2 gemäß Bild 2.32 erzeugt, der über die Kurzschlussringe kurzgeschlossen ist. Der Rotorstrom I_2 hat seinerseits ein Magnetfeld zur Folge, das im Zusammenwirken mit dem Statordrehfeld Φ_d zu der Drehbewegung des Rotors führt.

Bild 2.32
Ersatzschaltbild des Drehstrom-Asynchronmotors [23]

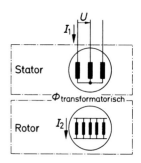

Bei der weiteren Betrachtung der Betriebsweise von **Drehstrom-Asynchronmotoren** müssen die **Betriebsgleichungen** und die **Drehzahl-Drehmoment-Kennlinien** bekannt sein.

Man unterscheidet zwischen der Synchrondrehzahl, also der Drehzahl n_d des Drehfeldes, und der an der Motorwelle sich einstellenden Betriebsdrehzahl n_1.

Wie schon erwähnt, gilt die Grundgleichung für die Drehzahl n_d des Drehfeldes:

Synchrondrehzahl $\qquad\qquad n_d = \dfrac{f_1}{p}$ $\qquad\qquad\qquad$ (Gl. 2.2)

Die Betriebsdrehzahl n_1 an der Rotorwelle des Motors errechnet sich zu

$$n_1 = \frac{f_1}{p} \cdot (1 - s)$$ $\qquad\qquad$ (Gl. 2.3)

Der Schlupf $\qquad\qquad s = \dfrac{n_d - n_1}{n_d}$ $\qquad\qquad\qquad$ (Gl. 2.4)

ist eine bezüglich der Funktionsweise des Drehstrom-Asynchronmotors sehr wichtige Grundgleichung, denn nur bei einem ausreichenden Unterschied zwischen der eingeprägten Synchrondrehzahl n_d und der Betriebsdrehzahl n_1 kann eine transformatorische Wirkung im Asynchronmotor zur Erzeugung des Rotorstromes I_2 und damit eines Drehmomentes M_i gemäß Bild 2.32 entstehen.

Bild 2.33 zeigt die **Drehzahl-Drehmoment-Kennlinien** von Drehstrom-Asynchronmotoren. Die Kennlinienschar im linken Bildteil zeigt das Drehzahl-Drehmomentverhalten eines «harten» Motors bei Betrieb an einem Frequenzumrichter. Die Schlupfdrehzahl n_s ist relativ klein und bleibt konstant. Bei der gleichzeitigen Verstellung der Motorspannung U_1 und der Frequenz f_1 am Motor wird die Dreh-

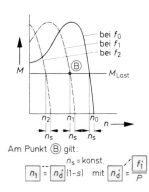

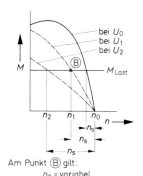

Bild 2.33
Drehzahl-Drehmoment-Kennlinien von Drehstrom-Asynchronmotoren [23] [Q.25]

zahl-Drehmoment-Kennlinie bei gleich bleibender Schlupfdrehzahl n_s quasi entlang der Abszisse verschoben. Dadurch ergeben sich an den Schnittpunkten mit der Lastkennlinie M_{Last} des Aufzuges die kleineren Drehzahlen n_1 und n_2.

Die Kennlinienschar des rechten Bildteils zeigt dagegen das Drehzahl-Drehmoment-Verhalten eines «weichen» Spezial-Aufzugsmotors mit Stromverdrängungsläufer. Mit einem Spannungssteller wird die Drehzahl-Drehmoment-Kennlinie geneigt, was auch zu anderen Schnittpunkten mit der Lastkennlinie M_{Last} führt und damit auch zu den geringeren Betriebsdrehzahlen n_1 und n_2 führt. Die Schlupfdrehzahl n_s nimmt dabei zu, sie ist also abhängig vom jeweiligen Betriebspunkt. Man spricht bei diesem Regelverfahren deshalb auch von der «Schlupfregelung». Bei kleinen Betriebsdrehzahlen und damit einem großen Schlupf ist diese Regelung nur sehr schwierig zu beherrschen und neigt um die Drehzahl Null herum zu instabilen Betriebsverhältnissen.

Das Drehmoment M_i an der Motorwelle ist wie bei allen Motoren abhängig vom magnetischen Fluss Φ_d im Luftspalt und vom Ankerstrom, in diesem Fall vom Strom I_2 in der kurzgeschlossenen «Sekundärwicklung» des Rotors.

Es gilt:

$$M_i \sim I_2 \cdot \phi_d \qquad \text{(Gl. 2.5)}$$

Mit den vereinfachenden Grundgleichungen $\phi_d \sim \dfrac{U_1}{f_1}$ und $I_2 \sim \phi_d$ gilt für das

Drehmoment des Motors: $\quad M_i \sim \dfrac{U_1^2}{f_1^2}$ $\qquad$ (Gl. 2.6)

Mit den Grundgleichungen 2.3 für die Drehzahl und Gl. 2.6 für das Drehmoment lassen sich nun die bereits beschriebenen Verfahren zur Drehzahlverstellung der Drehstrom-Aufzugsmotoren darstellen.

Bei den geschalteten Drehstromantrieben kann nach Gl. 2.3 durch unterschiedliche Polpaarzahlen p die Drehzahl in Stufen verstellt werden. Dies bedingt aber getrennte Wicklungen im Stator des Motors, jeweils eine separate für die jeweilige Drehzahlstufe. Üblich sind 4/16-polige Motoren.

Bei der Spanunngsregelung bzw. der Schlupfregelung wird gemäß Bild 2.33 nur die Eingangsspannung U_1 gemäß Gl. 2.6 an der Statorwicklung der niederpoligen (hochtourigen) Wicklung verstellt, die Frequenz f_1 bleibt dabei konstant, was zu einem weichen Regelverhalten führt. Der Bremsbetrieb erfolgt, wie bereits beschrieben, durch eine variable Gleichspannung an der Statorwicklung der hochpoligen (niedertourigen) Wicklung. Die erforderliche Regelung greift auf **beide Stellorte** zu, also die niederpolige Wicklung für das Antreiben und die hochpolige Wicklung für das Bremsen.

Bei der Drehzahlverstellung mit Frequenzumrichtern wird die Drehzahl des Aufzugsmotors durch Änderung der Statorfrequenz f_1 nach Gleichung 2.2 kontinuierlich verstellt. Zur Konstanthaltung des magnetischen Flusses Φ_d im Luftspalt muss die Statorspannung proportional zur Änderung der Frequenz f_1 nachgeführt werden. Dies ergibt dann nach Gleichung 2.6 das «harte» Drehmomentverhalten der Drehzahl-Drehmoment-Kennlinie im linken Teil des Bildes 2.33. Die Regelung greift nur an **einem Stellort**, der Statorwicklung des Motors, ein.

Die positive Entwicklung der «Seltene Erde»-Magnete hinsichtlich ihrer magnetischen Eigenschaften und vor allem der Kosten hat die rasche Einführung der **permanenterregten Drehstrom-Synchronmaschine (PSM)** im Aufzugbau begünstigt. Die Statorausführung der PSM ist wie bei der Drehstrom-Asynchronmaschine ein Dynamoblechpaket mit der Statorwicklung. Der Rotor besteht ebenfalls aus einem Dynamoblechpaket, das mit Permanentmagneten beklebt ist. Die PSM werden heute in großem Maße als Gearless für Seilaufzüge über den gesamten Leistungsbereich hinweg eingesetzt.

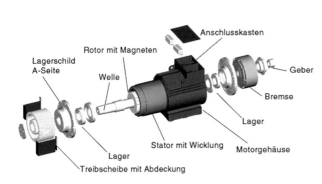

Bild 2.34
Aufbau eines permanenterregten Synchronmotors in Gearless-Bauweise [Q.35]

Wirkungsweise des permanenterregten Synchronmotors
Die Permanentmagnete des Rotors erzeugen das konstante Erregerfeld. Der Drehstrom, also der dreiphasige Wechselstrom, in der Statorwicklung bildet ein drehendes Magnetfeld, das Drehfeld, das den Rotor quasi mitnimmt und wodurch dann die Drehbewegung des Rotors erfolgt.

Wichtig ist die Kenntnis des Betriebsverhaltens der **P**ermanentmagnet-**S**ynchron-**M**aschine (PSM): Es kann kein Anlauf bei Direkteinschaltung am Netz stattfinden, Anlauf und Betrieb sind nur mit dem zugehörigen Frequenzumrichter möglich. Die kontinuierliche Drehzahlverstellung erfolgt wie bei dem Drehstrom-Asynchronmotor (ASM) durch Änderung der Statorfrequenz und der Statorspannung. Zur korrekten Führung der Maschine muss die Rotorlage in bestimmter Relation zum Statordrehfeld stehen. Die Erfassung der Rotorlage muss deshalb durch einen Absolutwertdrehgeber erfolgen, der als Istwertgeber für die Regelung erforderlich ist. Ein Überschreiten des Statorgrenzstromes muss unbedingt verhindert sein, da sonst die Gefahr der Rotorentmagnetisierung besteht. Diese Antriebsart bietet heute bei Betrieb mit Frequenzumrichtern den derzeit besten Wirkungsgrad eines Aufzugsantriebs.

Bezüglich des Regelverfahrens bietet die Drehzahlverstellung bei Gleichstrom-Nebenschlussmotoren geradezu ideale Bedingungen. Bild 2.35 zeigt das Ersatzschaltbild eines fremderregten Gleichstrom-Nebenschlussmotors.

Bild 2.35
Ersatzschaltbild des fremderregten Gleichstrom-Nebenschlussmotors [23]
[Q.25]

Der magnetische Fluss Φ ist proportional dem Erregerstrom I_E in der Erregerwicklung des Stators. Bei den meisten Regelungen wird er konstant gehalten.
Für die Drehzahl n des Gleichstrommotors gilt:

$$n \sim \frac{U_q}{\phi} \qquad \text{(Gl. 2.7)}$$

Bei konstantem, magnetischem Fluss Φ gilt also für die Drehzahl des Gleichstrommotors: $n \sim U_q$ \hfill (Gl. 2.8)

Bild 2.36
Drehzahl-Drehmoment-Kennlinie des Gleichstrom-Nebenschlussmotors mit Fremderregung [23] [Q.25]

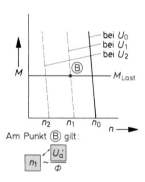

Die Quellenspannung ist $U_q = U - I_A \cdot R_i$ \hfill (Gl. 2.9)

also die angelegte Spannung U abzüglich den inneren Verlusten des Motor-Ankerkreises.

Nach Bild 2.36 haben Gleichstrommotoren mit Fremderregung auch ein hartes Drehzahl-Drehmoment-Verhalten. Durch Verändern der angelegten Ankerspannung U_q bzw. der von außen zugeführten Spannung U wird auch hier die Kennlinie bei gleich bleibender Steilheit quasi auf der Abszisse verschoben. Damit stellen sich dann die jeweiligen Betriebspunkte B mit den unterschiedlichen Betriebsdrehzahlen n ein.

Verhalten der Aufzugsantriebe am speisenden Netz
Beim Anfahren der Aufzüge und bei Umschaltvorgängen können Stromspitzen das speisende Netz belasten. Bei **Seilaufzügen** mit Drehstrom-Asynchronantrieben und

84

mit direkter Netzeinschaltung tritt die größte Stromspitze beim Einschalten des Antriebes auf. Das Verhältnis von Einschaltstrom zu Nennstrom liegt bei etwa 3,5. Bei den Drehstrom-Asynchronantrieben mit Spannungsregelung ist die größte Stromspitze beim Einschalten bedingt durch das Anpassen der Spannung an den jeweiligen Bedarf geringer. Das Verhältnis von Einschaltstrom zu Nennstrom ist etwa 2,5. Am besten verhalten sich der Drehstrom-Asynchronantrieb und der Drehstrom-Synchronantrieb mit Frequenzumrichter. Der Strom steigt proportional zur Aufzugsleistung, d.h., das Verhältnis des Spitzenstromes zum Nennstrom liegt nur bei 1,5 bis maximal 2,5. Der Spitzenstrom ist nur abhängig von der erforderlichen Anfahrleistung des Aufzugssystems.

Bewertungsgrößen	ASM zweitourig	ASM Drehstromsteller	ASM Frequenzumrichter	PSM-Frequenzumrichter	GM Stromrichter	GM Ward-Leonard
Fahrkomfort	schlecht	mittel - gut	gut - sehr gut	sehr gut	gut	gut
weicher (elektr.) Halt	nein, Halt mit Bremse	elektr. Halt nur im motorischen Betrieb	ja	ja	ja	ja
Haltegenauigkeit	schlecht	mittel - gut	sehr gut	sehr gut	gut	mittel - gut
Dynamik	gering, lastabhängig	mittel	hoch	hoch	mittel - hoch	gering - mittel
Lastunabhängigkeit	nein, lastabhängige Fahr-geschwindigkeit	ja	ja	ja	ja	ja
Aufwand für Notbetrieb	groß	groß	gering - mittel	gering - mittel	nicht möglich	nicht möglich
Geräusche	groß, insbesondere beim Umschalten auf Bremsen	mittel, (300 Hz)	gering	gering	mittel, (300 Hz) gering mit Ankerfilter	mittel, hauptsächlich Umformergeräusche
Verlustwärme des gesamten Antriebs	hoch	mittel	gering; sehr gering bei Energie-Rückspeisung	gering; sehr gering bei Energie-Rückspeisung	gering	mittel
Wartungsaufwand	klein	klein	klein	klein	Maschine, jedoch unwesentlich bei Gearless	Maschinen, insbesondere Umformer
Platzbedarf	sehr gering	gering	gering - mittel	gering - mittel	mittel	hoch, wegen Umformer

Bild 2.37   Vergleich des Netzverhaltens von unterschiedlichen Aufzugs-Antriebssystemen für Seilaufzüge [Q.13]

Bild 2.37 zeigt eine Gegenüberstellung des Netzverhaltens von Antrieben von Seilaufzügen. Insgesamt bei Bewertung aller maßgeblichen Faktoren ist der Drehstromantrieb mit PSM und Frequenzumrichter die günstigste Antriebsvariante für Seilaufzüge.

Beim Anfahren von **Hydraulikaufzügen** treten beim direkten Einschalten des Pumpenmotors hohe Stromspitzen auf. Mit Stern-Dreieck-Anlauf des Drehstrom-Asynchronmotors soll diese Stromspitze gedämpft werden. Die Umschaltung von Stern- auf Dreieckschaltung der Motor-Drehstromwicklung muss aber schnell erfolgen, d.h., die Drehzahl des Pumpenantriebs darf in der Schaltpause zwischen Stern- und Dreieckschaltung nicht merklich zurückgehen, ansonsten wird am Ende des Umschaltvorgangs eine zweite, hohe Stromspitze auftreten. Der Einschaltstrom in Sternschaltung zum Nennstrom steht im Verhältnis 1,8 bis 2,2. Eine weitere Möglichkeit, den Einschaltstrom von Hydraulikantrieben zu begrenzen, ergibt sich durch Anwendung elektronischer Sanftanlaufgeräte. Dabei wird mit einem Spannungssteller die angelegte Spannung am Motor reduziert. Auch hier steht der durch das Sanftanlaufgerät reduzierte Einschaltstrom zum Nennstrom im Verhältnis 1,8 bis 2,2. In zunehmendem Maße werden auch für die Pumpenantriebe bei Hydraulikaufzügen Frequenzumrichter eingesetzt. Dabei steigt der Strom proportional zur Hubleistung. Der maximale Anfahrstrom ist in etwa das 1,5-fache des Nennstromes in Abhängigkeit der erforderlichen Anfahrleistung.

Wie in EN 81-1/2 Pkt. 12.7.3 verlangt, wird in der Schaltung des Bildes 2.38 der Energiefluss zum Motor durch **zwei voneinander unabhängige Schütze** unterbrochen. Die Hauptkontakte der eingesetzten Schütze befinden sich zwischen dem Frequenzumrichter-Ausgang und dem Motor. Aus Kosten- und Verfügbarkeitsgründen erfolgt üblicherweise der Einsatz von AC-Schützen. Die AC-Schütze sind für das Schalten bei Frequenzen von 50 bis 60 Hz spezifiziert. Der konstruktive Aufbau der AC-Schütze lässt keine Funkenlöschung beim Schalten von Gleichströmen zu. Die Frequenzumrichter liefern am Ausgang aber Frequenzen <<50 Hz, also deutlich unter den Frequenzen, für die der AC-Schütz ausgelegt ist. Insbesondere bei den Zwischen- und Einfahrgeschwindigkeiten sind die Frequenzen am Ausgang des Frequenzumrichters sehr klein, d.h., sie nähern sich quasi dem Gleichstrom an.

Bei Gearless-Antrieben kann auch bei Nennfahrt die Frequenz <50 Hz sein. Eine Abschaltung der Schütze unter Stromfluss kann durch die auftretenden Lichtbögen beim Trennen der Hauptkontakte zur Zerstörung der Schützkontakte führen.

Die erforderlichen Maßnahmen in der Schaltung des Leistungskreises bedeuten, dass die Schütze betriebsmäßig nur leistungslos geschaltet werden dürfen. Konkret bedeutet dies: Einschaltung der Schütze *vor* Reglerfreigabe im Frequenzumrichter, Abschaltung der Schütze *nach* Reglersperre im Frequenzumrichter. Bei Notabschaltung muss das Abschalten der Schütze so verzögert sein, dass die Reglersperre den Stromfluss zwischen Frequenzumrichter und Motor zuvor unterbrechen kann.

Alternativ sind nach EN 81-1/2 Pkt. 12.7.3 auch Lösungen mit *nur einem Schütz* möglich, das betriebsmäßig nicht oder nur bei Fahrtrichtungsumkehr schaltet. Als weitere Funktionseinheiten sind bei dieser Schaltungsvariante eine **Steuereinrichtung**, die den Energiefluss in den statischen Elementen (= Frequenzumrichter) unterbricht, und eine **Überwachungseinrichtung**, die prüft, ob der Energiefluss bei jedem Anhalten unterbrochen wird, erforderlich. Auch Lösungen ohne Schütz befinden sich im Entwicklungsstadium. Diese Lösungen unterliegen den entsprechenden Sicherheitsanforderungen des Regelwerkes.

Antriebe mit Leistungselektronik erzeugen **EMV-Störungen**. Drehstrom-Asynchronantriebe und Drehstrom-Synchronantriebe mit Frequenzumrichter erzeugen massive EMV-Störungen. In der Schaltung des Leistungskreises in Bild 2.38 sind die Maßnahmen zu erkennen, die bei solchen Antrieben getroffen werden müssen. Am Eingang des Frequenzumrichters befinden sich Netzfilter (Funkentstörfilter), die Leitungen und Betriebsmittel im Leistungskreis sind geschirmt und geerdet.

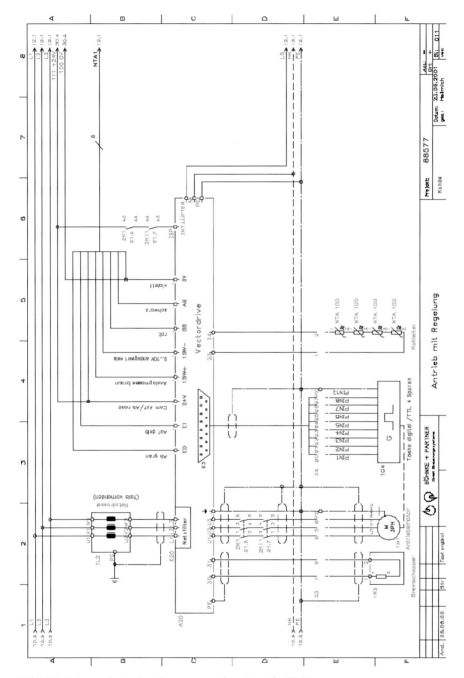

Bild 2.38 Leistungskreis eines Frequenzumrichter-Antriebs [Q.3]

87

Betriebsarten und Bauformen von Aufzugsantrieben

Für Aufzugsantriebe gilt allgemein als **Betriebsart** nach DIN EN 60 034-1 der Aussetzschaltbetrieb S5 (ASB) mit den Schaltphasen Stand, Anfahrbetrieb mit Anfahrstrom > Nennstrom, Nennbetrieb und Bremsbetrieb.

Für die thermische Auslegung der Aufzugsantriebe ist ein Schaltkollektiv entsprechend der Betriebsart S5 und einer geforderten **Fahrtenzahl pro Stunde (F/h)** bestimmend. Im Aufzugbau übliche Fahrtenzahlen pro Stunde sind 90 F/h, 120 F/h, 180 F/h, 240 F/h. Mit Fahrtenzahl wird die Anzahl der Fahrspiele einschließlich Stillstand pro Stunde (F/h) bezeichnet. Die Einschaltdauer (ED) gibt den Anteil der Fahrtphasen eines Fahrspiels in % an. Die Schaltphase *Stand der Betriebsart S5* wird im Wesentlichen von der Türoffenzeit bestimmt.

Die bei Aufzugsantrieben für Seilaufzüge mit Getrieben gebräuchlichen **Bauformen** von Motoren nach DIN EN 60 034-7 sind nach Bild 2.40 vor allem

- ❑ IM B3 zwei Schildlager, mit Füßen zum Aufstellen und freiem Wellenende,
- ❑ IM B5 zwei Schildlager, mit Flansch und freiem Wellenende,
- ❑ IM B9 nur ein Schildlager, B-Seite ohne Lager mit Flansch und freiem Wellenende,
- ❑ IM V1 wie IM B5.

Bei den Antrieben für Hydraulikaufzüge sind zwei Bauformen üblich, die offene Ausführung für Unterölmotoren und die Bauform IM B5 mit zwei Schildlagern, mit Flansch und freiem Wellenende.

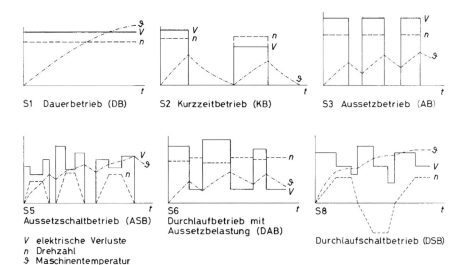

S1 Dauerbetrieb (DB)

S2 Kurzzeitbetrieb (KB)

S3 Aussetzbetrieb (AB)

S5 Aussetzschaltbetrieb (ASB)

S6 Durchlaufbetrieb mit Aussetzbelastung (DAB)

S8 Durchlaufschaltbetrieb (DSB)

V elektrische Verluste
n Drehzahl
ϑ Maschinentemperatur

Bild 2.39   Aussetzschaltbetrieb (ASB) nach DIN EN 60 034-1 [23] [Q.25]

Das **Geräuschverhalten** der Drehstrom-Asynchronmaschinen für direkten Netzbetrieb ist bestimmt durch die Geräusche bei dem Umschaltvorgang von der hochtourigen auf die niedertourige Drehzahl und durch die Geräusche der Fremdbelüftung. Bei Antrieben mit Drehstrom-Asynchronmaschinen mit Spannungsregelung ist dagegen lediglich das Geräusch der für diese Antriebsart besonders forcierten Fremdbelüftung störend. Drehstrom-Asynchronmaschinen mit Frequenzumrichter sind besonders geräuscharm bei Wechselrichter-Schaltfrequenzen von größer 16 kHz, d.h. außerhalb des Hörbereichs. Permanenterregte Drehstrom-Synchron-Gearless sind ebenfalls besonders geräuscharm bei Wechselrichter-Schaltfrequenzen von größer 16 kHz und auch wegen der kleineren Drehzahl des Gearless-Antriebes.

Bauform / Erklärung

Kurzeichen DIN 42 950 IEC-Code I	IEC-Code II	Bisher	Bild	Lager	Ständer (Gehäuse)	Welle	Allgemeine Ausführung	Befestigung oder Aufstellung	Anwendungsbeispiele und Hinweise
IM B3	IM 5010	A4	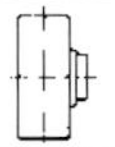	ohne Lager	ohne Füße	ohne Welle	Läufer sitzt auf fremder Welle	Befestigung des Ständers an gekuppelter Maschine	
	IM1001	B3		2 Schildlager	mit Füßen	freies Wellenende		Aufstellen auf Unterbau	
IM B5	IM 3001	R5	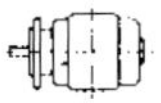	2 Schildlager	ohne Füße	freies Wellenende	Befestigungsflansch Form A nach DIN 42948 liegt auf Antriebseite in Lagernähe	Flanschbau	
IM B9	IM 9101	B9	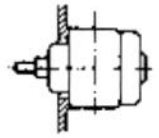	1 Schildlager	ohne Füße	freies Wellenende	Bauform B5 oder B14 ohne Lagerschild (auch ohne Wälzlager) auf Antriebseite	Anbau an Gehäusestirnfläche auf Antriebseite	nur bis etwa 30 kW bei 1500 min
	IM 6010	C2		2 Schildlager 1 Stehlager	mit Füßen	außen gelagertes Wellenende	Schildlagertyp, Ständer und Stehlager stehen auf gemeinsamer Grundplatte	Aufstellung auf Steinfundament, Spannschienen zulässig	
	IM 7211	D5	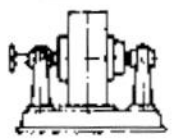	2 Stehlager	mit Füßen	freies Wellenende	Ständer und Stehlager stehen auf gemeinsamer Grundplatte	Aufstellung z.B. auf Steinfundament, Spannschienen zulässig	
IM VI	IM 3011	V1	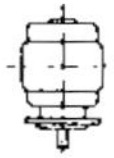	2 Schildlager	ohne Füße	freies Wellenende unten	Befestigungsflansch Form A nach DIN 42948 liegt auf Antriebseite in Lagernähe	Flanschanbau unten	
IM V3	IM 3031	V3		2 Schildlager	ohne Füße	freies Wellenende oben	Befestigungsflansch Form A nach DIN 42 948 liegt in Antriebseite in Lagernähe	Flanschanbau oben	
IM V5	IM 1011	V5	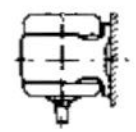	2 Schildlager	mit Füßen	freies Wellenende unten		Befestigung an der Wand	

Bild 2.40   Bauformen elektrischer Maschinen nach DIN EN 60 034-7 [23] [Q.25]

Für die Motoren der Aufzugsantriebe sind praktisch nur die nachfolgenden **Schutzarten** nach DIN VDE 0470 Teil 1 gebräuchlich:

❑ Antriebe für Seilaufzüge mit Getriebe:
- IP-23- polumschaltbare Motoren,
- IP44-Motoren für Frequenzumrichterspeisung;

Bild 2.41
Motor, am Getriebe angeflanscht, für
Frequenzumrichterbetrieb [Q.2]

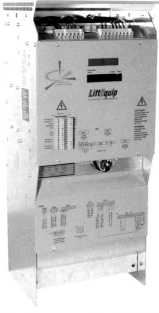

Bild 2.42a   Frequenzumrichter MFC 30-31 [Q.2]

Bild 2.42b   Frequenzumrichter MFR [Q.2]

❑ Antriebe für Seilaufzüge mit Gearless:
– IP 23,
– IP 44.

Bild 2.43
Mini-Gearless für MRL-Seilaufzüge [Q.2]

Antriebe für Hydraulikaufzüge
Hier kommen im Wesentlichen Asynchronmotoren in IP 00 als Unterölmotor zum Einsatz.

Aufgrund der hohen Beanspruchung werden die Wicklungen von Aufzugsmotoren grundsätzlich in der **Isolierstoffklasse F** nach DIN EN 60 034-1 ausgeführt. Dies betrifft die Lackdrähte der Wicklungen und die Isolationsmaterialien zwischen den einzelnen Phasen bzw. Strängen der Wicklung. Die Wicklung selbst wird nach dem Einbringen in den Motor mit Harz getränkt. Die höchstzulässige Dauertemperatur der Isolationsklasse F ist 155 °C.

Die Antriebe sind üblicherweise für eine **Aufstellhöhe** bis 1000 m über NN spezifiziert. Bei höheren Aufstellhöhen ist die Kühlung der Maschinen reduziert. Es ist deshalb ein sogenanntes **Derating** erforderlich, d.h., die Leistung des Antriebes muss entsprechend den Angaben des Herstellers reduziert werden.

Ähnliches gilt auch für die **Umgebungstemperaturen**. Die Antriebe sind üblicherweise für Umgebungstemperaturen von 40 °C bis 50 °C spezifiziert. Für höhere Temperaturen ist wiederum ein **Derating** gemäß den Datenblattangaben des Herstellers erforderlich. Gemäß EN 81-1/2 Pkt. 0.3.15 wird aber unterstellt, dass die mittlere Temperatur am Aufstellungsort von Triebwerk und Steuerung zwischen +5 °C und +40 °C gehalten wird.

2.2.3   Steuerung

Funktionale Grundstruktur der Steuerungen
Aufzugsteuerungen bestehen aus folgenden Hauptbaugruppen:

❑ dem **Leistungsteil**, der den Leistungsfluss steuert oder regelt, mit dem Leistungsausgang zum Aufzugsantrieb,

- ❑ dem **Steuerteil** mit dem **Sicherheitskreis** und der Umsetzung des Informationsflusses auf die Ebene des Leistungsflusses, meist in Form von Hilfsschützen,
- ❑ der **Informationsverarbeitung**, in der vor allem Informationen von und zu Bedienungs- und Anzeigeelementen verarbeitet werden,
- ❑ den **Hilfseinrichtungen** und
- ❑ den **Stromversorgungen**.

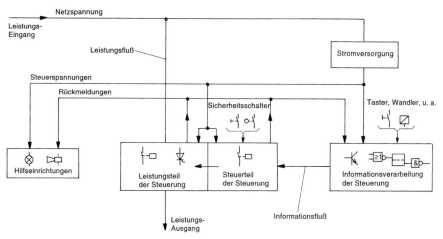

Bild 2.44   Grundstruktur einer Aufzugssteuerung [26] [Q.33]

Die Grundstruktur einer Aufzugsteuerung zeigt Bild 2.44. Die Hauptbaugruppen können aber noch weiter unterteilt werden.

Im Leistungskreis befindet sich auch die **Hauptschaltereinheit**, bestehend aus den Baugruppen Energieeinspeisung und Schachtlicht. In dieser Baugruppe werden auch alle erforderlichen Maßnahmen für die Erdung und den Blitzschutz der Anlage getroffen.

Der Leistungsteil enthält meist kontaktbehaftete Schaltgeräte, also Schütze, Relais und Sicherheitsschaltgeräte. Der Leistungsteil erfüllt auch die geforderten elektrischen Sicherheitsfunktionen, d.h., die elektrischen Sicherheitseinrichtungen wirken über den Steuerteil hauptsächlich in den Leistungsteil. Die sog. Hauptschütze bzw. Fahrschütze schalten den Energiefluss zum Aufzugsantrieb sicher ab. Dabei wird unterschieden zwischen Aufzugsantrieben für Seilaufzüge und Aufzugsantriebe für Hydraulikaufzüge.

Die **Bremsansteuerung** ist ebenfalls Bestandteil des Leistungsteils. Das Bremssteuergerät stellt die elektrische Energie in geeigneter Form für die Bremse zur Verfügung, geschaltet wird die Bremse in den meisten Fällen mit Kontakten der Fahrschütze.

Die Ansteuerung des **Türantriebs** ist auch Bestandteil des Leistungsteils. Die dabei vorliegenden Schaltungen hängen ab von der Art des Türantriebs, z.B. elektrischer Antrieb mit Wechsel- oder Drehstrommotor geschaltet oder geregelt, Antrieb mit Gleichstrommotor, und der Art der mechanischen Ausführung wie beispielsweise Linearantrieb, Knickhebelantrieb oder Spindelantrieb.

Der Steuerteil der Aufzugsteuerung generiert vor allem die Ausgangssignale zur Ansteuerung der Baugruppen des Leistungsteils, also vor allem der Teile, die den Leistungsfluss zum Aufzugsantrieb, zur Bremse und zur Aufzugstür schalten bzw. beeinflussen. Auch die wichtigste sicherheitsrelevante Baugruppe, der **Sicherheitskreis,** ist Bestandteil des Steuerteils der Steuerung. Der Sicherheitskreis besteht aus der Reihenschaltung von betriebsmäßig nicht betätigten und betätigten Sicherheitsschaltern oder den Ausgängen von Sicherheitsschaltungen. Wichtige Bestandteile des Steuerteils sind auch die Inspektionsfahrtsteuerung, die Rückholsteuerung und die Überbrückung der Tür- und Riegelkontakte einschließlich der Sicherheitsschaltung zum Fahren bei offenen Türen.

Die Informationsverarbeitung in der Aufzugssteuerung erfolgt im **Informationsteil** oder Elektronikteil der Steuerung, der den Steuerungsalgorithmus für den gesamten Steuerungsablauf und auch für die Gruppenfunktion umfasst. Es werden die Rufe und Kommandos verarbeitet, die Signale von Sensoren, z.B. der Kopierung, aufgenommen und verarbeitet, und direkt ausgegeben werden Informationen für die Anzeigeelemente. Entscheidend ist jedoch der Informationsfluss zu

Bild 2.45
Einbindung der Aufzugssteuerung in das
Gesamtsystem Aufzug [Q.1]

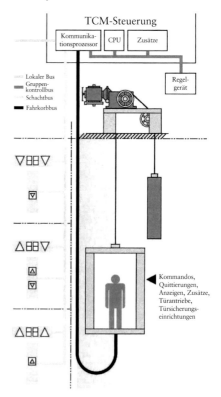

94

den anderen Baugruppen innerhalb der Steuerung, z.B. zum Steuerteil. Der Informationsteil hat entsprechend dem heutigen technischen Stand keine oder nur geringe, sicherheitsgerichtete Funktionen. Die Gruppensteuerung ist keine separate Baugruppe, sondern ist im Informationsteil integriert. Sie verarbeitet die Außenrufe und kommuniziert mit allen Gruppensteuerungen der Aufzugsanlage über Bussysteme, beispielsweise CANopen-Busse.

Die elektrische Ausrüstung des Aufzuges ist über die gesamte Aufzugsanlage verteilt. Bild 2.45 zeigt in schematischer Darstellung die Einbindung der Aufzugssteuerung in das Gesamtsystem einer Aufzugsanlage.

Die wichtigste **Fahrkorbbaugruppe** ist das Bedientableau im Fahrkorb mit den Innenkommandotastern, der Standanzeige, der Notrufeinrichtung, den Tür-auf- und Tür-zu-Tastern und ggfs. weiteren Bedien- und Anzeigeelementen. Der Fahrkorb-Verteilerkasten (Klemmkasten) nimmt zentral die gesamte Installation des Fahrkorbes auf. Auch das Fahrkorblicht und die Fahrkorbbelüftung werden hierüber geführt. Alle notwendigen Einrichtungen auf dem Fahrkorbdach, wie beispielsweise die Inspektionsfahrtsteuerung, werden auch über den Fahrkorb-Verteilerkasten geführt.

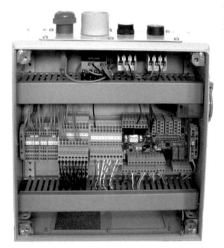

Bild 2.46
Fahrkorb-Verteilerkasten mit integrierter
Inspektionsfahrt-Steuereinrichtung [Q.3]

Das **Hängekabel** ist die elektrische Verbindung zwischen dem Fahrkorb und der Steuerung. Ausgeführt werden die Hängekabel als Flachkabel, als Rundkabel, als Kabel mit Bus- und Datenkabel (min. CAT 5) und generell mit und ohne Tragorgan. Die Herstellerangaben zum minimalen Biegeradius müssen beachtet werden. Dieser wird bei Fahrkorbbewegungen häufig größer als der vom Hersteller angegebene, minimale Biegeradius. Wichtig ist auch der Abstand zu Schachteinbauten und zur Schachtwand, notfalls müssen Zwangsführungen, z.B. durch Stahlseile, eingesetzt werden. Überlängen sollten möglichst gekürzt werden. Das mäanderförmige Auflegen am Fahrkorbboden kann die Buskommunikation beeinträchtigen.

Auch die **Kopierung** ist keine separate Baugruppe. Die elektrischen Funktionen der Kopierung sind im Informationsteil integriert. Sie sind z. B. im Algorithmus für Fahrkurvengenerierung hinterlegt. Weit verbreitet sind Kopierungen mit Absolutwertdrehgeber und nach wie vor Kopierungen mit Schachtschaltern und Schachtfahnen.

Zu der Gruppe der Hilfseinrichtungen gemäß Bild 2.44 gehören die **Notrufeinrichtung** mit dem Notruftaster und der erforderlichen Telefonverbindung. Auch **Ferndiagnoseeinrichtungen** greifen auf Informationen aus der Aufzugsteuerung zurück. Die Auswertung im Sinne einer Diagnostik erfolgt mit separaten Baugruppen mit Bildschirm und Tastatur. Diese sind nicht mehr Bestandteil der Aufzugsteuerung. Die Kommunikation auf allen Ebenen der Ferndiagnoseeinrichtung erfolgt über geeignete Bussysteme und neuerdings auch über das Internet.

Ruf- und Kommandoverarbeitung im Informationsteil der Steuerung

Rufe werden außerhalb des Fahrkorbes in den Bedientableaus der Stockwerke des Gebäudes abgegeben im Sinne von «Rufen» des Aufzuges. **Kommandos** werden innen im Fahrkorb am Bedientableau abgegeben im Sinne von den Aufzug zu «kommandieren», an eine gewünschte Zielhaltestelle zu fahren. Als **Befehle** werden gelegentlich Rufe und Kommandos bezeichnet, wenn keine eindeutige Unterscheidung in der Steuerungsfunktion gegeben ist.

Für Einzelaufzüge sind die Steuerungen weitgehend standardisiert. Die **Innensteuerung**, das heißt der Steuerungsteil zur Verarbeitung der Kommandos aus dem Fahrkorb, ist für alle Steuerungen praktisch gleich. Die Fahrgäste können mehrere Fahrziele wählen. Die Steuerung speichert diese Fahrziele und lässt den Fahrkorb beim Passieren der ausgewählten Stockwerke nacheinander anhalten. Die Fahrtrichtung wird fortgesetzt, bis keine Kommandos in dieser Richtung mehr vorliegen. Eine Unterscheidung gibt es aber vor allem in der **Außensteuerung**, das heißt in der Steuerung für die Annahme und die Verarbeitung von Rufen, die von den Stockwerken aus gegeben werden. Für diese Außenrufe gilt im Allgemeinen – wieder abgesehen von den Einfachsteuerungen –, dass die Fahrtrichtung fortgesetzt wird, solange Außenrufe oder Innenkommandos in dieser Richtung vorliegen.

Die **Einzelfahrtsteuerung** stellt die einfachste Steuerungsart dar. Ein freier, unbenutzter Aufzug kann immer nur einen einzelnen Fahrbefehl empfangen und ausführen. Während dieser Zeit steht der Aufzug für andere Benutzer nicht zur Verfügung. Dadurch ist auch ein Zusteigen weiterer Benutzer in anderen Haltestellen nicht möglich. Die Ruf- und Kommandoeingabe ist oftmals erst nach dem Schließen der Schachttüren möglich, abhängig vom Hersteller und der Aufzugsausführung. Diese Steuerungsart ist für Lastenaufzüge konzipiert, die oftmals noch mit handbetätigten Schachtdrehtüren ausgeführt sind. Durch die Beladung mit Gütern bzw. einem Transportfahrzeug ist der Fahrkorb besetzt und ein Zwischenhalt nicht sinnvoll. An den Haltestellen des Aufzuges ist ein Rufgeber (Taster, Schlüsselschalter, Kartenleser usw.) angebracht. Meist ist zusätzlich eine Besetzt-Anzeige vorhanden.

Bild 2.47   Etagentableau bei Einzelfahrt-Steuerung mit Besetzt-Anzeige [Q.4]

Nach Betätigung des Rufgebers bzw. Öffnen der Schachtdrehtüren bei anwesendem Fahrkorb leuchtet an allen Zugängen die Besetzt-Anzeige und signalisiert, dass der Aufzug zur Zeit für andere Benutzer nicht zur Verfügung steht.

Die **Einknopf-Sammelsteuerung**, meist als «**Abwärts-Sammelsteuerung**» ausgeführt, speichert alle Kommandos im Fahrkorb und alle Rufe an den Zugangsstellen. Der Fahrkorb hält bei der Fahrt an den Haltestellen, für die ein Innenkommando gegeben wurde. Die Außenrufe werden nur bei Abwärtsfahrt bedient, um die Benutzer von den einzelnen Obergeschossen zur Haupthaltestelle, meist dem Erdgeschoss, zu befördern. Die Fahrtrichtung wird dabei beibehalten, bis das oberste bzw. unterste Fahrziel erreicht wird. Oftmals werden die Außenrufe unterhalb der Haupthaltestelle, von den Untergeschossen kommend, in Aufwärtsrichtung sammelnd bedient. Die Einknopf-Sammelsteuerung wird bei Aufzügen, in denen Personen meist von und zur Haupthaltestelle befördert werden, eingesetzt, z. B. bei Wohnhäusern, Parkhäusern u. Ä.

Bild 2.48   Etagentableau bei Einknopf-Sammelsteuerung mit Rufquittierung [Q.4]

Nach Betätigung des Rufgebers bestätigt eine Quittungsleuchte die Rufspeicherung und erlischt erst bei Eintreffen des Fahrkorbes.

Bild 2.49   Etagentableau bei Zweiknopf-Sammelsteuerung für AUF / AB mit Rufquittierung [Q.4]

Die Zweiknopf-Sammelsteuerung, auch als «**richtungsabhängige Sammelsteuerung**» bezeichnet, speichert alle Kommandos im Fahrkorb und alle Rufe an den Zugangsstellen. An den Zugangsstellen sind zwei Rufgeber mit Richtungssymbolen angebracht. In den Endhaltestellen wird jeweils nur ein Rufgeber benötigt.

Der Benutzer wählt durch Betätigen eines Ruftasters (AUF oder AB) seine gewünschte Fahrtrichtung aus. Eine Quittungsleuchte zeigt an, dass der jeweilige Außenruf von der Steuerung angenommen wurde.

Der Fahrkorb hält während der Fahrt an den Haltestellen, für die ein Innenkommando gegeben wurde. Außenrufe werden nur bedient, wenn sie in der Fahrtrichtung des Fahrkorbes liegen. Der Benutzer wird dadurch nur bei Fahrten in seine Zielrichtung mitgenommen.

Bei der Ankunft des Fahrkorbes auf einen Außenruf hin zeigt eine Weiterfahrtsanzeige in Form von Richtungspfeilen an, in welche Fahrtrichtung der Fahrkorb weiterfahren wird. Wartenden Fahrgästen, eventuell mit unterschiedlichen Fahrtrichtungswünschen, wird damit angezeigt, wessen Ruf gerade bedient wird.

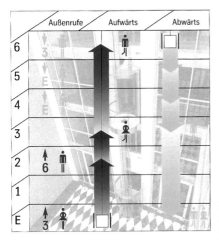

Bild 2.50
Abarbeitung der Rufe bei Zweiknopf-Sammelsteuerungen [Q.1]

Die Fahrtrichtung wird beibehalten, bis das oberste bzw. unterste Fahrtziel erreicht wird. Steigt ein Fahrgast entgegen der Fahrtrichtung ein, werden zuerst die vorliegenden Innenkommandos sowie die Außenrufe in Fahrtrichtung ausgeführt, bevor die Fahrt in die gewünschte Zielhaltestelle erfolgt.

Eine Zweiknopf-Sammelsteuerung arbeitet effektiver als eine Einknopf-Sammelsteuerung. Ein Fehlruf (Rufgabe von einer Person in beide Fahrtrichtungen) bewirkt ein unnötiges Anhalten des Fahrkorbes und damit eine Verschlechterung der Förderleistung. Die Wartezeiten verlängern sich, und mitfahrende Fahrgäste ärgern sich über die längeren Fahrtzeiten und Zwischenhalte, bei denen dann keine Person zusteigt.

Anwendung findet diese Steuerungsart in allen Gebäuden mit Zwischengeschossverkehr. Hierzu gehören insbesondere Aufzugsanlagen in Bürogebäuden, die normalerweise mit Zweiknopf-Sammelsteuerungen ausgeführt sind. An den Zugangsstellen, außer in den Endhaltestellen, befinden sich gemäß Bild 2.49 zwei Ruftaster, einer für Aufwärtsfahrt und einer für Abwärtsfahrt. Trotz einfacher Bedienung ist häufig eine falsche Betätigung der Ruftaster durch gleichzeitiges Drücken beider Ruftaster festzustellen.

Steuerungstechnisch kann man versuchen, die gleichzeitige Rufeingabe für eine kurze Zeit zu blockieren. Nach einigen Sekunden kann jedoch auch der Gegenruf gegeben werden. Eine weitere Möglichkeit ist, durch Beschriftung an den Tastern «*Nur gewünschte Fahrtrichtung drücken*» auf eine richtige Bedienung hinzuweisen.

Sind zur Gebäudeerschließung aus Gründen der Förderleistung mehrere Aufzüge unmittelbar nebeneinander erforderlich, ist es wirtschaftlich, die Aufzüge steuerungstechnisch zusammenzuschalten. **Eine Aufzugsgruppe funktioniert deutlich effektiver als die gleiche Anzahl von Einzelaufzügen.**

Dabei werden an den Zugängen wie bei der Zweiknopf-Sammelsteuerung zwei Rufgeber (AUF und AB) eingesetzt. Die Rufgeber wirken **gleichzeitig** auf alle Aufzüge in der Gruppe. Bei größeren Aufzugsgruppen ab 3 Aufzügen sind meist mehrere, parallel geschaltete Rufgeber zur Eingabe der gewünschten Fahrtrichtung vorhanden. Die Informationen der vorliegenden Außenrufe werden dabei allen Aufzügen mitgeteilt. In Abhängigkeit von Fahrtrichtung, Entfernung zum Außenruf, bereits vorhandenen Innenkommandos, Fahrkorbbeladung und weiteren Parametern wird der optimale Aufzug zur Bedienung des Rufes berechnet. Diese Berechnungen werden bei modernen Steuerungssystemen ständig überarbeitet, um neueste Informationen zu berücksichtigen.

Bild 2.51
Abarbeitung der Rufe bei Zweiknopf-
Gruppen-Sammelsteuerungen [Q.1]

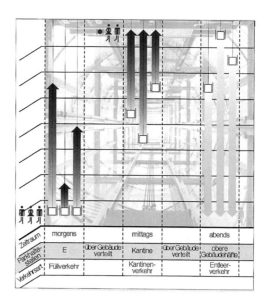

Die **Steuerungslogik**, die die Informationen verarbeitet, ist je nach Hersteller unterschiedlich. Das Spektrum reicht von «einfach» bis «hochintelligent» und wirkt sich dementsprechend auf die Förderleistung, also die Warte- und Fahrzeiten aus. Bei mehreren, steuerungstechnisch zusammenwirkenden Aufzügen weist zusätzlich ein akustisches Signal, der Ankunftsgong, auf die Ankunft des Fahrkorbes hin. Der wartende Fahrgast soll durch das Signal auf den ankommenden Fahrkorb aufmerksam gemacht werden und sich an der Weiterfahrtanzeige orientieren, um in den richtigen Fahrkorb einzusteigen.

Es gibt Steuerungssysteme, die an den Zugangsstellen nicht nur die gewünschte Fahrtrichtung, sondern bereits die Zielhaltestelle abfragen. Dabei muss von jedem Benutzer die **Zielhaltestelle** oder ein Zielbereich eingegeben werden. Durch die vorliegenden Informationen, z.B. Anzahl der Personen an den einzelnen Haltestellen mit jeweiligem Fahrziel, werden über die Steuerung Wartezeiten, Fahrzeiten sowie die jeweilige Fahrkorbbelegung berechnet. Bei Aufzugsgruppen wird dem Benutzer bereits direkt nach der Eingabe der Zielhaltestelle ein bestimmter Aufzug zugewiesen.

Im Fahrkorb sind keine Innenkommandogeber für die Haltestellen vorhanden bzw. nur noch die Innenkommandogeber für den gewählten Zielbereich aktiviert, da das Fahrziel oder der Zielbereich bereits am Zugang eingegeben wurde. Die Eingabestationen an den Zugängen sind aufwendiger, da das Fahrziel gemäß Bild 2.52 über Zehnertastaturen, ähnlich einem Telefon, über berührungsempfindliche Bildschirme (Touchscreen) oder spezielle Drehknöpfe eingegeben werden muss.

Bild 2.52
Bedieneinheit an den Haltestellen bei Zielrufsteuerungen mit Zehner-Tastatur [Q.4]

Um eine reibungslose Funktion der Aufzugsanlage zu gewährleisten, ist bei Aufzügen mit Zielrufsteuerung eine disziplinierte Bedienung des Aufzuges und Befolgung der Anweisungen erforderlich. Bei Aufzügen in **öffentlichen Gebäuden** mit stark wechselndem Besucherverkehr kann eine Zielrufsteuerung zu Benutzerproblemen führen, da der gewohnte Rufknopf am Aufzug fehlt und manche Personen in der Bedienung überfordert sind. Bei Aufzügen in nicht öffentlichen Gebäuden mit weitgehend gleichbleibendem Benutzerkreis und wenig Besucherverkehr, z.B. Büro- und Verwaltungsgebäude, Banken, Versicherungen usw., kann nach kurzer Gewöhnungzeit und korrekter Bedienung mit Zielrufsteuerungen im Spitzenverkehr eine im Vergleich zu konventionellen Steuerungen deutlich höhere Förderleistung erzielt werden. Bei der Verwendung von Zielrufsteuerungen müssen die Aufzüge einer Aufzugsgruppe nicht mehr in unmittelbarer Nähe und mit vom Aufzugsvorraum aus einsehbaren Zugängen angeordnet sein. Dies bedeutet neue Erschließungsmöglichkeiten und ermöglicht interessante Gebäudegrundrisse.

Aufbau und Anordnung der Steuerung

Bei einem Seilaufzug mit Triebwerksraum ist die Steuerung *zentral* im Schaltschrank im Triebwerksraum installiert. Der Schaltschrank enthält nach Bild 2.53 weitestgehend alle Geräte und Baugruppen der Steuerung einschließlich der Antriebsregelung. Dabei ist allerdings der Bremswiderstand bei Aufzugsantrieben mit Frequenzumrichtern aus thermischen Gründen außerhalb des Schaltschrankes montiert.

Bild 2.53
Aufzugssteuerung für einen Seilaufzug mit Frequenzumrichter und mit integrierter Rückholsteuerung [Q.1]

Die Rückholsteuerung ist im Schaltschrank integriert, dagegen befinden sich die typischen Fahrkorb- und Schachtbaugruppen außerhalb des Steuerschrankes. Des Weiteren befinden sich auch Teile der Kopierungsbaugruppen im Triebwerksraum. Der Schaltschrankaufbau und die Anordnung der Steuerung im Triebwerksraum sind sehr servicefreundlich, da vom Schaltschrank ein direkter Blickkontakt zum Triebwerk besteht.

Bei dem in der Zwischenzeit im unteren Leistungsbereich fast ausschließlich angewendeten Seilaufzug ohne Triebwerksraum (MRL = *machine roomless*) sind die einzelnen Hauptbaugruppen und Funktionseinheiten der Steuerung *dezentral* an mehreren Einbauorten angeordnet. Die konstruktiven Lösungen, die beim Aufbau und der Anordnung der Steuerungen in der Praxis vorgefunden werden, unterscheiden sich firmen- und anlagenspezifisch. Die erste Hauptbaugruppe, die Hauptschaltereinheit mit den Sicherungen, der Rückholsteuerung, dem Sicherheitskreisknoten, und weitere Baugruppen befinden sich beispielsweise als Einheit neben einer Schachttür. Die zweite Hauptbaugruppe, der Informationsteil einschließlich der Gruppensteuerung, ist im Fahrkorb angeordnet. Die dritte Hauptbaugruppe, der Leistungsteil einschließlich der Antriebsregelung des Frequenzumrichterantriebs, befindet sich mit dem Bremswiderstand im Schacht in der Nähe des ebenfalls im Schacht montierten Aufzugtriebwerks. Diese Technik ist nicht besonders servicefreundlich, normalerweise besteht von den entscheidenden Funktionseinheiten der Steuerung kein direkter Blickkontakt zum Triebwerk, was in vielen Fällen während der Montage, der Wartung und des Services sehr hilfreich wäre. Dagegen sind die Aufzüge ohne Triebwerksraum sehr kundenfreundlich, da sie weniger umbauten Raum im Gebäude beanspruchen und z.B. kein Dachüberbau notwendig ist. Die Zuverlässigkeit und Qualität der MRL-Aufzüge ist aber sehr hoch, da es sich mehrheitlich um Standardaufzüge mit bewährter Technik handelt.

Bei Hydraulikaufzügen befindet sich die Steuerung zusammen mit dem Hydraulikaggregat in einem separaten Raum. Der Schaltschrank enthält weitestgehend alle Baugruppen. Bild 2.54 zeigt einen Schaltschrank für einen Hydraulikaufzug, der als Einschalthilfe des Pumpenantriebs ein elektrisches Sanftanlaufgerät enthält.

Da sich auch bei den Hydraulikaufzügen aber mehr und mehr frequenzgeregelte Antriebe durchsetzen, befindet sich auch die hierfür notwendige Antriebsregelung im Schaltschrank. Allerdings ist auch hier wie bei den Seilaufzügen der Bremswiderstand aus thermischen Gründen außerhalb des Schaltschrankes montiert.

Bild 2.54
Schaltschrank für die Steuerung eines
Hydraulikaufzuges mit elektrischem
Sanftanlaufgerät [Q.12]

Die Markttendenz hin zu den triebwerksraumlosen MRL-Aufzügen, vor allem im Segment der Standardaufzüge, hat auch bei den Hydraulikaufzügen Einzug gehalten. Aufbau und Anordnung der Steuerungen sind dabei vergleichbar mit denen bei den Seilaufzügen.

Beim Aufbau und der Gestaltung der Schaltschränke bzw. der Hauptbaugruppen bei den MRL-Aufzügen muss ein besonderes Augenmerk auf die elektromagnetische Verträglichkeit EMV und Temperaturverträglichkeit gelegt werden.

Unter einem EMV-gerechten Aufbau des Steuerschrankes versteht man beispielsweise, dass die Montageplatte verzinkt und elektrisch gut leitend ist (siehe Bild 2.54), denn die Montageplatte bildet das zentrale Massepotential innerhalb des Schaltschrankes. Die Schaltgeräte sind üblicherweise auf sog. Hutschienen montiert. Die Hutschienen ihrerseits sind wiederum großflächig und damit elektrisch gut leitend auf der Montageplatte montiert. Eine evtl. erforderliche zusätzliche Erdung der Schaltgeräte erfolgt direkt auf der Montageplatte. Es muss eine Vorrichtung für die EMV-gerechte Schirmauflage der Eingangs- und Ausgangskabel direkt auf der Montageplatte vorhanden sein. Gehäuse und Türen des Schaltschrankes sind über Erdungsbänder mit der Montageplatte zu verbinden (siehe Bild 2.55). Starkstrom- und Schwachstromkabel bzw. Leitungen müssen konsequent räumlich voneinander getrennt werden.

Wärmeerzeugende Schaltgeräte und Baugruppen, z.B. Netzgeräte, und die Antriebsregelung sind beim thermisch optimierten Schaltschrankaufbau im oberen Schaltschrankbereich montiert. Die Bremswiderstände des Frequenzumrichterantriebs sind außerhalb des Schaltschrankes angebracht. Für den Betrieb der Schaltgeräte und Baugruppen ist der vom Hersteller angegebene zulässige Temperaturbereich zu beachten. Dasselbe gilt für die Leitungen und Kabel. Wenn möglich, sollte der Schaltschrank belüftet sein. Dabei ist aber darauf zu achten, dass bei mehreren Lüftern, z.B. dem Schaltschranklüfter und dem Lüfter des Frequenzumrichters, die Lüfterkennlinien aufeinander abgestimmt sind. Je nach Umgebungssituation können auch Klima- und Heizgeräte im Schaltschrank untergebracht werden.

Wichtig ist, dass auch innerhalb des Schaltschrankes der erforderliche Berührungsschutz eingehalten wird. Die Klemmenreihe für den Sicherheitskreis ist deutlich abzugrenzen. Auf die erforderlichen Schirmungsmaßnahmen auch innerhalb des Schaltschrankes muss geachtet werden. Am Netzeingang sollten Blitzschutzgeräte angebracht sein. Zur Sicherstellung einer einfachen Montage sollte innerhalb des Schaltschrankes ein ausreichend großer Anschlussraum vorhanden sein. Für Starkstrom- und Schwachstromkabel bzw. Leitungen müssen getrennte Kabelkanäle vorhanden sein.

Alle elektromechanischen Komponenten sind an den Spulen zum Schutz vor EMV-Störungen zu beschalten. Hierfür dienen Varistoren bei AC- und DC-Geräten, RC-Glieder bei AC-Geräten und Dioden bei DC. Größere Schütze sollten schwingungsisoliert aufgebaut werden.

Auch außerhalb des Schaltschrankes wird eine räumliche Trennung der Starkstrom- und Schwachstromkabel bzw. Leitungen mit ausreichenden Abständen gemäß den EMV-Empfehlungen dringend angeraten. Für die Bus-, Mess- und Steuerleitungen wird die Verwendung von Metallkabelkanälen empfohlen. Die empfindlichen Datenleitungen sollten keinesfalls geknickt werden. Sehr wichtig für eine ungestörte Funktion ist das Abschließen der Busleitungen am Ende mit Abschlusswiderständen, der sog. Termination. Die Busleitungen sollten nicht über Klemmen verbunden werden, sondern grundsätzlich über geeignete Stecker. Der Abstand zum äußeren Blitzschutz ist sicherzustellen.

Bild 2.55 zeigt die wesentlichen Verbindungen der elektrischen Ausrüstung eines Aufzuges außerhalb des Schaltschrankes.

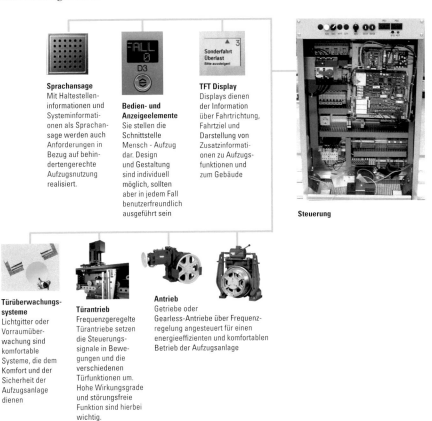

Sprachansage
Mit Haltestelleninformationen und Systeminformationen als Sprachansage werden auch Anforderungen in Bezug auf behindertengerechte Aufzugsnutzung realisiert.

Bedien- und Anzeigeelemente
Sie stellen die Schnittstelle Mensch - Aufzug dar. Design und Gestaltung sind individuell möglich, sollten aber in jedem Fall benutzerfreundlich ausgeführt sein

TFT Display
Displays dienen der Information über Fahrtrichtung, Fahrtziel und Darstellung von Zusatzinformationen zu Aufzugsfunktionen und zum Gebäude

Steuerung

Türüberwachungssysteme
Lichtgitter oder Vorraumüberwachung sind komfortable Systeme, die dem Komfort und der Sicherheit der Aufzugsanlage dienen

Türantrieb
Frequenzgeregelte Türantriebe setzen die Steuerungssignale in Bewegungen und die verschiedenen Türfunktionen um. Hohe Wirkungsgrade und störungsfreie Funktion sind hierbei wichtig.

Antrieb
Getriebe oder Gearless-Antriebe über Frequenzregelung angesteuert für einen energieeffizienten und komfortablen Betrieb der Aufzugsanlage

Bild 2.55   Installation der Aufzugsanlage außerhalb des Schaltschrankes [Q.1]

Funktionseinheiten der Aufzugssteuerungen
Der Energiefluss zum Antrieb bei direkt vom Netz gespeisten Antrieben oder bei mit Frequenzumrichtern gespeisten Antrieben muss durch zwei unabhängige Fahrschütze unterbrochen werden. Bei Stillstand des Aufzuges erfolgt die Kontrolle, ob die Hauptschaltglieder beider Schütze geöffnet haben.

Haben die Hauptschaltglieder eines Schützes nicht geöffnet, muss spätestens beim nächsten Fahrtrichtungswechsel ein erneutes Anfahren verhindert sein. Von dem Fehlerfall, dass die Hauptschaltglieder beider Schütze zur gleichen Zeit nicht öffnen, muss nicht ausgegangen werden.

Der Energiefluss bei mit Frequenzumrichtern gespeisten Antrieben kann anstatt mit zwei unabhängigen Schützen auch durch nur einen Fahrschütz und einer Steuer- und Überwachungseinrichtung unterbrochen werden. Die Kontrolle, ob die Hauptschaltglieder des Schützes geöffnet haben, erfolgt wenigstens vor jedem Fahrtrichtungswechsel. Im Fehlerfall muss ein erneutes Anfahren verhindert sein. Die Kontrolle der Abschaltung des Energieflusses durch die Überwachungseinrichtung erfolgt bei jedem Halt. Im Fehlerfall muss das Schütz abgeschaltet werden.

Zwei voneinander unabhängige, elektrische Betriebsmittel unterbrechen die **Energiezufuhr zur Bremse**. Es sind vorzugsweise die gleichen Betriebsmittel, die auch die Energiezufuhr zum Triebwerk abschalten, also z. B. durch die zwei unabhängigen Fahrschütze. Die Kontrolle, ob die Hauptschaltglieder der Betriebsmittel geöffnet haben, erfolgt beim Stillstand des Aufzuges. Haben die Hauptschaltglieder eines der Betriebsmittel nicht geöffnet, muss spätestens beim nächsten Fahrtrichtungswechsel ein erneutes Anfahren verhindert sein.

Beim **Einfahren und Nachstellen bei offenen Türen** ist die Bewegung des Fahrkorbes auf die Entriegelungszone beschränkt. Die Entriegelungszone bei gemeinsam mit der Schachttür angetriebenen Fahrkorbtüren beträgt ±0,35 m. Dabei darf die Einfahrgeschwindigkeit 0,8 m/s und die Nachstellgeschwindigkeit 0,3 m/s nicht übersteigen. Zum Einfahren in die Haltestelle mit öffnenden Türen innerhalb der Entriegelungszone muss ein Haltebefehl für diese Haltestelle vorliegen.

Die **Inspektionssteuerung** ist die Steuerungseinrichtung auf dem **Fahrkorbdach** für Inspektions- und Wartungsarbeiten (siehe Bild 2.46). Ein bistabiler Umschalter mit den Eigenschaften eines Sicherheitsschalters dient zur Einschaltung des Betriebsmodus Inspektionsfahrt. Dadurch wird die Wirkung des normalen Betriebsmodus aufgehoben. Die Inspektionssteuerung hat gegenüber der Rückholsteuerung Vorrang. Im Betriebsmodus Inspektionsfahrt dürfen keine selbsttätigen Fahrkorb- und Türbewegungen erfolgen, ebenso sind weitere Betriebsmodi abgeschaltet. Die Bewegung des Fahrkorbes erfolgt nur durch ständigen Druck auf den entsprechend gekennzeichneten Taster. Die Fahrgeschwindigkeit bei Inspektionsfahrt darf 0,63 m/s nicht überschreiten. Die betriebsmäßigen Endhaltestellen dürfen nicht überfahren werden.

Die **Rückholsteuerung** ist eine Steuerungseinrichtung im **Triebwerksraum**. Sie ist erforderlich, wenn der Kraftaufwand zum Bewegen des vollbeladenen Fahrkorbes größer als 400 N ist. Ein bistabiler Umschalter mit den Eigenschaften eines Sicherheitsschalters dient zur Einschaltung des Betriebsmodus Rückholfahrt. Die Wirkung des normalen Betriebsmodus muss aufgehoben sein. Es dürfen keine selbsttätigen Fahrkorb- und Türbewegungen erfolgen. Bei der Rückholsteuerung müssen elektrische Sicherheitseinrichtungen an der Fangvorrichtung, am Geschwindigkeitsbegrenzer, an der Schutzeinrichtung für den aufwärts fahrenden

Fahrkorb gegen Übergeschwindigkeit, an den Puffern und am Notendschalter unwirksam gemacht werden. Die Bewegung des Fahrkorbes erfolgt nur durch ständigen Druck auf den entsprechend gekennzeichneten Taster. Wie bei der Inspektionsfahrt darf auch bei der Rückholfahrt die Fahrgeschwindigkeit 0,63 m/s nicht übersteigen. Die Wirksamkeit der Rückholsteuerung wird bei Einschalten der Inspektionssteuerung aufgehoben.

Notbremsschalter zum Stillsetzen des Aufzuges und der Türen befinden sich auf dem Fahrkorbdach, auch in Verbindung mit der Inspektionssteuerung, im Rollenraum, in der Schachtgrube und unter bestimmten Voraussetzungen auch direkt am Triebwerk. Im Fahrkorb befindet sich kein Notbremsschalter. Eine Ausnahme bilden Aufzüge mit Rampenfahrtsteuerung. Notbremsschalter sind bistabile Sicherheitsschalter, eine erneute Inbetriebsetzung des Aufzuges darf nur durch eine bewusste Handlung möglich sein.

Die Kopierung

Die Kopierung setzt eine mechanische Größe (Bewegung) mittels geeigneter Sensorelemente in eine elektrische Größe um, die in einer Steuereinheit weiterverarbeitet werden kann. Die Kopierung bildet die Schachtsituation und den Standort des Fahrkorbes in der Steuerung ab. Heute haben sich Systeme mit Absolutwert am Markt durchgesetzt, die auch nach einem Stromausfall den Standort des Fahrkorbes kennen und wo der Aufzug ohne eine neue Lern- oder Justierfahrt weiter betrieben werden kann.

Die Anhaltegenauigkeit und die Nachreguliergenauigkeit stehen in direktem Zusammenhang zu der Genauigkeit der Kopierung. Bei Aufzügen signalisiert die Kopierung, wo ein Schacht beginnt und endet und wo ein Bremsen bzw. Stopp einzulegen ist. Nur durch eine Kopierung ist eine sichere und komfortable Fahrt durch den Schacht möglich.

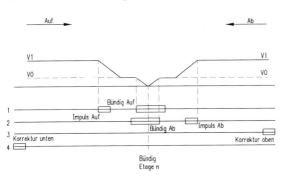

Bild 2.56
Funktionsdiagramm einer einfachen Kopierung mit den mindestens erforderlichen Signalen [Q.3]

Die verschiedenen Ausführungsarten von Kopierungen sind vor allem abhängig von den zur Entstehungszeit verfügbaren Technologien.

Elektromechanische Kopierwerke im Triebwerksraum mit teilweise hochpräzise gefertigten feinmechanischen Komponenten, die eine erstaunlich gute Haltegenauigkeit ergaben, waren bis vor 50 Jahren durchaus gängige Lösungen. Sie bildeten den Standort immer absolut ab, d. h., Korrekturfahrten waren nicht erforderlich.

Ab 1960 setzten sich vor allem im Standardbereich die Magnetschalterkopierungen durch. Häufig waren sie als Zählkopierungen aufgebaut, d. h., nach einem Spannungsausfall oder nach Betriebsstörungen war eine Korrekturfahrt erforderlich. In dieser Zeit kamen auch die ersten elektronischen Komponenten in der Steuerung zum Einsatz. Der große Vorteil lag vor allem in der berührungslosen Funktionsweise der einzelnen Bauteile dieser Kopierungsart.

Mit den auch im Zusammenhang mit der Istwertrückführung für die Antriebsregelungen aufkommenden Inkrementalgeber wurden Kopierungen entwickelt, die mit codierten Schaltfahnen im Schacht, teilweise abgegriffen mit Fotosensoren, ausgestattet waren.

Neuere Kopiersysteme arbeiten mit rotatorischen Absolutwertgebern, mit magnetostriktiven Absolutwertgebern oder mit lasergestützten Komponenten.

Bei den **Magnetschalterkopiersystemen** sind die Magnetschalter am Fahrkorb montiert. Im Schacht werden an den Führungsschienen oder an speziellen Haltevorrichtungen Magnete befestigt. Am Fahrkorb befinden sich die Magnetschalter,

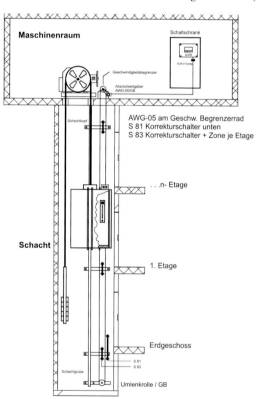

Bild 2.57
Kopierung mit Inkrementalgeber und Magnetschaltern zur Korrektur im Schacht [Q.3]

die während der Fahrt durch die Magnete geschaltet werden. Die Schalter sind bistabil und werden durch die Magnete je nach Ausrichtung (Nordpol – Südpol) ein- bzw. ausgeschaltet.

Eine Weiterentwicklung sind Metallbänder und Magnetstreifen. An einem Stahlband werden Magnetstreifen angebracht, die direkt die Länge und Position eines Schaltzustandes wiedergeben. Anstelle der Magnetschalter kann auch ein Lesekopf mit Hallsensoren am Fahrkorb montiert sein. Dieser fragt die Magnetstreifen ab und gibt die erforderliche Information an die Steuerung weiter.

Bei der Magnetschalter-kopierung nach dem **Impulszählverfahren** werden während der Fahrt durch die Magnete Impulse ausgelöst, die von der Steuerung gezählt werden. Durch das Mitzählen der Impulse bestimmt die Steuerung die Position im Schacht. Bei diesem Verfahren werden üblicherweise 4 oder 6 Magnetschalter verwendet (4er- oder 6er-Kopierung). Nachteil dieser Kopierung ist, dass nach einem Spannungsausfall die Standort-Information verloren geht und der Aufzug erst eine **Korrekturfahrt** zu einem sog. Korrekturschalter machen muss. Bild 2.56 zeigt das Funktionsdiagramm dieser Magnetschalterkopierung. Diese Kopierungsart kommt nur bei einfachen Aufzügen im Standardbereich zur Anwendung.

Mit den steigenden Anforderungen moderner Aufzugsteuerungen ist es notwendig geworden, den Schacht genauer aufzulösen. Eine preiswerte Lösung bietet der **Inkrementalgeber**. Dieser gibt Impulse ab, die von der Steuerung gezählt werden. Es sind Auflösungen im Millimeterbereich möglich. Häufig wird der Inkrementalgeber gemäß Bild 2.57 am Geschwindigkeitsbegrenzer montiert. Nachteile sind, dass nach einem Spannungsausfall ebenfalls eine Korrekturfahrt notwendig ist und dass trotz Inkrementalgeber Magnetschalter für die absolute Standortbestimmung, die Korrektur und die Kompensation des Schlupfes der Seile notwendig sind.

Durch den Einsatz eines modernen **Absolutwertgebers** (Multiturn-Encoder), der über einen Zahnriemen fest mit der Kabine verbunden ist, ist kein Magnetschalter zur Korrektur und Standortbestimmung mehr notwendig. Die Steuerung erhält zu jeder Zeit, auch nach jedem Einschalten, die exakte Position der Kabine. Es sind Auflösungen von 0,5 mm üblich. Die Absolutwertgeber werden am Schachtkopf, Schachtboden oder auf der Kabine montiert und über einen Zahnriemen schlupffrei angetrieben. Bei einer Notsituation wie z.B. Feuerwehrfahrt, Brandfall oder Notstrombetrieb kann trotz kurzzeitigen Spannungsausfalls direkt eine Evakuierungshaltestelle ohne Korrekturfahrt angefahren werden.

Bei dem **magnetostriktiven Absolutwertgeber** wird im Schacht ein ca. 1,2 mm dicker Stahldraht gespannt. An dem Fahrkorb befindet sich eine Spule, die berührungslos Schallimpulse in diesen Draht einkoppelt. In dem Spezialdraht breitet sich der Impuls mit konstanter Geschwindigkeit über die gesamte Länge aus. Am Schachtkopf befindet sich ein Sensor, der den Impuls registriert. Über die Auswertung der Laufzeit des Impulses lässt sich die Position absolut auf wenige Millimeter genau bestimmen.

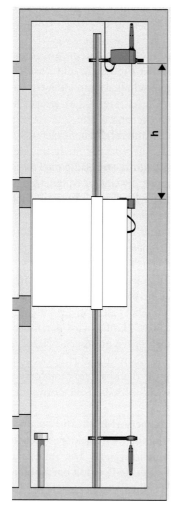

Die Montage im Überblick

Das Aufzug-Positionssystem USP wird im Aufzugschacht an die Führungsschiene der Aufzugkabine montiert. Das System besteht im Wesentlichen aus folgenden Komponenten: 2 Dämpfer, Empfänger, Sender und Pendelschutz, sowie den zusätzlichen Komponenten Korrektursensor und Betätigungsmagnete für das System USP 100.

Die zur Montage notwendigen C-Profile werden ausserhalb des Verfahrweges der Aufzugkabine an der Führungsschiene montiert. Das Montageblech zur Befestigung des Senders wird an der Aufzugkabine angebracht.

In Abhängigkeit von der Lage des Maschinenraumes der Förderanlage kann der Empfänger entweder im Schachtkopf oder in der Schachtgrube befestigt werden. Im dargestellten Beispiel ist der Empfänger im Schachtkopf montiert, somit sollte sich auch der Maschinenraum oben befinden. Ein Maschinenraum im Bereich der Schachtgrube hat zur Folge, dass auch der Empfänger unten montiert werden sollte und der Pendelschutz im Schachtkopf als Dämpferhalter dient.

Grund der unterschiedlichen Anordnung der Systemkomponenten ist die Verkabelung des Empfängers. Eine nicht optimale Anordnung der Systemkomponenten kann dazu führen, dass Sie die Verkabelung komplett durch den ganzen Aufzugschacht führen müssen.

Der vertikal durch das System verlaufende Draht dient zur Übertragung des Messsignals. An den beiden Signaldrahtenden wird jeweils ein Dämpferelement befestigt. Zur komfortablen Installation ist der Signaldraht auf eine Montagevorrichtung gewickelt. Bei der Montage muss darauf geachtet werden, Knicke und Kratzer am Signaldraht zu vermeiden. Verwenden Sie den Signaldraht nur bestimmungsgemäß.

Der für das System USP 100 zusätzlich zu montierende Korrektursensor wird am Kämfer der Aufzugkabinentür, die zugehörigen Betätigungsmagnete an der Schachttürschwelle montiert.

Das USP 30 ist für Förderhöhen bis zu 30 Metern, USP 100 für Förderhöhen bis zu 130 Metern ausgelegt.

	USP 30	USP 100
h_{min}	0,8 m	0,8 m
h_{max}	36 m	135 m

Bild 2.58   Bestandteile eines magnetostriktiven Absolutwertgebers [Q.14]

Mit einem **Absolutwertgebersystem** wird der Schacht millimetergenau aufgelöst. Nach einer Einstellfahrt, **berechnet sich die Steuerung** alle notwendigen Korrektur-, Impuls- und Bündigsignale für alle Geschwindigkeiten und Haltestellen selbst. Jeder Fahrgeschwindigkeit ist im **virtuellen Kopierwerk** eine eigene Fahrkulisse zugeordnet. Sie gilt für eine einmal gewählte Geschwindigkeit bis zur Ankunft in der Zieletage. Störende Überschneidungen, wie man sie von Magnetschalter-Kopierungen kennt, gibt es hier nicht mehr. Selbst extreme Kurzhaltestellen von z. B. 8 cm sind kein Problem. Durch die feine Auflösung des Schachtes und die schnelle Reaktionsfähigkeit moderner Steuerungen ist es möglich, auch bei hohen Geschwindigkeiten dem Frequenzumrichter des Aufzugantriebes einen sehr genauen Bremspunkt zu geben. Dadurch ist eine Direkteinfahrt möglich, was zu einer Steigerung der Förderleistung und zu einem angenehmeren Fahrverhalten führt.

Die «intelligenten» Sensoren der neusten Generation verfügen über eine wesentlich höhere Prozessorleistung, so dass sie mehr Funktionalität anbieten können. Dies erleichtert bei den Kopiersystemen die Berechnung der absoluten Position in konfigurierbaren Auflösungen, die Berechnung der Geschwindigkeit und die Berechnung der Beschleunigung. Sie sind also quasi virtuelle Nockenschaltwerke mit absoluten Schaltpunkten.

Die Gruppensteuerung
Die Gruppensteuerung verbindet 2 oder mehr Aufzugsanlagen steuerungs- und schaltungstechnisch. Die Außenrufe und Innenkommandos werden so schnell und so energieeffektiv wie möglich erledigt. Die Gruppenfunktionen im Sinne von Optimierungsalgorithmen sind in der Gruppensoftware jeder Steuerung festgelegt. Moderne Gruppensteuerungen haben keinen übergeordneten Gruppenrechner (Ausnahme: System für die Modernisierung).

Gesichtspunkte bei der Planung von Aufzügen
Art, Anzahl und Anordnung der Aufzüge in einem Gebäude werden bei der Planung festgelegt. Hauptkriterien sind Nutzung und Gebäudelogistik.

Optimierungsgesichtspunkte bei der Planung sind u.a.

❑ Förderleistung,
❑ Fahrgastservice,
❑ Raumbedarf.

Geringeren Raumbedarf benötigen MRL-Aufzüge und Sonderbauformen, wie Doppelstockkabine, zwei Aufzüge / Schacht u.Ä.

Optimierungsalgorithmen der Gruppensteuerung
Grundsätzlich kann unterschieden werden nach

❑ optimierter Wartezeit,
❑ optimierter Fahrzeit,
❑ optimierter Energieeffizienz.

Bei modernen Gruppensteuerungen kann zwischen diesen Funktionen umgeschaltet werden, z.B. durch das Facility Management, d.h. die Gebäudetechnik oder über Fernparametrisierung. Bei optimierter Energieeffizienz wird eine längere Wartezeit akzeptiert, z.B. während der Nacht in einem Hotel oder in Bürogebäuden bei Tageszeiten mit schwachem Verkehr. Neuere Systeme verfügen über eine Lernfähigkeit zum Erlernen der Verkehrssituation (Künstliche Intelligenz).

Die Außenrufzuteilung erfolgt dynamisch nach folgenden Hauptkriterien:

- ❑ Anzahl und Ort der Außen*rufe*,
- ❑ Anzahl und Ort der Innen*kommandos*,
- ❑ Standort des Aufzuges,
- ❑ Fahrtrichtung des Aufzuges,
- ❑ Geschwindigkeitsphase der Fahrt.
- ❑ Ausnahme: Zielwahlsteuerung:
  - – Die geschätzte Ankunftszeit des angezeigten Aufzuges wird angezeigt;
  - – Zielwahl und herkömmliche Außenrufeingabe können kombiniert werden.

Weitere Kriterien für die Optimierung der Gruppenfunktionen sind:

- ❑ Beladung des Fahrkorbes (dynamischer Auslastungsfaktor, Füllgrad/Tageszeit),
- ❑ Erfassung des Vorraumes,
- ❑ Zustand der Fahrkorbtüren,
- ❑ Erfassung von Verkehrsspitzen (Auf (Füllbertrieb), Ab (Leerungsbetrieb), Kantine, Lobby, Restaurant / Dachterrasse u.Ä.),
- ❑ Annullieren von missbräuchlichen Rufen und Kommandos,
- ❑ unsymmetrische Gruppenanordnungen (z.B. nur ein Aufzug aus der Vierergruppe fährt ins Parkgeschoss, bzw. nicht alle Aufzüge fahren ganz nach oben) sind möglich. Ebenso können unterlagerte Evakuierungsalgorithmen verarbeitet werden.

Diese Funktion gewinnt zunehmend an Bedeutung.
Struktur und Funktion einer Zweiergruppe:

- ❑ Ein Außenruf liegt an beiden Steuerungen an.
- ❑ Über eine Datenleitung wird in der Gruppenfunktion jeder Steuerung ermittelt, welcher Aufzug diesen Außenruf am schnellsten abarbeiten kann. Nur dieser Aufzug bedient dann den entsprechenden Ruf.

Üblich sind 2er- bis 8er-Gruppen.
Kennzeichen dieser Steuerung sind:

- ❑ Die Signale der Außenrufe stehen allen Steuerungen zur Verfügung,
- ❑ einzelne Aufzüge können Blindhaltestellen haben,
- ❑ Prioritätsrufe mit fester oder variabler Zuteilung,

❑ Verlassen des Gruppenbetriebes einzelner Steuerungen,
❑ keine übergeordneten Gruppenrechner.

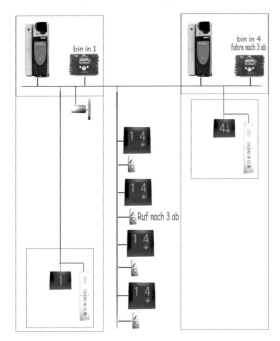

Bild 2.59
Struktur und Rufverarbeitung bei
einer Zweiergruppe [Q.3]

Dynamische Verkehrsleitrechner
Dynamische Verkehrsleitrechner werden zur Steuerung von größeren Aufzugsgruppen und des gesamten Aufzugbetriebs eines Gebäudes eingesetzt. Dadurch
ergeben sich folgende *Vorteile*:

❑ erhöhte Leistungsfähigkeit und Systemflexibilität gegenüber herkömmlichen
  Gruppensteuerungen,
❑ Steuerung von mehr als 24 Aufzügen (Fahrkörben),
❑ Steuerung von mehreren Aufzugsgruppen,
❑ effiziente Verkehrssteuerung und Verkehrsüberwachung hinsichtlich Förderleis-
  tung,
❑ selbstadaptiver Algorithmus entsprechend dem Verkehrsaufkommen und den
  Betriebsbedingungen,
❑ selbstadaptiver Algorithmus für energieeffizienten Betrieb,
❑ Algorithmus und Eingabeparameter wählbar und anpassbar entsprechend den
❑ Nutzungs- und Gebäudeanforderungen,
❑ Zielvorauswahl mit Aufzugszuweisung vor Fahrtantritt,
❑ behindertengerechte Funktionen,
❑ VIP-Funktionen.

Bewertungsgrößen von Aufzugsgruppen

Die **Wartezeit WT** (*waiting time*) ist die Zeit zwischen Rufabgabe und Eintreffen des Fahrkorbes am Rufort. Er wird berechnet aus der Fahrtzeit vom aktuellen Fahrkorbstandort bis zum Rufort plus eventueller Halteverlustzeiten für Zwischenstopps zur Bedienung von bereits vorhandenen, also der Steuerung bereits zugeteilten Rufen. Die Berechnung der Wartezeit WT erfolgt mit aktuellen Parametern der Fahrkurve und der Türfunktion.

Die **Fahrtzeit TT** (*transit time*) ist die Zeit zwischen Betreten des Fahrkorbes und Ankunft am Zielort. Sie berechnet sich aus der Fahrtzeit vom Rufort bis zum Zielort plus eventueller Halteverlustzeit für Zwischenstopps zur Bedienung von bereits vorhandenen, also der Steuerung bereits zugeteilten Rufen. Die Berechnung der Fahrtzeit TT erfolgt ebenfalls mit aktuellen Parametern der Fahrkurve und der Türfunktion.

Die **Zielerreichungszeit TD** (*time to destination*) ist die wichtigste Bewertungsgröße bei der Beurteilung der Leistungsfähigkeit einer Gruppensteuerung. Sie ist die Zeit zwischen Rufabgabe und Ankunft am Zielort, berechnet sich also aus der Wartezeit WT plus der Fahrtzeit TT. Die entscheidenden Optimierungsoptionen jeder Gruppensteuerung sind also kurze Wartezeit WT und kurze Fahrtzeit TT. Nebenbei bemerkt, dient dies auch der Vermeidung von Klaustrophobie unter den Fahrgästen. Allerdings muss berücksichtigt werden, dass bei Umschaltung auf energieoptimierte Gruppenalgorithmen die Zielerreichungszeit zunimmt.

2.2.4   Schachtinstallation (elektrischer Teil)

Heute werden die elektrischen Komponenten eines Aufzuges vielfach über Bussysteme miteinander verbunden. Dies reduziert den Verkabelungsaufwand und damit auch den Montageaufwand auf der Baustelle. Fehlerdiagnosen sind ebenfalls wesentlich einfacher geworden. Alle Bedien- und Anzeigeelemente werden so miteinander vernetzt. Die einzelnen Elemente besitzen selbst kleine Leiterplatinen, wodurch eine Kommunikation mit der Hauptsteuerung nicht bei jedem Ereignis erforderlich ist. Dadurch wird der Bus nicht zusätzlich belastet und die Reaktionsgeschwindigkeit sehr hoch gehalten.

2.2.5   Kraftübertragung

Treibscheibenaufzug

Die Kraftübertragung erfolgt zwischen Seil und Treibscheibe und wird als Treibfähigkeit (im deutschsprachigem Raum auch als Friktion (Reibung) bzw. Traktion (Zug, Ziehen) bezeichnet.

Die Paarung Tragseil und Treibscheibenrille wird mathematisch nach der EYTELWEIN'schen Formel berechnet, siehe EN 81-1 Ziffer 9.3 und Anhang M. Die zu übertragenden Kräfte sind dabei vom Umschlingungswinkel der Seile über der Treibscheibe, der Rillenform, dem Seildurchmesser, der Anzahl der Seile und den Lastverhältnissen von Fahrkorb und Gegengewicht abhängig.

Größen wie Reibwert, Reibungszahl, Rillenform und -pressung, Umschlingungswinkel, Keil- und Bettwinkel, mit und ohne Unterschnitt, Seilkräfte, Masse von Fahrkorb, Gegengewicht, Hängeleitungen, Unterseile usw., Anzahl der Tragseile, der Hängekabel, der Unterseile, der Seilrollen, der Biegewechsel und diverse weitere Parameter beeinflussen die Treibfähigkeit. Wenn ausreichende Treibfähigkeit vorhanden ist, bedeutet das mit anderen Worten, dass ausreichende Klemmkraft oder auch Reibschluss zwischen dem Tragseil und der Treibscheibenrille vorhanden ist. Die Treibfähigkeit muss für die betrachtete Aufzugsanlage entsprechend den Anlagenparametern ausgelegt werden. Das heißt aber auch, dass bei späteren Änderungen an der Anlage, die das Fahrkorbgewicht verändern, eine Überprüfung der Treibfähigkeit notwendig ist.

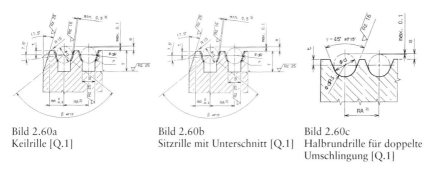

Bild 2.60a
Keilrille [Q.1]

Bild 2.60b
Sitzrille mit Unterschnitt [Q.1]

Bild 2.60c
Halbrundrille für doppelte Umschlingung [Q.1]

Die Prüfung der Treibfähigkeit an der installierten Anlage wird in der EN 81-1 detailliert beschrieben und muss rechnerisch nachgewiesen und vor dem Inverkehrbringen überprüft werden.

Dabei wird die minimale Treibfähigkeit dadurch ermittelt, dass der Aufzug

❑ in Aufwärtsrichtung mit leerem Fahrkorb, im oberen Schachtbereich;
❑ in Abwärtsrichtung mit 125 % der Nennlast im Fahrkorb, im unteren Schachtbereich

mehrmals aus der Betriebsgeschwindigkeit heraus zum Halten gebracht wird. Der Fahrkorb muss jedes Mal zum völligen Stillstand kommen. Ein geringfügiges Rutschen beim Anfahren und Bremsen mit Prüflast ist dabei unbedenklich.

Die maximal zulässige Treibfähigkeit wird mittels der Aufsetzprobe geprüft. Es ist zu prüfen, dass der leere Fahrkorb sich nicht anheben lässt, wenn das Gegengewicht auf den völlig zusammengedrückten Puffern ruht. Oder mit anderen Worten: Bei aufsitzendem Gegengewicht bzw. Gegenlast muss die Treibscheibe unter den Tragseilen durchdrehen, der Reibungsschluss muss aufgehoben werden, der

Fahrkorb darf nicht weiter aufwärts mitgenommen werden und auf der Gegengewichtsseite darf sich kein Schlaffseil bilden. Wird nunmehr die Drehrichtung z.B. mittels der Rückholsteuerung umgesteuert, also Fahrkorb abwärts, muss der Reibungsschluss wieder wirksam werden.

Durch Verschleiß der Treibrillen kann die Treibfähigkeit vermindert werden. Bei den turnusmäßigen Zwischen- und Hauptprüfungen werden u.a. die Tragseile und die Treibscheibe begutachtet, so dass über die gesamte Lebensdauer einer Anlage die Treibfähigkeit überwacht wird.

Gehärtete Treibscheibenrillen haben den Vorteil, dass die Treibscheibe über die Lebensdauer der Anlage nicht getauscht werden muss. Der Verschleiß liegt damit ausschließlich im Seil, das aufgrund der Nutzung einem Verschleiß unterliegt und nach definierten Ablegekriterien ausgetauscht werden muss.

Bild 2.61
Arten der Aufhängung bei einem Seilaufzug mit
Triebwerksraum oben über dem Schacht [11]

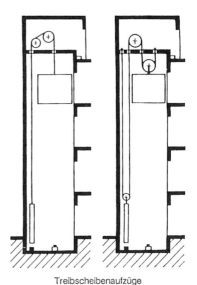

Treibscheibenaufzüge

Die Bilder 2.61 bis 2.63 zeigen die gängigen Anordnungsmöglichkeiten des Antriebes und die Seilführungen für Aufhängungen 1 : 1 und 2 : 1. Bei Anlagen mit 1:1-Aufhängung muss der Antrieb die gesamte erforderliche Hubarbeit erbringen. Den Verlusten durch Mehrfachumlenkung – Wirkungsgrad der einzelnen Seilrollen – und Mehrkosten für die zusätzlichen Seilrollen und die größeren Seillängen bei 2:1-Aufhängung stehen die höheren Kosten für den Antrieb bei 1:1-Aufhängung gegenüber. Unabhängig von den Kostengesichtspunkten sind häufig technische Aspekte für die Auswahl der Aufhängung und den Aufstellungsort des Antriebes maßgebend.

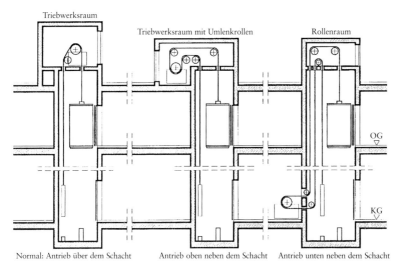

Triebwerksraum

Triebwerksraum mit Umlenkrollen

Rollenraum

OG

KG

Normal: Antrieb über dem Schacht   Antrieb oben neben dem Schacht   Antrieb unten neben dem Schacht

Bild 2.62   Anordnung des Triebwerksraumes und Seilverlauf bei Seilaufzügen [9]

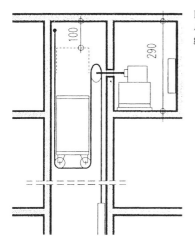

100

290

Bild 2.63
Anordnung und Seilverlauf bei einem explosions-
geschützten Aufzug [9]

Nachfolgend sind nochmals einzelne Aspekte beschrieben, die sich durch die Art der Aufhängung (2 : 1 oder 4 : 1) und die damit verbundene Seilführung ergeben:

❑ Mit steigender Seilrollenzahl verschlechtert sich der Gesamtwirkungsgrad der Anlage.
❑ Der Konstruktions-, Material- und Montageaufwand erhöhen sich.
❑ In der Regel ist ein größerer Platzbedarf im Schacht für die Führung der Seile notwendig;
❑ höhere Kosten durch größere Seillänge,
❑ größere Einfederung beim Be- und Entladen,

117

- ❑ erhöhte Kosten und höherer Montageaufwand beim Seilwechsel,
- ❑ größerer Verschleiß der Seile (Biegewechsel),
- ❑ je nach Auslegung evtl. geringere Seillebensdauer und frühere Ablegereife der Seile.

Bei Gearless-Antrieben wird im Standard häufig eine 2:1-Aufhängung gewählt, damit ein kostengünstiger Antrieb eingesetzt werden kann. Beim Einsatz von Gearless-Antrieben in 1:1-Anordnung muss darüber hinaus beachtet werden, ob der Antrieb mit der geringen Motordrehzahl noch in seinem Regelbereich betrieben werden kann, damit ein gutes Fahrverhalten der Anlage erreicht wird.

Bild 2.64 zeigt einige der gängigen Anordnungsmöglichkeiten im Schacht. Diese gelten im übertragenen Sinn auch für MRL-Anwendungen.

Bild 2.64
Seilführungen bei verschiedenen
Lagen des Triebwerkraumes und
verschiedenen Aufhängungen [8]

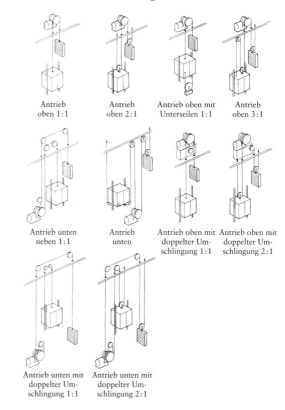

Hydraulikantriebe

Analog zu den unterschiedlichen Anordnungen und Seilverläufen bei den Treibscheibenaufzügen gibt es auch bei den Hydraulikaufzügen verschiedenste Projektierungsmöglichkeiten mit unterschiedlichen Heberausführungen und Heberanordnung. Man kann grundsätzlich unterscheiden zwischen direkter und indi-

118

rekter Aufhängung, das bedeutet, ob der Heber direkt am Tragrahmen – dem Rahmen zum Einbau des Fahrkorbes – angreift oder über eine Umlenkung und Seile den Hub des Fahrkorbes ausführt. Die Heber können einteilig oder mehrteilig ausgeführt werden.

Beim Hydraulikantrieb wird über einen Pumpenmotor ein Öldruck aufgebaut, der über den Hydraulikheber zum Heben der Last verwendet wird. Über einen Ventilblock wird dabei der Förderstrom derart geregelt, dass entlang einer Fahrkurve mit einer Beschleunigungsphase, einer Strecke in Konstantfahrt und dann über die Verzögerungsphase der Weg zwischen den Haltestellen in Aufwärtsrichtung überwunden wird. In Abwärtsrichtung wird der Fahrkorb ohne Zuführung von Energie über das gesteuerte Öffnen des Ventilblockes bewegt.

Bei Verwendung von mehreren Hebern ist durch die Anordnung und Leitungsführung darauf zu achten, dass eine gleichmäßige Druckverteilung auf beide Heber erfolgt.

Bild 2.65   Hydraulisches Antriebssystem, Aufzug mit zwei Hebern seitlich [Q.15]

Bild 2.66   Anordnungen von Druckkolben bei Hydraulikaufzügen in Rucksackanordnung [Q.15]

Seile als Tragmittel

Die Anforderungen an das Tragmittel Seil als laufendes Seil im Aufzugbau sind in der EN 81 beschrieben. Darin ist der Mindestdurchmesser auf 8 mm festgelegt und es sind mindestens 2 Seile erforderlich. Im Aufzugsbereich wurden in der Vergangenheit üblicherweise Seile mit Durchmessern von 8 bis 16 mm verwendet. Die Machart der Seile ist dabei von der Betriebsart und der Belastungen abhängig.

Man unterscheidet dabei Seile mit Fasereinlage und Seile mit Stahleinlage.

Bei Stahldrahtseilen ist die Nennzugfestigkeit der Drähte in der Norm festgelegt:

❑ 1570 N/mm² oder 1770 N/mm² bei Seilen mit Drähten gleicher Zugfestigkeit oder

❑ 1350 N/mm² außen und 1770 N/mm² innen bei Seilen mit Drähten unterschiedlicher Zugfestigkeiten.

Die Bruchkraft der Endverbindung muss mindestens 80 % der Mindestbruchkraft des Tragmittels betragen.

Das Verhältnis von Treibscheibendurchmesser und Seilrollendurchmesser oder Trommeln «D» zum Seildurchmesser «d» muss mindestens 40 betragen.

Damit ist ein Mindestdurchmesser von 320 mm für die Treibscheibe und Seilrollen vorgegeben. Im Anhang N der Norm ist beschrieben, wie die Seile dimensioniert werden müssen.

Die Seilbefestigung kann unterschiedlich erfolgen, gängig sind Verbindungen durch Verpressen, früher auch Vergießen, oder über kauschen-gesicherte Endverbindungen. Bei den neuen «dünnen» Seilen werden häufig auch Spezialkonstruktionen verwendet, die eine sehr enge Anordnung der Seile ermöglichen. Unabhängig von der Befestigungsart muss ein Verdrehen der Seile im Betrieb verhindert werden.

Je nach Antriebsart sind in der EN 81-1 Ziffer 9.2 folgende Sicherheitsfaktoren festgelegt:

❑ 12 bei Treibscheibenantrieben mit 3 und mehr Seilen,
❑ 16 bei Treibscheibenantrieben mit 2 Seilen und
❑ 12 bei Trommelantrieben.

Die Entwicklung der maschinenraumlosen Aufzüge, die Optimierung zur Raumausnutzung im Schacht mit reduzierten Schachtköpfen und Schachtgruben, hat dazu geführt, das Maschinenelement Seil weiterzuentwickeln, da durch den Einsatz dünnerer Seile und kleinerer Treibscheiben der Platz neben dem Fahrkorb optimal für Gegengewicht und Antrieb mit Seilführung genutzt werden kann.

Da die Sicherheit und die Zuverlässigkeit und Lebensdauer der Seile erhalten bleiben mussten, wurden Seile mit 4 mm bis 6 mm entwickelt, das D/d-Verhältnis wurde reduziert und die Sicherheit und Lebensdauer wurden über Versuchsreihen nachgewiesen.

Bild 2.67
Seilzertifikat für Seil DRAKO PTX 300
[Q.16]

Baumusterprüfbescheinigung

Bescheinigungs-Nr.:	G 530
Antragsteller/ Bescheinigungs- inhaber:	Pfeifer Drako Drahtseilwerk GmbH & Co. KG Rheinstraße 19 - 23 45478 Mülheim an der Ruhr
Antragsdatum:	2009-10-08
Hersteller	Pfeifer Drako Drahtseilwerk GmbH & Co. KG Rheinstraße 19 - 23 45478 Mülheim an der Ruhr
Produkt, Typ:	Seiltrieb mit Kunststoffmantel (TPU), zur Verwendung als Teil des Triebwerks für Treibscheibenaufzüge Typ **DRAKO PTX 300** (d_{Nenn} = 6 mm)
Prüfstelle:	TÜV SÜD Industrie Service GmbH Zentralbereich Fördertechnik - Sonderbauten Abteilung Aufzüge und Sicherheitsbauteile Gottlieb-Daimler-Straße 7 70794 Filderstadt
Datum und Nummer des Prüfberichtes:	2009-10-12 G 530
Prüfgrundlagen:	Richtlinie 95/16/EG (Juni 1995) EN 81-1:1998+AC:1999 / DIN EN 81-1:2000-05; Sicherheitsregeln für die Konstruktion und den Einbau von Aufzügen; Elektrisch betriebene Personen- und Lastenaufzüge Prüfbericht der Universität Stuttgart, Institut für Fördertechnik und Logistik, Abteilung Seiltechnologie, Holzgartenstraße 15B, 70174 Stuttgart vom 2009-03-25 (Seiten 1 – 8)
Ergebnis:	Der Seiltrieb erfüllt für den im Anhang zu dieser Baumusterprüfbescheinigung angegebenen Anwendungsbereich die grundlegenden Sicherheitsanforderungen der Richtlinie 95/16/EG (Juni 1995)
Ausstellungsdatum:	2009-10-12
Gültigkeit:	2014-10-12

Zentralbereich Fördertechnik - Sonderbauten
Abteilung
Aufzüge und Sicherheitsbauteile   Der Sachverständige

Peter Retzbach   Chadi Noureddine   TÜV

Es kann festgehalten werden, dass das Durchmesserverhältnis von Scheibe zu Seil und die Seilzugkraft neben der Biegelänge, der Drahtnennfestigkeit und dem Seildurchmesser wesentlichen Einfluss auf die Seillebensdauer haben.

In dem Zusammenhang kann das Seil nicht mehr als einzelne Komponente des Aufzugsantriebssystems betrachtet werden, hier muss jeweils gemeinsam mit dem Aufzugsbauer das Gesamtkonzept betrachtet und der Überprüfung unterzogen werden.

Die Baumusterprüfung der Seile ist damit wesentlicher Bestandteil für Prüfung des Aufzugssystems. [Q.26]

Der Einbau dieser Seile in den räumlich beengten Verhältnissen macht die Entwicklung spezieller Seilendaufhängungen notwendig. Zusammen mit geeigneten Montagehilfen, der Überprüfung der Seilspannung, damit eine gleichmäßige Verteilung der Last auf alle einzelnen Seile sichergestellt ist, und entsprechenden Verfahren zur Überwachung der Ablegereife der Seile machen diese Systemkomponente zu einem wesentlichen Element für den modernen Aufzug mit kompakten, kostengünstigen Antrieben.

Als weitere Entwicklungen werden kunststoffummantelte Seile entwickelt, die eine höhere Treibfähigkeit erreichen. Auch diese Seile sind durch spezielle Versuchsreihen zertifiziert worden. Die Prüfbescheinigung dieses Seiltyps der Firma

Pfeifer Drako ist in einer über den Onlineservice InfoClick abrufbaren Datei abgelegt, da hier neue Wege beschritten wurden, die die Anwendung und die Lebensdauerbetrachtung betreffen und damit auch andere Kriterien für die Ablegereife beschreiben.

Das Aufzugsseil als Maschinenelement ist ein sehr komplexes Bauteil, zu dem an verschiedenen Universitäten und bei Herstellern geforscht wird. Einen Forschungsschwerpunkt für Seile gibt es an der Technischen Universität in Stuttgart. Zahlreiche Veröffentlichungen auch in den Fachzeitschriften geben hierzu vertiefende Informationen. Eine gute Zusammenfassung stellt die Schrift «Drahtseile in Aufzügen» der Firma Pfeifer Drako dar, wie auch einige Fachaufsätze, die im *Liftreport* erschienen sind.

Schachtausrüstung (mechanischer Teil)

Unter dem Begriff der Schachtausrüstung versteht man im Allgemeinen die Baugruppen, mit denen die Aufzugskomponenten im Schacht / Gebäude oder am Schachtgerüst befestigt werden. Über diese Elemente müssen die Kräfte (statische und dynamische Lasten), die in den verschiedenen Betriebszuständen des Aufzuges auftreten können, in das Gebäude eingeleitet werden. Wir betrachten hier das Fahren, das Beladen und das Fangen als einzelne Belastungszustände.

Die Befestigung der Schachtbügel erfolgt über Halfenschienen (im Ausland selten eingesetzt) oder durch Dübelbefestigung. In Sonderfällen kommen auch Durchsteckanker zum Einsatz.

Schienen

Die Schienen dienen der Führung des Fahrkorbes, des Gegengewichtes oder Ausgleichsgewichtes, sofern vorhanden. Die Schienen sind die Fahrbahnen im Schacht.

In der Ausführung der Schienen unterscheidet man zwischen gezogenen und bearbeiteten Laufflächen der Schienen, die Schienenstöße sind durch Nut und Feder miteinander verbunden. Abhängig von der Höhe der Belastungen aus dem Aufzugsbetrieb, werden unterschiedliche Schienenprofile eingesetzt. Bei der Dimensionierung der Schienen sind nach der EN 81 Anhang G die Berechungen durchzuführen. Bei der Berechnung werden Knick- und Biegebelastungen berücksichtigt. Durch eine Reduzierung der Befestigungsabstände – Abstand der einzelnen Bügelebenen – kann die Berechnung beeinflusst werden. Standardlängen für die im Aufzugsbau verwendeten Schienen sind 2,5 m, 3,0 m oder 5,0 m. Abhängig von den Schachtabmessungen können das untere bzw. obere Endstück auf Maß abgelängt werden. Die Schienenstöße werden über Klemmplatten verschraubt. Je nach Lastverhältnis werden Schienen unterschiedlicher Größe verwendet.

Durch die Güte der Ausrichtung der Schienen im Schacht wird die Fahrqualität der Aufzugsanlage wesentlich bestimmt. Auf den Schienen greift ebenfalls die Sicherheitseinrichtung Fangvorrichtung (siehe auch Abschnitt 3.1). Die Schienenkopfbreite, die Laufflächenbreite der Schiene und der Oberflächenzustand sowie die Ausführung mit trockener oder geölter Führung sind entscheidend für die Aus-

wahl und Einstellung der Fangvorrichtungen, die als Sicherheitsbauteil im Fang-rahmen eingebaut sind und die den Fahrkorb abfangen und festsetzen können.

Führungen

Führungen sind die Elemente, mit denen sich der Fahrkorb oder das Gegengewicht an den Schienen abstützt. Man unterscheidet dabei zwischen Gleit- und Rollenfüh-rungen. Je nach Art der Anordnung der Führung (mittige Führung oder außermit-tige Führung) wirken unterschiedlich starke Belastungen auf die Führungen, die zum einen die Fahreigenschaften beeinflussen oder auch zu einem erhöhten Ver-schleiß führen können.

Gleitführungen stellen die Standardführung bei Aufzügen dar. Sie sind meist direkt mit einem Öler kombiniert. Bei jeder Fahrbewegung wird so Öl als Schmier-mittel auf der Schiene verteilt. Durch den Verbrauch des Öls sind diese Führungen wartungsintensiv; in definierten Wartungsintervallen muss Öl nachgefüllt werden. Das überschüssige Öl sammelt sich am Fuße der Führungsschiene in einem Auf-fangbehälter, der ebenfalls regelmäßig geleert werden muss.

Durch das Öl werden im Schacht Staub und Schmutz gebunden und verschmut-zen so den Schacht mit einem Schmutzölfilm. Deshalb sind Gleitführungen bei Panoramaaufzügen und in Glasschächten nur bedingt zu empfehlen.

Die Fahreigenschaften von Gleitführungen sind bei entsprechender Wartung gut. Lediglich durch den unangenehmen Stip-Slick-Effekt – das Losbrechen der Führungen beim Losfahren – können Komforteinbußen entstehen.

Rollenführungen werden hauptsächlich bei hohen Geschwindigkeiten einge-setzt oder wenn Verschmutzungen durch umherspritzendes Öl im Schacht vermie-

Bild 2.68
Gleitführung mit Öler für Fahrkorb und Gegengewicht [Q.2]

den werden sollen. Durch den Einsatz von Rollenführungen wird auch der Schachtwirkungsgrad verbessert.

Beim Einsatz von Rollenführungen ist bei der Montage darauf zu achten, dass der Fahrkorb im Ruhezustand mittig hängt, d.h., dass die Seilrollen nicht einseitig belastet werden und es damit zu Abplattungen kommen kann, da durch diese dauerhafte Verformung die Fahreigenschaften sich verschlechtern. Unterschiedliche Rollenbeläge beeinflussen auch die Fahrqualität.

Zum Schutz der empfindlichen Rollenführungen und zur Erhöhung deren Lebensdauer wird daher empfohlen, für die Zeit der Montage mit viel Schmutz im Schacht mit Gleitführungen zu fahren und die Rollenführungen erst vor der Übergabe an den Kunden zu montieren.

Bei sehr hohen Geschwindigkeiten bzw. hohen Komfortansprüchen kommen auch gefederte und gedämpfte Rollenführungen zum Einsatz.

Bild 2.69   Rollenführungen RT18 [Q.2]

Bild 2.70   Hochwertige Rollenführung RTK 300 für schnell laufende Aufzüge [Q.2]

Unterseile und Unterseilspannvorrichtungen

Unterseile, Unterbänder oder Unterketten werden bei größeren Förderhöhen eingesetzt, um das Gewicht der Tragseile über die Fahrstrecke im Schacht auszugleichen. Unterseile sind eine nach unten verlaufende Seilverbindung zwischen Fahrkorb und Gegengewicht. Somit sind Fahrkorb und Gegengewicht neben den normalen Tragseilen zusätzlich mit weiteren Seilen verbunden. Diese Seile können über eine Rolle in der Schachtgrube umgelenkt werden. Bei gespannten Unterseilen werden diese über eine Rolle in der Schachtgrube umgelenkt und gespannt. Diese Einrichtung soll verhindern, dass Fahrkorb bzw. Gegengewicht im Fall eines Nothaltes oder beim Fang «springen» können, d.h., es kann somit kein «Schlaffseil» entstehen. Bei Schlaffseil würden Fahrkorb bzw. Gegengewicht in die Seile zurückfallen und sehr große Stoßkräfte auf das Gesamtsystem ausüben.

Gem. EN 81-1 Ziffer 9.6.2 muss die Unterseilspannvorrichtung zusätzlich mit einer Sprungsperre ausgestattet sein, damit auch die gewichtsbelastete Umlenkrolle nicht nach oben gezogen werden kann.

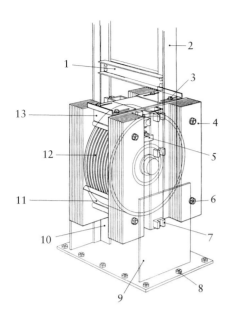

Bild 2.71
Unterseilspannvorrichtung bei Aufzügen
mit Nenngeschwindigkeit ab 3,5 m/s [8]

1   Rahmen
2   Führungsschiene
3   Seilabspringschutz
4   Spanngewicht
5   Sicherheitsschalter
6   Befestigung
7   Führung
8   Grubenbefestigung
9   Schienenbefestigung
10 Führungsschiene
11 Seilabspringschutz
12 Seilrolle
13 Eingreifschutz

2.2.6   Fahrkorb und Fahrkorbausstattung

Neben den Türen, den Bedien- und Anzeigeelementen ist der Fahrkorb die Baugruppe des Aufzuges, die wesentlich durch die Wünsche des Kunden an die Ausstattung beeinflusst wird. Die übrigen Baugruppen liegen für den Benutzer versteckt im Schacht oder Maschinenraum und unterliegen damit nicht so stark den
Anforderungen an das Design. Eine Ausnahme ist hier, wenn es sich um Aufzüge
im Freien oder in Glasschächten handelt, bei denen die Technik sichtbar wird und
aus gestalterischen Gründen «versteckt» werden soll.

Die nachfolgenden Fotos (Bilder 2.72a bis 2.72e) stammen von einem Projekt
in Luxemburg, bei dem das gesamte Geschäftshaus mit viel Glas modernisiert
wurde, im Mittelpunkt der mit Glas verkleideten Fassade steht das komplett verglaste Treppenhaus, in dessen Innerem ein Glasaufzug von der Firma Beil eingebaut wurde, bei dem die gesamte Technik versteckt werden musste. [Q.27] Die
Bilder geben einen Eindruck über den technischen Aufwand, der hier betrieben
wurde. Die flächenbündige Verglasung des Fahrkorbes und die Beleuchtung im
Fahrkorbboden stellen eine Besonderheit dieser Anlage dar. Der Fangrahmen als
tragende Einheit ist in die Fahrkorbkonstruktion integriert worden. Den Fahrkorbabschluss bilden zentral öffnende Vollglastüren.

Bild 2.72   Pole Nord-Luxemburg
a)   Außenfassade [Q.7]
b)   Schacht und Fahrkorb [19]
c)   Schacht und Fahrkorb [19]
d)   Fahrkorb [Q.7]
e)   Fahrkorbbeleuchtung und Bedienelemente [Q.7]

Für die Beschreibung von Fahrkorb und Fangrahmen gelten nachfolgende Begriffsdefinitionen:

Tragmittel ist die gesamte Einheit aus Fangrahmen und Fahrkorb.
Fangrahmen ist die tragende Struktur, in der der Fahrkorb eingebaut ist.
(Bei Hydraulikaufzügen spricht man von einem Tragrahmen.)
Fahrkorb ist der umschlossene Raum, in dem die Nennlast befördert wird. Nur der Fahrkorb inkl. der Fahrkorbtüren wird vom Benutzer wahrgenommen.

126

Es gibt auch Konstruktionen, bei denen der Fahrkorb als selbstragende Einheit ausgebildet ist, die Tragstruktur des Fangrahmens ist in die Fahrkorbstruktur integriert (Bild 2.72d).

Für die Dimensionierung des Antriebes ist das Gesamtgewicht aus Fahrkorb und Fangrahmen zu berücksichtigen.

Fangrahmen

Der Fangrahmen ist die tragende Struktur, in der der eigentliche Fahrkorb gelagert ist. Der Fangrahmen erfüllt alle Sicherheits- und Führungsaufgaben für den Fahrkorb:

❏ Seilfestpunkt (Aufhängung 1 : 1) bzw. Lagerung der Seilumlenkrollen (Aufhängung 2 : 1),
❏ Aufnahme der Fangvorrichtung (wirksam in Abwärtsrichtung) und der Bremseinrichtung (wirksam in Aufwärtsrichtung), verbunden mit dem Auslösemechanismus,
❏ Befestigung der Führungen (Gleit- bzw. Rollenführungen),
❏ Isolation der Kabine gegen den Fangrahmen zur Schwingungsisolation,
❏ Aufnahme der Elemente zur Lastmessung,
❏ Aufnahme der dynamischen Belastungen und Aufnahme der hohen Kräfte bei Pufferfahrt.

In Bild 2.73 ist ein Fangrahmen mit Gleitführung für 1:1-Aufhängung dargestellt, bei dem die Fangvorrichtung im Unterholm (Bild 2.74) und die Bremseinrichtung im Oberholm (Bild 2.75) eingebaut sind. Der Fahrkorb wird isoliert auf den Fe-

Bild 2.73
Fangrahmen mit Fahrkorbisolation [Q.2]

Bild 2.74 Fangrahmenoberholm mit Bremseinrichtung [Q.2]

Bild 2.75 Anbindung Fahrkorb–Fangrahmen
[Q.2]

Bild 2.76
Fangrahmenunterholm mit Fangvorrichtung
und Fahrkorbisolation [Q.2]

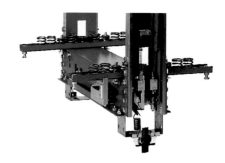

derleisten aufgesetzt und oben an dem Oberholm mit Schwingelementen isoliert
befestigt. Über einen induktiven Geber kann bei Beladung über die Einfederung
die Last gemessen werden. Damit kann die Steuerung auswerten, ob der Fahrkorb
leer, beladen oder mit Überlast beladen ist. Bei Überlast wird das im Fahrkorb signalisiert. Ein Fahren ist erst möglich, wenn die Last entsprechend reduziert wurde.

Tragrahmen
Der Tragrahmen hat prinzipiell die gleichen Funktionen wie der Fangrahmen. Bei
hydraulischen Aufzügen spricht man aber vom Tragrahmen.

Fahrkorb
Der Fahrkorb ist bei einem Personenaufzug die Fahrgastzelle des Aufzuges. Sie
wird maßgeblich durch die Designgestaltung bestimmt. Der ganze Aufzug wird
letztlich über den Fahrkorb und die Türen wahrgenommen. Die übrige Technik
bleibt meist im Verborgenen.

Der Fahrkorb besteht in seiner Grundkonstruktion aus einem geschweißten Boden und einer geschweißten Decke. Die Wände sind als Lamellen aufgebaut, die
jeweils mit der Decke und dem Boden verschraubt sind. In den Zugangsbereichen
sind die Fahrkorbtüren montiert. Je nach Kundenwunsch kann die Lamellenauf-

teilung in der Teilung variabel ausgeführt werden, einzelne Wandlamellen oder gesamte Wandbereiche können dabei durch Glaselemente ersetzt werden.

In Sonderkonstruktionen kann der Fangrahmen als tragende Einheit in die Fahrkorbkonstruktion integriert werden. In diesen Fällen wird die Gesamtsteifigkeit des Fahrkorbes über FEM (Finite-Elemente-Berechnungen) berechnet.

Als Fahrkorbausstattung versteht man die Einbauten und Verkleidungen, die im Wesentlichen durch die Designwünsche der Kunden oder Anforderungen der Normen bestimmt werden.

Bild 2.77
Fahrkorb mit indirekter LED-Beleuchtung hinten seitlich und im Boden [Q.6]

Bild 2.78   Fahrkorbinnenlamellen [Q.4]

Bild 2.79   Bedien- und Anzeigeelement [Q.4]

129

Folgende Einbauten bestimmen das Design:

- ❑ Bodenbeläge,
- ❑ Wandverkleidungen, Spiegel, evtl. auch Glaselemente,
- ❑ Handläufe,
- ❑ Klappsitze (siehe Bild 2.7a),
- ❑ Beleuchtungen,
- ❑ Bedien- und Anzeigelemente,
- ❑ Multimedia-Anwendungen LiftScreen als Infotainment-System
- ❑ usw.

Bodenbeläge

Bodenbeläge für Aufzüge müssen sehr strapazierfähig sein. Häufig werden deshalb hochwertige Bodenbeläge aus Kunststoff eingesetzt. Daneben nimmt aber auch der sog. bauseitige Bodenbelag einen breiten Raum ein; dieser reicht vom Steinboden bis zum Teppichboden. Üblicherweise wird dann der gleiche Bodenbelag eingesetzt wie im gesamten Gebäude. Bei Steinböden ist allerdings auf die Zusatzgewichte zu achten.

Wandausführungen

Die Kabinenwände und Türen werden häufig aus Edelstahl gefertigt. Die Oberflächen sind sehr langlebig. Mehr Exklusivität versprechen spiegelpolierte Edelstahloberflächen mit geätzten Strukturen. Hier lassen sich schöne Effekte erzeugen. Mit strukturlackierten oder pulverbeschichteten Oberflächen lassen sich Farbgestaltungen erzeugen.

Handläufe

Die Handläufe haben ihren praktischen Nutzen bei älteren oder behinderten Menschen. Optisch geben sie der Kabine eine Richtung und sollten deshalb immer vorgesehen werden.

Der gerade Auslauf ist klassisch, der gebogene aber wesentlich praktischer, da er weniger Möglichkeiten des «Hängenbleibens» bietet. Das Material Holz gibt optisch mehr Wärme als Edelstahl, Letzteres ist aber widerstandsfähiger gegen Beschädigung.

Fahrkorbbeleuchtung
Die Beleuchtungsdecke prägt maßgeblich das Erscheinungsbild der Kabine. Mit Licht lässt sich gestalten. Im Standard werden Einzelleuchten bzw. einfache Spots eingesetzt.

Indirekte Beleuchtungen hinter abgehängten Decken oder abgehängte Deckenelemente mit hinterleuchteten Feldern oder Lichtbänder lassen unterschiedliche Gestaltungsmöglichkeiten offen. Durch den verstärkten Einsatz von LED-Elementen auch vor dem Hintergrund der Energieeffizienzbetrachtungen werden weitere Möglichkeiten gegeben, die auch Farbe und hinterleuchtete Glaselemente und Lichtelemente im Handlauf ermöglichen. Bei der Gestaltung ist darauf zu achten, dass die geforderte Ausleuchtung erreicht und Blendwirkung verhindert wird. Durch Dimmen des Lichtes kann eine individuelle Anpassung an die Umgebungsbedingungen erreicht werden. Ein Abschalten der Beleuchtung im Stand-by senkt die Energiekosten deutlich. Es ist bei der Auswahl der Leuchtmitte darauf zu achten, dass durch das häufige Schalten der Beleuchtung der Energieverbrauch nicht erhöht wird bzw. die Lebensdauer der Leuchtmittel sinkt. Der Einsatz der LED-Technik wird auch hier einen technologischen Schritt in Richtung energieeffizienter Aufzüge bedeuten.

2.2.7 Türen

Bei den Türen unterscheidet man zwischen der Schachttür, die in der Haltestelle den Abschluss zum Gebäude darstellt, und der Fahrkorbtür, die den Abschluss des Fahrkorbes bildet und mit dem Fahrkorb mitfährt. Die Türen werden je nach Einsatzfall als 2-flügelige, 3-flügelige, 4-flügelige Teleskoptür ausgeführt. Bild 2.81 zeigt die verschiedenen Grundausführungen, wobei man bei den einseitig öffnenden Teleskoptüren immer vom Stockwerk aus auf die Tür schaut und danach entscheidet, ob sie nach links öffnend oder nach rechts öffnend ausgeführt ist.

Türentyp	Komforttür S8/K8			Hochleistungstür S5/K5			Lastentür S1/K1	
Türenart	M2T	M2Z	M4TZ	M2T	M2Z	M4TZ	T3	T6
Ausführung	links/rechts öffnend	mittig öffnend		links/rechts öffnend	mittig öffnend		links/rechts öffnend	mittig öffnend
	2-blättrig	2-blättrig	4-blättrig	2-blättrig	2-blättrig	4-blättrig	3-blättrig	6-blättrig

Bild 2.81 Türübersicht und Ausführungen [Q.2]

Dabei unterscheidet man zwischen einseitig öffnenden Teleskoptüren oder beidseitig zentralöffnenden Türen. In Sonderfällen können auch Drehtüren als Schachtabschluss mit Roll- und Hubtoren, hier das Hubtor Primius, das in Abhängigkeit von der Haltestelle nach oben oder unten öffnen kann, als Fahrkorbabschluss (Bilder 2.82 und 2.83) bei Lastenfahrkörben als Nachrüstlösung zum Einsatz kommen. Die beiden Lösungen haben den Vorteil, dass sie in Schachttiefe wenig Einbauraum benötigen und damit die vorhandene Fahrkorbtiefe nur sehr

Bild 2.82   Rolltor Genius als Fahrkorbabschluss bei Lastenfahrkörben [Q.17]

Bild 2.83
Hubtor Primius als Fahrkorbabschluss bei
Lastenfahrkörben [Q.17]

wenig einschränken. Gegenüber der Nachrüstlösung mit einem Sicherheitslichtgitter ist der Zugewinn an Sicherheit deutlich höher. Drehtüren werden bei Neuanlagen nicht mehr eingesetzt.

Bei der Auswahl der Türausführung sind zum einen die Schachtsituation, die Fahrkorbbreite und die Fahrkorbgröße entscheidend. Zentralöffnende Türen öffnen schneller und erhöhen damit die Förderkapazität der Anlage. Speziell bei Breitfahrkörben ist der Einsatz von zentralöffnenden Türen sinnvoll. Die Türausführung wird darüber hinaus durch die Designwünsche des Kunden beeinflusst. Man unterscheidet dabei zwischen Türen mit Blechtürblättern und Glastürblättern, die entweder in gerahmter Ausführung oder als Vollglastürblätter zum Einsatz kommen. Dabei ist zu beachten, dass beim Einsatz von VSG Sicherheitsglas verwendet werden muss.

Der Türantrieb ist in der Regel an der Fahrkorbtür angebaut, die Schachttür wird in der jeweiligen Haltestelle über ein Mitnehmersystem den Schachttürmechanismus entriegeln und mit geöffnet.

Der Türbereich wird während des Öffnens und Schließens überwacht, damit Personen und Gegenstände nicht verletzt oder beschädigt werden.

Schiebetüren bestehen aus den Komponenten Gehänge oder Kämpfer, Zargen, Schwelle, Schürze, Türsicherungssystemen und dem Türantrieb. Gehänge oder Kämpfer nennt man den oberen Träger, in dem die Türblattführung die Sicher-

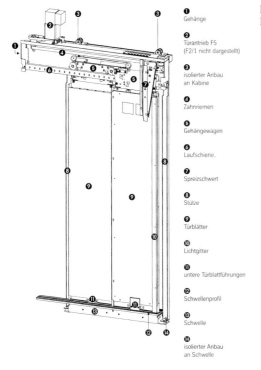

❶ Gehänge

Bild 2.84
Fahrkorbtür mit Baugruppen [Q.1]

❷ Türantrieb F5
(F2/1 nicht dargestellt)

❸ isolierter Anbau
an Kabine

❹ Zahnriemen

❺ Gehängewagen

❻ Laufschiene.

❼ Spreizschwert

❽ Stütze

❾ Türblätter

❿ Lichtgitter

⓫ untere Türblattführungen

⓬ Schwellenprofil

⓭ Schwelle

⓮ isolierter Anbau
an Schwelle

heitsschalter, Türriegel und der Bewegungsmechanismus eingebaut sind. Die Schwelle ist die untere Führung der Tür und die Zargen sind die Verbindungen zwischen Kämpfer und Schwelle, sie begrenzen die Türbreite.

Bei den Schachttüren als Gebäudeabschluss sind entsprechende Brandschutzanforderungen, die vom Einsatzumfeld der Tür abhängen, zu beachten. Diese Prüfanforderungen für die Türausführungen sind in der EN 81-58 ausgeführt und werden in Abschnitt 4.3 näher beschrieben.

Die Türführungen haben die Aufgabe, das Türblatt so zu führen, dass das Öffnen und Schließen geräuscharm und verschleißfrei funktionieren. Zusätzlich müssen sie alle Kräfte aufnehmen, die von außen und innen auch durch Vandalismus auf das Türblatt ausgeübt werden. Dabei darf mit einer definierten Kraft das Schachttürblatt nicht aus der Führung springen, damit ein sicherer Schachtabschluss gewährleistet ist. Mit dem Pendelschlagversuch, wie er in der EN 81 im Anhang J beschrieben ist, wird die Tür überprüft. Je nach Belastungsanforderungen werden Schwellenprofile mit unterschiedlichen Materialien und Profilen eingesetzt. Die Führungsprofile können offen oder verdeckt ausgeführt werden.

Fahrkorbtür
Bild 2.85 zeigt einen frequenzgeregelten Türantrieb an einer Fahrkorbtür.

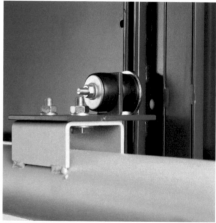

Bild 2.85   Frequenzgeregelter Türantrieb F9 [Q.1]

Bild 2.86   Isolierter Anbau der Fahrkorbtür am Fahrkorb [Q.1]

Türantrieb
Heute sind elektrisch betriebene Aufzugstüren der Standard. Der Türantrieb ist nur an der Fahrkorbtür befestigt und fährt damit mit dem Fahrkorb mit. Wenn der Fahrkorb hinter einer Schachttür zum Stehen kommt, greift die Fahrkorbtür über eine Kurve (Spreizschwert) in ein Gegenstück an der Schachttür ein. Dadurch wird die Schachttür (Hakenriegel) entriegelt. Wird nun die Fahrkorbtür über den Tür-

134

antrieb geöffnet, wird die Schachttür mitgenommen. Die Schachttür ist also fest mit der Fahrkorbtür gekoppelt. Nach dem Zulaufen beider Türen wird die Schachttür wieder verriegelt, bevor sich der Fahrkorb wieder in Bewegung setzt.

Die modernen Türantriebe sind meist mit einem frequenzgeregelten Antrieb ausgestattet. Der Motor treibt einen Zahnriemen an, der wiederum das schnell laufende Türblatt mitnimmt. Das langsam laufende Türblatt wird über eine Seiluntersetzung mit der halben Geschwindigkeit mitgenommen.

Der Schachttürverschluss Hakenriegel ist ein Sicherheitsbauteil nach EN 81 mit Baumusterprüfbescheinigung.

Türsicherungssysteme
Automatisch betätigte Aufzugstüren müssen mit einer Einrichtung ausgerüstet sein, die ein Einklemmen von Personen und Objekten beim Schließen verhindert. Die max. zulässige Schließkraft beträgt 150 N.

Mechanische Schließkraftbegrenzung
Bei ungeregelten Türen verhindert eine mechanische Schließkraftbegrenzung das Überschreiten der zulässigen Schließkraft. Dies gilt insbesondere für ältere Aufzugsanlagen. Zur Erhöhung der Sicherheit und des Benutzerkomforts muss allerdings ein Lichtgitter empfohlen werden.

Elektronische Schließkraftbegrenzung
Bei drehzahlgeregelten Türantrieben bewirkt die Steuerelektronik, dass der Schließvorgang beim Auftreffen auf ein Hindernis sofort unterbrochen wird. Der Schließvorgang wird fortgesetzt, sobald das Hindernis zwischen der Tür entfernt ist.

Lichtschranke
Die Lichtschranke ist die einfachste Form der optischen Türsicherung. Hier wird über eine Öffnung in der Fahrkorbtür ein Lichtstrahl zu einem gegenüberliegenden Reflektor geschickt. Wird der Lichtstrahl unterbrochen, so steuert die Tür um.

Nachteilig ist, dass nur in einer Höhe (meist ca. 90 cm) der Türzwischenraum überwacht wird. Gegenstände bzw. Personen darunter bzw. darüber werden nicht erfasst. Dies führt in der Praxis häufig zu Kollisionen mit der zulaufenden Tür. Besser sind deshalb die nachfolgend beschriebenen Lichtgitter und Vorraumüberwachungen.

Lichtgitter
Das Lichtgitter (Bild 2.87) ist eine berührungslose optoelektronische Türsicherung. Sende- und Empfangsteil sind in die Türblätter der Fahrkorbtür integriert. Jedes Unterbrechen eines oder mehrerer Lichtstrahlen löst die Umsteuerung des Türantriebs aus. Dabei arbeitet das Gerät mit unsichtbarem Wechsellicht im Infrarotbereich.

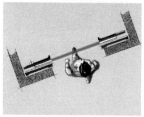
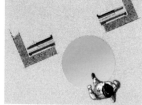

Bild 2.87   Standardlichtgitter mit 20 parallelen und 94 gekreuzten Strahlen für Personenaufzüge [Q.1]

Bild 2.88   Vorraumüberwachung [Q.1]

Bild 2.89   Hochauflösendes Lichtgitter mit integrierter trapezförmiger Vorraumüberwachung [Q.1]

Vorraumüberwachung

Um Zeitverluste so gering wie möglich zu halten und den Komfort für den Benutzer noch zu erhöhen, werden zusätzlich zum Lichtgitter Vorraumüberwachungen (Bild 2.88) eingesetzt. Hierbei wird der Schließvorgang verzögert, wenn sich Personen oder Gegenstände auf die Tür zubewegen. Das optimiert sowohl die Benutzerfreundlichkeit als auch die Förderkapazitäten.

Vorraumüberwachungssysteme nutzen die Eigenschaft, dass Menschen und Gegenstände Wärme abgeben: diese Körperstrahlung lässt sich durch Passiv-Infrarot-Detektoren erkennen und elektronisch (Bewegungsmelder) auswerten. Durch einen Parabolreflektor und ein vorgeschaltetes Linsensystem wird der Bewegungsmelder mit einer bestimmten Ansprech-Charakteristik ausgestattet. Der Bewegungsmelder spricht nur auf schnelle Temperaturveränderungen an, d. h., Änderungen der Umgebungstemperatur haben keinen Einfluss. Still stehende Personen werden nicht registriert, eine Blockade der Türen wird dadurch verhindert. Der Erfassungsbereich ist in gewissen Grenzen variabel. Das Licht von Leuchtstofflampen hat keinen Einfluss.

136

Lichtgitter mit integrierter Vorraumüberwachung
Am Markt sind bereits Lichtgitter mit integrierter Vorraumüberwachung verfügbar (Bild 2.89). Dies stellt eine wirtschaftliche Kombination aus maximaler Sicherheit und benutzergerechtem Komfort dar.

Schachttür
Eine Schachttür ist in jeder Haltestelle montiert. Sie stellt eine der wichtigsten Schnittstellen zum Gebäude dar. Als Schachtabschluss wird das Gebäude zum Schacht verschlossen, um damit ein unbeabsichtigtes Öffnen und eine Absturzgefahr in den Aufzugsschacht zu verhindern, wenn kein Fahrkorb in der Haltestelle steht. Darüber hinaus muss sie auch den geforderten Brandschutzaspekten nach EN 81-58 oder den jeweils geltenden Bestimmungen des Einbaulandes genügen. Es muss verhindert werden, dass sich ein Feuer über den Aufzugsschacht von einem zum nächsten Stockwerk ausbreiten kann.

Die Brandschutzanforderungen werden durch die Baugesetzgebung und die Anforderungen der Feuerwehr bestimmt. Die Brandschutzprüfung erfolgt in Europa einheitlich nach den Vorgaben in der EN 81-58.

In Kapitel 5 ist unter der EN 81-58 das Thema Brandprüfung beschrieben. Je nach Anforderungen müssen die Türen unterschiedlich lange beflammt werden und dürfen dabei bestimmte Verformungen nicht überschreiten.

Bild 2.90a   Versuchsaufbau zur Brandprüfung eine Schachttür vor dem Brennen [Q.17]

Bild 2.90b   Versuchsaufbau nach der Brandprüfung an einer Schachttür nach dem Brennen [Q.17]

Die Bilder 2.90a und 2.90b zeigen Versuchaufbau vor und nach dem Brennen. Nicht zuletzt ist die Schachttür die einzige Baugruppe, die der Benutzer vom Aufzug im Gebäude sieht; damit muss sie auch den optischen Ansprüchen der Kunden und Architekten genügen.

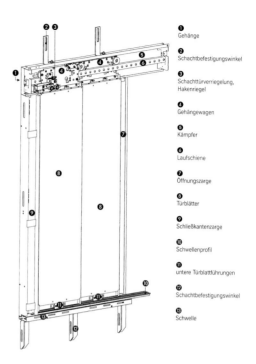

Bild 2.91
Schachttür mit Baugruppen-
bezeichnungen [Q.1]

❶ Gehänge

❷ Schachtbefestigungswinkel

❸ Schachttürverriegelung, Hakenriegel

❹ Gehängewagen

❺ Kämpfer

❻ Laufschiene

❼ Öffnungszarge

❽ Türblätter

❾ Schließkantenzarge

❿ Schwellenprofil

⓫ untere Türblattführungen

⓬ Schachtbefestigungswinkel

⓭ Schwelle

2.2.8 Bedienung und Anzeigen

Menschen und Lasten innerhalb eines Gebäudes möglichst schnell und komforta-
bel zu befördern, das ist der ursprüngliche Zweck von Aufzügen. Entsprechend
dieser Kernaufgabe müssen die Bedien- und Anzeigeelemente als Schnittstelle zwischen Mensch und Aufzug einer optimalen Benutzerfreundlichkeit genügen, um
eine effiziente Fahrgastbeförderung zu ermöglichen. Deshalb sollen sie klar, an-
sprechend und zeitgemäß im Design sein.

Bedienelemente
Klassische Bedienelemente
Über die Rufelemente **außerhalb der Kabine** wird der Aufzug herangeholt; bei
richtungsempfindlichen Zweiknopfsammelsteuerungen wird dabei auch die Zielrichtung der Weiterfahrt eingegeben.

Über die Kommandoelemente **innerhalb der Kabine** wird die Zielhaltestelle
ausgewählt. Zusätzlich kann häufig manuell die Tür geschlossen («Tür zu») bzw.
verlängert offen gehalten («Tür auf») werden. Sehr wichtig ist natürlich noch der
«Notruf-Taster», der in jedem Aufzug vorhanden ist. Als Komfortfunktion kann
der optionale Lüfter ein- bzw. ausgeschaltet werden.

138

Bild 2.92   Ruftaster mit Quittierung [Q.4]

Als Bedienelemente werden mechanische Drucktaster oder elektronische Sensortaster ohne bewegliche Teile und Kontakte verwendet. Wenn die Rufe bzw. Kommandos angenommen wurden, wird dies über eine Quittierungsbeleuchtung dem Benutzer mitgeteilt.

Für Sonderfunktionen wie Vorrechtfahrt und Feuerwehrbetrieb können zu den Tastern weitere Schlüsselschalter vorgesehen werden. Diese werden häufig im Design der übrigen Taster ausgeführt und mit Standardschließzylindern bestückt. Diese Schließzylinder können nach der Inbetriebnahme der Anlage bauseits mit den Schließzylindern der Schließanlage ersetzt werden.

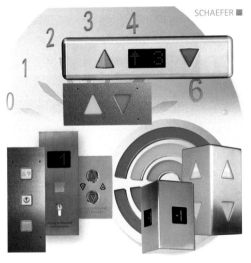

SCHAEFER ∎   Bild 2.93
Bedienelemente für innerhalb und außerhalb des Fahrkorbes [Q.4]

Das Bedienpaneel ist die Steuer- und Kommunikationszentrale im Fahrkorb. Sie ist bestückt mit Tastern, Anzeigen und Beschriftungen. Güte und Klarheit des

Bild 2.94
Bedienpaneele für den Fahrkorb [Q.1]

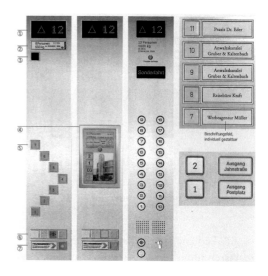

Bedienpaneels beeinflussen die Orientierung und den Sicherheitseindruck des Benutzers. Bei Neuanlagen sollte bei der Ausführung des Bedienpaneels schon jetzt auf Behindertengerechtigkeit geachtet werden – auch wenn dies für den geplanten Einsatzfall des Aufzuges nicht erforderlich ist. Die Mehrkosten gegenüber einer späteren Nachrüstung sind zu vernachlässigen.

Hinter Deckmaterial liegende Bedienelemente
In der Ausführung des Bedientableaus im Fahrkorb und an den Zugängen lassen sich individuelle Ausführungen und Ideen von Bauherren und Architekten ver-

Bild 2.95
Außenruftafel als Glaspaneel [Q.4]

140

wirklichen. Bei extravaganten Aufzügen kann als Deckplattenmaterial für Bedientafeln anstelle nichtrostenden Stahls oder eloxierten Aluminiums auch Glas und Stein verwendet werden. Die Einpassung mechanischer Taster und Anzeigen in diese Materialien ist mitunter sehr aufwendig und verarbeitungstechnisch problematisch. Eine neue Tastergeneration bietet hier (fast) unbegrenzte Gestaltungsmöglichkeiten. **Die Taster sind hinter dem Deckmaterial verborgen angebracht und funktionieren auf Annäherung / Berührung der Wirkfläche durch das Deckmaterial hindurch.** Auf dem Deckmaterial werden Lage und Bezeichnung der Taster aufgebracht. Dies ermöglicht individuelle Tastergrößen, Farben und Formen. Bei Verwendung von Glasscheiben werden diese, je nach Hersteller, rückseitig bedruckt oder mit einer gestaltbaren Folie hinterlegt.

Bild 2.96
Fahrkorbbedientafel aus Glas [Q.4]

Die Bedienelemente im Stockwerk können wahlweise in der Türzarge oder in einem Mauerknopfkasten eingebaut werden. Dabei kommen neben den Ruftastern für die Anforderung des Aufzuges mit Rufquittierung Elemente zum Einsatz, die die Weiterfahrtrichtung anzeigen; außerdem können Schlüsselschalter für Sonderfunktionen ergänzt werden.

Anzeigeelemente

Die Anzeigeelemente **außerhalb der Kabine** informieren die Wartenden an der Aufzugshaltestelle über den Standort und die Bewegung der Aufzüge.

Diese Elemente können entweder in der Zarge der Tür oder im Bereich des Kämpfers angebracht werden oder alternativ in Mauerknopfkästen über dem Ruftableau oder über der Tür.

Die *Standanzeige* gibt an, in welcher Haltestelle sich der Aufzug befindet.

Bild 2.97
Standanzeigen außer-
halb der Kabine
[Q.1]

Anzeigeelement für den Wandeinbau über der Eingangstür mit 30 mm hoher Standanzeige, Weiterfahrtanzeige und Einfahrgong.

Bedien- und Anzeigeelemente
für den Einbau in die Türzarge
oder in die Wand
Weiterfahrtanzeige, zwischen den
Ruftastern der Serie STEP Classic.

Individuelle Anzeigen
Wählen Sie aus einer attraktiven
Farbpalette die Kolorierung der
Standanzeigen, zum Beispiel Blau.

Der *Einfahrgong* signalisiert den Wartenden, wenn der Aufzug in die Haltestelle einfährt und die Tür öffnet.

Die *Weiterfahrtanzeige* gibt an, in welche Richtung der Aufzug seine Fahrt fortsetzen wird.

Als *Sonderanzeige* kann noch eine «Außer Betrieb»-Anzeige in den Haltestellen vorgesehen werden.

Die Anzeigeelemente **innerhalb der Kabine** informieren über Standort, Bewegung und Zustand der Aufzugsanlage:

Die *Standanzeige* gibt an, in welcher Haltestelle sich der Aufzug befindet.

Die *Fahrtrichtungsanzeige* gibt an, in welche Richtung der Aufzug seine Fahrt fortsetzen wird.

Als *Sonderanzeigen* können noch eine «Überlast-Anzeige», «Feuerwehrbetrieb-Anzeige», «Vorrecht-Anzeige», «Notruf-Quittierung» usw. vorgesehen werden.

Sprachansage

Die Sprachansage ermöglicht das stockwerksabhängige Ansagen durch Sprache in der Kabine. Dies kann von der Haltestellenbezeichnung (z.B. «5. Stock» usw.) bis zur Nutzung des Stockwerkes (z.B. «Spielwarenabteilung» usw.) reichen. Die Sprachansage ist insbesondere für Aufzugsbenutzer mit eingeschränkter Sehfähigkeit gedacht.

Aufzugs-Informationssysteme

In größeren und komplexen Gebäuden und Anlagen werden die Nutzer und Besucher durch Leit- und Informationssysteme geführt. Gerade auch in Verbindung mit der Nutzung von Aufzügen ist die Forderung nach aktuellen Informationen besonders hoch. Komfort und Sicherheit der Informationssysteme spielen dabei eine große Rolle.

Von der Lobby über den Fahrkorb des Aufzuges bis in die einzelnen Etagen des Gebäudes werden über moderne, visuelle Medientechnik Informationen gebündelt und individuell angeboten. Den Aufzugsbenutzern werden tagesaktuelle Informationen und optimale Orientierung sowie den Aufzugsbetreibern Steuerungsmechanismen im Facility Management ermöglicht.

Bild 2.98
Informationssystem [Q.4]

Mit einem Aufzugs-Informationssystem ist es möglich, von der gewohnten Darstellung einfacher Text- und Grafikinformationen zu einer zeitgemäßen, interaktiven Informationsnutzung zu kommen. Die Gebäudeleittechnik kann mittels 2- und 3-dimensionaler Darstellung in Form von aussagefähigen Gebäudeplänen dargestellt werden. Die oftmals als lang und vor allem als langweilig empfundene Fahrt- und Wartezeit des Aufzuges kann durch das Abrufen von Videos kurzweilig gestaltet und damit scheinbar verkürzt werden. Auch die Online-Anbindung an die Internet-Welt ist möglich, womit dem Aufzugsbenutzer ständig hochaktuelle Tagesinformationen zur Verfügung stehen.

Eine wesentliche Erhöhung der Sicherheit für den Aufzugsbenutzer ist die Darstellung für das Verhalten im Notfall.

2.2.9 Gegengewicht

Begriffserklärung nach EN 81: Masse, die die Treibfähigkeit sicherstellt.

Das Gegengewicht oder Ausgleichsgewicht eines Seilaufzuges besteht aus einem Rahmen mit Einlagen aus Beton, Schwerspat, Stahl, in Sonderfällen auch Blei. Das ideale Gegengewicht ist möglichst klein und sehr schwer.

Das Gegengewicht ist üblicherweise so schwer wie das Eigengewicht des kompletten Fahrkorbes mit Fangrahmen zuzüglich der anteiligen (Faktor x) Tragfähigkeit des Fahrkorbes:

$$m_{GG} = m_{FK} + x \cdot Q \ [kg]$$

Der Tragfähigkeitsausgleich wird je nach Anlagenart zwischen 0,4 und 0,5 gewählt, d. h., 40 bis 50 % der Nutzlast werden ausgeglichen. Bei Anlagen mit großen Förderhöhen wird bei der Berechnung zusätzlich das Seil- und das Hängekabelgewicht berücksichtigt.

Damit ist die erforderliche Motorleistung des Antriebes bei vollem oder leerem Fahrkorb etwa gleich groß bzw. bei halber Beladung, wenn das Gegenwicht mit dem Fahrkorb im Gleichgewicht ist, am geringsten.

Das Gegengewicht läuft immer gegenläufig zum Fahrkorb und muss sich nach EN 81-1 Ziffer 5.1.2 im selben Schacht wie der Fahrkorb befinden. Das Gegengewicht ist als eine Masse definiert, die die *Treibfähigkeit* sicherstellt. Nach EN 81-1 Ziffer 12.2.1 darf nur der *Treibscheibenantrieb* mit einem Gegengewicht ausgerüstet sein. Das Gegengewicht gestattet einen Ausgleich der Fahrkorbmasse + (i.d.R.) 50 % der projektierten Nennlast. Das Gegengewicht gehört zum Treibscheibenaufzug, wie vergleichsweise die Rolle zum Flaschenzug, es ist also ein zwingendes Erfordernis. Das physikalische Prinzip des Treibscheibenantriebs beruht bekanntlich auf der Reibung zwischen Tragseilen und den (besonders geformten) Rillen der Treibscheibe, vergleichbar in etwa mit einer Kupplung zwischen Motor und Getriebe eines Fahrzeuges. Ein Krankenbettenaufzug z. B. hat aufgrund der erforderlichen Grundfläche und der damit zugeordneten Tragfähigkeit eine deutlich höhere Tragfähigkeit, als sie tatsächlich für den Anwendungsfall benötigt wird, d. h., dieser Aufzug wird auch im beladenem Zustand im Vergleich zur angegeben Tragfähigkeit mit einer geringen Last gefahren. Hier ist es daher sinnvoll, den Tragfähigkeitsausgleich nur mit 40 % anzusetzen.

Das Gegengewicht ist üblicherweise mit keiner Fangvorrichtung ausgestattet. Diese wird nur dann vorgesehen, wenn sich unter dem Schacht betretbare Räume befinden.

Beispiel:
Das Eigengewicht eines Fahrkorbes beträgt 500 kg und die zuladbare Nennlast beträgt 630 kg. Ohne Gegengewicht müsste ein Antriebsmotor ausgewählt werden, der mindestens 500 kg + 630 kg = 1130 kg über die gesamte Förderhöhe zu heben vermag.

Mit Gegengewicht wird ein Antriebsmotor gewählt, der lediglich 315 kg heben muss. Es ist leicht einzusehen, dass mit der Verwendung eines Gegengewichtes eine beträchtliche Verringerung der erforderlichen Antriebsleistung benötigt wird. Bei Zuladung der halben Nennlast im Fahrkorb, z. B. die vorgenannten 315 kg, wird der Antriebsmotor nur noch zur Überwindung der zahlreichen Reibungsverluste im gesamten System benötigt; zu heben gibt es nichts mehr. Da der Aufzug selten mit Nennlast betrieben wird, führt diese Auslegung zu einer wesentlichen Energieeinsparung.

144

Bei hydraulischen Aufzugsanlagen nach EN 81-2 (Ziffer 12.1.3) sind *Ausgleichsgewichte* zulässig, die jedoch nur das gesamte oder einen Teil des Fahrkorbgewichtes zum Zweck der Energieeinsparung ausgleichen.

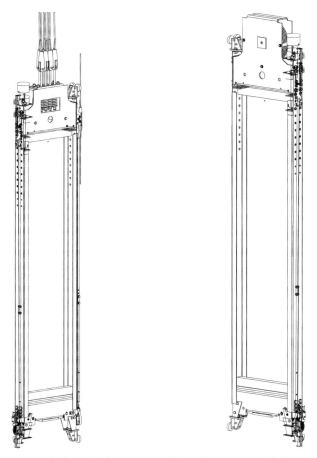

Bild 2.99a   Gegengewicht für Seilaufzug in Aufhängung 1 : 1 [Q.1]

Bild 2.99b   Gegengewicht für Seilaufzug in Aufhängung 2 : 1 [Q.1]

2.2.10 Peripherie

Peripherie – Bussysteme

Bis 1980 war der Einsatz frei erwerblicher Hardware üblich. Die Ansteuerung dieser Relaissteuerungen von der Peripherie her erfolgte nach den Angaben der Hersteller im Handbuch der Steuerung.

Seit 1980 sind auch serielle Systeme in der Peripherie der Steuerungen üblich. Es handelte sich normalerweise um Punkt-zu-Punkt-Verbindungen, bei denen allenfalls die Hardware genormt wurde.

Ab 1990 wurden Bussysteme in den Steuerungssystemen der Aufzüge eingeführt. Sie waren weitgehend proprietär aufgebaut, d.h., selbst bei genormter Hardware der sog. Transportschicht war die Software fabrikatbezogen und damit nicht zugänglich für Inbetriebnahme- und Wartungsarbeiten. Die Protokolle der Bussysteme waren nicht frei verfügbar und damit verblieb ein großes Problem bei den Schnittstellen: Es konnten nur Geräte und Komponenten eingesetzt werden, die auf dieses Produkt hin gestaltet waren.

Seit 2003 sind nun Bussysteme verfügbar, die umfassend standardisiert sind. Auf der Basis offener Applikationsprofile sind sowohl die Hardware einschließlich deren Schnittstellen und die Software und deren Übertragungsprotokolle standardisiert. CANopen bietet im Aufzugbau optimale Bedingungen für die peripheren Funktionsteile der Steuerungen.

Aktueller Stand

Nach wie vor benutzen große Aufzugsunternehmen und unabhängige, mittelständische Steuerungsbauer Bussysteme mit eigenen Übertragungsprotokollen. Dies zeigt sich besonders deutlich bei den Notrufsystemen, die häufig nicht kompatibel sind. Dies trifft auch für Systeme des «elektronischen Aufzugwärters» zu. Die Gerätehersteller bieten meist nur diskrete Anschlüsse oder serielle Schnittstellen für die eigenen Diagnosetools mit eigenen Protokollen an.

Für die Ansteuerung der Frequenzumrichter, also der Verbindung von Steuerungs- und Antriebstechnik, hat sich das Bussystem DCP (*Drive Control and Position*) in den Versionen DCP-01 bis DCP-04 auf der Basis der RS485-Schnittstelle eingebürgert, das nach wie vor für diese Anwendung die optimale Leistungsfähigkeit bieten kann.

Die Anbindung an die Gebäudeautomation, z.B. per Sammelstörmeldekontakt oder aufwendiger mit allen erforderlichen Informationen, erfolgt über individuelle Gateways. Gateways setzen zwischen verschiedenen Bussystemen, z.B. zwischen CANopen-, Ethernet- oder LON-Bussystemen, um.

Begriffe und Definitionen

Sehr verbreitet sind die Zweidrahtsysteme RS232, RS422 und RS485. Sie stellen Punkt-zu-Punkt-Verbindungen dar. Die Übertragungsprotokolle sind applikations- und herstellerspezifisch. Die Übertragungsraten sind abhängig von der Kabellänge. RS-485 ist Grundlage für viele höherwertige Bussysteme. Das System RS485 wird im Aufzugbau für einfache, spezifische Anwendungen, wie z.B. der Kommunikation zwischen Steuerung und Fahrkorb, mit proprietären Protokollen eingesetzt.

Speziell für den Aufzugbau wurde das System DCP entwickelt. DCP ist eine speziell für die Kommunikation zwischen Steuerung und Antrieb (Frequenzumrichter) entwickelte serielle RS485-Schnittstelle. Hardware und Software, d.h. auch das Übertragungsprotokoll, sind standardisiert. DCP-3 dient der seriellen Vorgabe des Fahrprofils von der Steuerung zum Antrieb anstelle der bisherigen Parallelschnittstelle, DCP-4, zusätzlich zu DCP-3 erlaubt die restwegorientierte, zeitoptimierte Direkteinfahrt mit hochgenauem Nachstellen einschließlich der Geschwindigkeitsüberwachung und der Verzögerungsüberwachung in den Endhaltestellen. Dieses Bussystem stellt eine Punkt-zu-Punkt-Verbindung mit Zweidraht-Leitung (*twisted pair*, geschirmt) dar.

DCP ist ein Master-Slave-System, d.h., die Aufzugsteuerung ist der Master und die Antriebsregelung arbeitet als Slave. Wichtig für die Anwendung in der Antriebstechnik sind die zeitkritischen Daten: Die Übertragung der Telegramme erfolgt in einem 15-ms-Zyklus, die Baudrate beträgt 38 400 Baud und die Telegrammlänge fast 6 Bytes. Zeitunkritische Daten werden in jedem Telegramm innerhalb von zwei Kommunikationsbytes übertragen.

Bussysteme

LON (*Local Operating Network*)
wird in der Gebäudeautomation angewendet, ist aber bisher nur mit eigenen Übertragungsprotokollen verfügbar. LON ist als Multimastersystem aufgebaut.

LonWorks ist die Organisation, die für die LON-Bussysteme die Standardisierung in Form des Applikationsprofil LONmark erarbeitet.

Profibus, Interbus, EIB, BACNET
In der Industrieautomation und der Gebäudeinstallation übliche Bussysteme, die aber zur Zeit nicht interessant sind für die Aufzugindustrie.

Ethernet
Im Aufzugbau findet Ethernet zur Zeit nur für die Datenferndiagnose oder Sonderfunktionen, wie z.B. die Zugangskontrolle, Anwendung.

CAN
Diese Bussysteme zeichnen sich durch eine hohe Störsicherheit aus. In ihrer Struktur können mit den CAN-Bussystemen Multimaster-Systeme aufgebaut werden. Besonders hervorzuheben ist die Echtzeitfähigkeit der CAN-Bussysteme. Durch die große Verbreitung der CAN-Bussysteme, z.B. im Automobilbau, sind die Komponenten und auch die Software für die Übertragungsprotokolle besonders preiswert, und die Standardisierung ist weit fortgeschritten. Damit ist eine umfassende Anwendungsbreite garantiert.

Es ist eine große Angebotspalette von standardisierten Hardware-Baugruppen, heruntergebrochen bis zum einzelnen IC, integrierten Schaltkreisen und fertig entwickelten Softwaretools verfügbar.

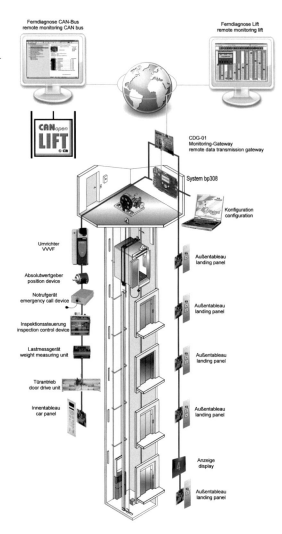

Bild 2.100
Schematische Darstellung eines
CANopen-Netzwerkes an einem
typischen Aufzug mit 5 Haltestellen [Q.3]

Vorteile von CANopen-Bussystemen

CANopen bietet zusätzlich zu CAN-Bussystemen standardisierte und fertig entwickelte Software für die Übertragungsprotokolle an und ist flexibel auf alle möglichen Anwendungsarten hin erweiterbar. Die Schnittstellen und die Dokumentation sind genormt, und die aktive Weiterentwicklung in Applikationskomitees der
CiA (**C**AN in **A**utomation) garantiert eine Anpassung an den jeweiligen Stand der
Technik. Bereits erarbeitete Applikationsprofile von CANopen sind: CiA-406 (Pub-
lic Transportation), CiA-416 (Building Door Control) und CiA-417 (Lift Control
Systems). Für die üblichen Geräte wurden sog. Geräteprofile erarbeitet, z.B. für
Umrichter, für Encoder u.a.

148

Ziele von CANopen für Aufzüge

Alle Eigenschaften von CANopen, also Echtzeitfähigkeit, Erweiterbarkeit u.Ä., können angewendet werden. Die Kompatibilität zu Baugruppen aus der Automatisierungstechnik ist vorhanden und kann für Geräte und Komponenten der Aufzüge eingesetzt werden. Die Geräte und Komponenten, die eine CANopen-Schnittstelle haben, können im «Plug-and-Play»-Verfahren mit dem CANopen-Netzwerk verbunden werden. Durch einheitliche Tools und die weltweite Standardisierung ist eine hohe Akzeptanz gewährleistet. Durch die CiA-Organisation ist eine Zertifizierung der CANopen-Baugruppen möglich.

Dadurch nimmt die Verbreitung von CANopen bei den Aufzugskomponenten rasch zu. Durch das beschriebene «Plug-and-play»-Verfahren lassen sich diese Komponenten schnell und mit geringem Montageaufwand in das Gesamtsystem einbinden. Das **Applikationsprofil CANopen CiA-417 im Sinne eines Standards** beschreibt Stecker, Baudraten, Status LEDs, Errorhandling usw.

CANopen arbeitet mit sog. **virtuellen Geräten**. Hierzu gehören beispielsweise die Steuerung, die Bedienungs- und Anzeigetableaus, der Antrieb, die Türsteuergeräte, Lichtschranken, die Kopierung und Positionierung, die Lastmesseinrichtung, Sensoreinheiten, das Notrufgerät und weitere. Virtuelle Geräte werden so behandelt, als ob sie reell als Hardware existieren würden.

Bezüglich der **Topologie** gelten folgende Grundsätze:

❑ immer in Linienstruktur,
❑ an beiden Enden terminiert (abgeschlossen),
❑ maximal 64 Knoten pro Segment,
❑ eindeutige Knoten-IDs,
❑ genormte PIN-Belegung,
❑ maximale Länge der Busleitung (z. B. 250 m bei Bitrate 250 kbit/s).

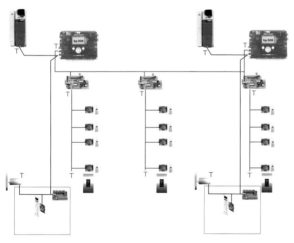

Bild 2.101
Topologiebeispiel, 2er-Gruppe
mit drei Strängen [Q.3]

Das offene CANopen-Bussystem zeichnet sich aus durch eine hohe Verfügbarkeit der Hardwarekomponenten in Form von vielen ICs und von vielen CANopen-Systemkomponenten. Es besteht immer ein Zugriff auf eine Second Source. Auch viele Tools in Form von Entwicklungs-, Prüf- und Testtools sind verfügbar, und die Nutzerorganisation CiA bietet einen umfassenden Support bei Entwicklung, Fertigung und Handhabung von CANopen-Komponenten und -Geräten. Die weite Verbreitung von CAN und damit auch des «offenen» Bussystems CANopen garantieren preiswerte Produktlösungen.

Überwachung und Diagnose

Unter **Überwachung** versteht man alle Maßnahmen, die der Sicherstellung der vollen Funktionsfähigkeit dienen und einen störungsfreien Betrieb gewährleisten. Hierzu gehören die Instandhaltung, die Wartung, die Inspektion, die Instandsetzung und die Schwachstellenbeseitigung.

Überwachung und Diagnose sind gegeneinander dadurch abgegrenzt, dass bei der Überwachung die Steuerung selbst oder der Betreiber bzw. der Benutzer Symptome für einen Soll-Ist-Vergleich melden. Abweichung von der unteren Toleranzgrenze = der Schadensgrenze führt dann zur Störungsmeldung.

Die **Diagnose** bietet darüber hinaus eine Bewertung und führt hin zu Präventivmaßnahmen. Die Abgrenzung zwischen Überwachung und Diagnose ist also dadurch definiert, dass Überwachung Symptome erfasst und anzeigt, Diagnose diese darüber hinaus bewertet und Präventivmaßnahmen ergreift.

Übertragen von Zustandsinformationen des Aufzuges

❑ Bezeichnung und Typ der Anlage
❑ aktueller Zustand der Anlage
❑ Fahrtenzahl
❑ Betriebsstunden
❑ Türkonfigurationen
❑ aktuelle Störungen
❑ Meldungen
❑ dynamische Daten
❑ Sicherheitskreis
❑ Schachtsignale
❑ Lichtschranke
❑ Kabinenposition
❑ Türzustand
❑ Türansteuerung
❑ Türendlagenschalter

Notwendigkeit einer Datenfernüberwachung

Die **Fernüberwachung** (DFÜ) bietet eine Kombination aus optimierter Wartung für das Wartungsunternehmen und Information für den Betreiber. Die **DFÜ** erhöht die Verfügbarkeit und die Sicherheit. Es ergibt sich damit eigentlich eine zwangsläufige Notwendigkeit einer Fernüberwachung. Die Möglichkeiten der Fernüberwachung für das Wartungsunternehmen bestehen in der Störungsübertragung zur Servicezentrale, der Meldung eines möglichen Wartungsbedarfs, des zyklischen Rundrufs von der Zentrale aus und der umfassenden Information per SMS, E-Mail, Fax usw.

Es besteht damit die Möglichkeit der Umstellung auf ein bedarfsorientiertes Wartungskonzept, das wiederum mit einer deutlichen Kostenersparnis durch geringere Wartungszyklen, vereinfachte Verwaltung, schnellere Reaktionszeiten und einer höheren Verfügbarkeit mit durchgängiger Protokollierung verbunden ist. Das Resultat sind sicher zufriedener Kunden.

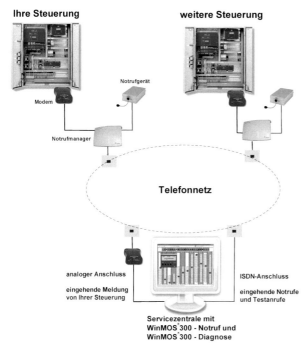

Bild 2.102
Konzept der Datenfernübertragung und Datenferndiagnose [Q.3]

Wichtige Informationen und Daten für die Kommunikation der Aufzüge mit dem DFÜ-System können die **Notrufe** der aufgeschalteten Aufzüge sein, d. h., die Servicezentrale der Datenferndiagnose übernimmt auch die Funktion der Notrufzentrale.

Vom Gebäudemanagement erhalten die Aufzüge weitergehende Informationen zum Notstrombetrieb, zum Feuerwehrbetrieb, von der Zugangskontrolle und Daten vom Pförtner oder aus der Gebäude-Lobby.

Das **Facility Management** des Betreibers erhält von der Servicezentrale der Datenferndiagnose Angaben zum Zustand und zur Verfügbarkeit der Aufzugsanlagen, wichtige Betriebsdaten, wie beispielsweise den Energieverbrauch, aktuelle Fahrtenzahlen und weitergehende, statistisch aufbereitete Betriebsdaten. Die Funktion des Aufzugswärters kann übernommen werden. Alle aufgelaufenen und ausgewerteten Informationen und Daten können protokolliert werden, so dass jederzeit ein umfassendes Bild aller aufgeschalteten Aufzugsanlagen zur Verfügung steht.

Aber auch die **Service- und Wartungs-Unternehmen** können die Datenferndiagnosesysteme zur Optimierung ihrer Betriebsabläufe einsetzen. Hierzu gehören beispielsweise Störungsrückrufe, gezielt auf bestimmte Aufzugsfunktionen angesetzte Ferndiagnose und vor allem auch Fernparametrisierung. Die Datenferndiagnose ist auch das wesentliche Instrument von bedarfsorientierten Wartungssystemen. Die Aufzugswärterfunktion kann auch in diesem Zusammenhang als Dienstleistung des Service- und Wartungsunternehmens herausgestellt werden. Mit der Datenferndiagnose ist es Service- und Wartungsunternehmen möglich, jederzeit im Sinne eines Leistungsnachweises alle wichtigen Betriebsdaten abzurufen.

Nicht zuletzt bieten die Datenferndiagnosesysteme den **Komponenten- und Aufzugsherstellern** die Möglichkeit, den Zustand ihrer gelieferten Technik jederzeit zu testen und deren Funktionsverhalten mit Hilfe der Fernkonfiguration zu beeinflussen. Mit Software-Updates, die über das Datenferndiagnosesystem eingespielt werden können, kann der Hersteller seine Produkte ständig auf dem neuesten Stand halten.

Je nach vorhandener Anlagenkonfiguration ist eine Verbindung der Datenferndiagnose zur Gebäudeautomation gegeben, bzw. beide Systeme können auch zusammengeführt werden.

Schnittstellen der Steuerung zur Peripherie

Fernüberwachung
Mit Fernüberwachung lassen sich Anlagen jederzeit von einer zentralen Leitstelle auf ihren Zustand kontrollieren und bei Störungen sogar wieder in Betrieb nehmen. Fehlermeldungen lassen erkennen, welche Wartungsarbeiten auszuführen sind – und dies oft, bevor der Benutzer einen Fehler bemerken würde. Oberstes Ziel ist eine hohe Verfügbarkeit von ca. 98 %.

Monitoring
Ein Monitoring-System bietet Informationen über den Zustand von Aufzügen durch die optische Visualisierung des Aufzugsverkehrs. Es umfasst i.d.R. folgende vier Leistungsbereiche:

❑ Aufzugsüberwachung,
❑ Steuerung von Aufzugsfunktionen,
❑ Erfassung und Auswertung der Verkehrsabwicklung,
❑ Ansteuerung von Anzeigesystemen wie z.B. Flachbildschirme für aufzugsunabhängige Informationen.

2.3 Entwicklungen, Trends

2.3.1 Einbindung des Aufzuges in die Gebäudeautomation

Unter Gebäudeautomation versteht man die Gesamtheit von Überwachungs-, Steuer-, Regel- und Optimierungseinrichtungen in Gebäuden. Sie sind Bestandteil des technischen Facility Managements.

Die Aufgaben und Ziele der Gebäudeautomation bestehen vor allem darin, die Funktionsabläufe gewerkübergreifend und selbstständig, also automatisch durchzuführen. Vorgegebene Einstellwerte und Parameter sind einzuhalten und die Bedienung und Überwachung sollen so einfach wie möglich gestaltet sein.

Sensoren, Aktoren, Bedienelemente, Verbraucher und die technischen Einheiten und Systeme des Gebäudes werden durchgehend mittels Bussystemen miteinander vernetzt, wobei Abläufe verschiedener Systeme zusammengefasst werden können. Steuerungseinheiten sind dezentral angeordnet.

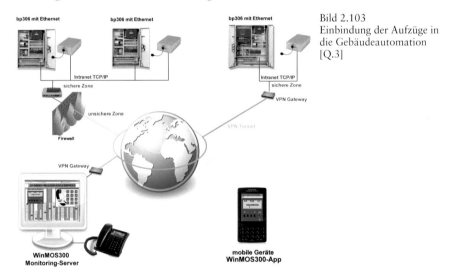

Bild 2.103
Einbindung der Aufzüge in die Gebäudeautomation [Q.3]

Über Systeme wie die Zielrufsteuerung, kombiniert mit intelligenten Lesegeräten, lassen sich ganze Gebäude effektiver verwalten. Z.B. über eine Transponderkarte kann jeder, der ein Gebäude betritt, identifiziert werden. Damit könnten die Zutrittsberechtigungen für bestimmte Gebäudebereiche realisiert werden. Das übliche Zielstockwerk ist ebenfalls bekannt. Der Aufzug kann gleich herangeholt werden, und das entsprechende Zielstockwerk wird vorgewählt. Am Ende einer Abrechnungsperiode könnten sogar die Betriebskosten für die Aufzüge entsprechend der Nutzung umgelegt werden – interessant vor allem bei mehrfach genutzten Gebäuden durch verschiedene Mieter.

2.3.2   Berührungslose Signal- und Energieübertragung zum Fahrkorb

Beim Hermes-Turm auf dem Messegelände der Hannover Messe wurde erstmals eine berührungslose Signal- und Energieübertragung zum Fahrkorb hin ausgeführt. Dies ist der erste Aufzug Europas mit einer solchen Technik. Die Sicherheits- und Datenübertragung erfolgen über eine bidirektionale Funkstrecke. Die Notruf- und Sprachübertragung erfolgen über DECT.

Bild 2.104
Berührungslose Energieübertragung
beim Messeturm in Hannover [Q.1]

Vorteile der berührungslosen Technik:

❑ kein Hängekabel zur Kabine erforderlich und damit auch keine Führung zum Verhindern von Pendelbewegungen,
❑ wetterfestes und verschleißfreies System,
❑ keine Geschwindigkeitsbegrenzung,
❑ keine Geräuschentwicklung,
❑ sehr platzsparend, vor allem kein Platzbedarf in der Schachtgrube,
❑ keine bewegten Massen und kein Gewichtsausgleich erforderlich,
❑ optisch unauffällig integriert (z.B. bei Denkmalschutz).

Basierend auf diesen Erfahrungen kommt beim modernisierten Fernsehturm in Moskau (Ostankino) ebenfalls diese Technologie zum Einsatz. Der Fernsehturm ist mit 540 m der höchste Turm Europas. Die Förderhöhe der Aufzüge beträgt 348 m, die Geschwindigkeit 7,0 m/s (= 25 km/h).

154

2.3.3 Multimedia in Aufzugskabinen

Über einen Flachbildschirm werden Inhalte über das Internet in die Aufzugskabine eingespielt. Diese Inhalte sollen die Aufzugsfahrt kurzweilig und informativ machen. Als Inhalte können Nachrichten, hausinterne Informationen und Werbung einander abwechseln. Über Internet-Technologie lassen sich die Informationen von einer Zentrale steuern. Über die Werbeeinnahmen könnte sich ein solches System finanziell tragen. Erste Anlagen sind bereits mit dieser Technik ausgestattet.

2.3.4 Linearantrieb

Vor allem bei sehr großen Förderhöhen über 300 m hat das bekannte Antriebssystem mit Treibscheibe und Stahlseilen entscheidende Nachteile: Die Seilgewichte werden sehr groß. Deshalb müssen sie durch Unterseile ausgeglichen werden. Damit werden aber die bewegten Massen und die Achslast auf die Antriebsmaschine sehr groß. Deshalb hat es schon vor mehr als zehn Jahren erste Versuche mit linear angetriebenen Aufzugskabinen gegeben. Dabei ist der Stator über die gesamte Schachthöhe als aufgewickelter Motor ausgebildet. Der Linearantrieb wäre sogar schon heute für Aufzüge technisch einsetzbar. Nur die enormen Kosten verhindern noch den Einsatz. Sollten sich diese Kosten für die teuren Materialien in Zukunft allerdings reduzieren lassen, könnte der Linearantrieb bei sehr hohen und schnellen Aufzügen zum Einsatz kommen.

2.3.5 Peoplemover®

Design- und maßflexibel
Ob in einer historischen Innenstadt oder einem neuzeitlich geprägten Umfeld:
Der Schmid Peoplemover® fügt sich wahlweise harmonisch ins Bild oder setzt einen architektonisch attraktiven Akzent. Den jeweiligen baulichen Vor-Ort-Gegebenheiten passt sich die Anlage auch in der Höhe und Spannweite flexibel an und ist offen für individuelle Sonderausstattungen, wie z.B. Vordächer über den Zugangstüren.

Vertikal, horizontal, genial
Das neuartige Konzept des Schmid Peoplemover® beruht auf der horizontalen wie auch vertikalen Kabinenbeförderung, die in zwei Türmen und einer dazwischen liegenden Brücke stattfindet. Auf den vertikalen Fahrwegen wird der Fahrwagen mit der Kabine in den Führungen der Hubeinrichtung gehalten und gleitet dank einer speziellen Führungsschiene sowie modernster Steuerungstechnik sanft in den horizontalen Fahrweg über. Insbesondere dieser fließende Übergang von der senkrechten Aufwärts- in die waagrechte Seitwärtsbewegung gilt als Geniestreich. So

erreichen die Fahrgäste bequem und sicher innerhalb von rund 30 Sekunden die andere Seite einer vierspurigen Fahrbahn, wobei die Fahrtzeit überdies deutlich kürzer empfunden wird als beispielsweise die Wartezeit an einer Ampelanlage.

Schneller Übergang zu neuen Vorteilen
Zu den zahlreichen Vorteilen dieser neuartigen Personenbeförderungsanlage gehört auch die zeitsparende Montage. Das erstklassige Gesamtkonzept und die durchdachte Konstruktion ermöglichen es, dass die Türme samt Brücke innerhalb von maximal 3 Tagen betriebsbereit aufgestellt werden können und verkehrsbehindernde Bauarbeiten sich damit auf ein Minimum reduzieren.

Merkmale
- ❑ das völlig gefahrlose Überqueren verschiedenster Verkehrswege – Straßen- und Schienenverkehrslinien etwa fließen dabei vollkommen ungehindert weiter;
- ❑ die herausragende Benutzerfreundlichkeit für Rollstuhlfahrer oder das Mitführen von Kinderwagen;
- ❑ der äußerst geringe Grundflächenbedarf gegenüber herkömmlichen Brücken oder Unterführungen – ein Raum- und Kostenvorteil;
- ❑ die attraktive Potentialausschöpfung durch vielfältiges Beschildern, z.B. durch das Anbringen von Verkehrsschildern oder Werbetafeln;
- ❑ die Integration höchster Sicherheitsstandards aus dem Aufzugsbau;
- ❑ ein neuer Know-how- und Qualitätstransfer in den Bereich der Personenbeförderung im Verkehrswesen.

Bild 2.105
Peoplemover® [Q.1]

156

3 Sicherheitstechnik im Aufzug

Allgemein unterscheidet man bei den Sicherheitseinrichtungen im Aufzug zwischen den mechanischen und den elektrischen Sicherheitseinrichtungen. Alle Sicherheitsbauteile müssen vor der Anwendung im Aufzug durch eine Baumusterprüfung zertifiziert werden. Die Sicherheitsbauteile sind für Treibscheibenaufzüge im Anhang F der EN 81-1 und für Hydraulikaufzüge im Anhang F der EN 81-2 genannt. Darin sind auch die Anforderungen an die Prüfverfahren und die Konformitätsnachweise beschrieben.

Bei baumustergeprüften Komplettsystemen wird für das beschriebene Aufzugssystem eine Gesamtbescheinigung ausgestellt; darin sind die Einsatzgrenzen und die verwendeten Sicherheitsbauteile benannt. Die Prüfung erfolgt an einer entsprechenden Musteranlage des Herstellers. Dieser Aufzug kann dann in allen Abwandlungen innerhalb der beschriebenen Grenzen in Verkehr gebracht werden. Bei Abweichungen müssen diese über eine Gefahrenanalyse des Herstellers, die von der benannten Stelle, die das System geprüft hat, gutachterlich abgenommen werden. Diese Aufzüge können in einem vereinfachten Verfahren in Verkehr gebracht werden.

Eine Baumusterprüfung als Entwurfsprüfung beurteilt das Aufzugssystem, lässt aber bei den Einsatzgrenzen und Komponenten einen größeren Spielraum, macht damit aber eine Einzelprüfung beim Inverkehrbringen erforderlich.

Jede Prüfbescheinigung hat ein Ablaufdatum, zu dem eine Verlängerung beantragt werden kann.

Eine Baumusterprüfbescheinigung besteht aus drei Teilen, der Bescheinigung der benannten Stelle, die die Prüfung durchgeführt und das Bauteil zertifiziert hat, dem Anhang mit den technischen Daten des Herstellers – wenn erforderlich mit einer Zeichnung, den Einsatzbedingungen und Angaben zur Prüfung und einer Konformitätserklärung des Produzenten. Die Sicherheitsbauteile werden mit einem CE-Kennzeichen versehen, das die Nummer der Prüforganisation enthält. Die Prüfbescheinigungen können von der zertifizierenden Stelle in den drei Amtssprachen der EU – Deutsch, Englisch und Französisch – erstellt werden.

Auf dem Zertifikat sind gemäß EN 81 folgende Angaben enthalten:

❑ Name der zugelassenen Stelle, die die Prüfung durchgeführt hat,
❑ Name der Baumusterprüfbescheinigung,
❑ Nummer der Baumusterprüfbescheinigung mit Änderungsindex,
❑ Name und Anschrift des Herstellers der Komponente,
❑ Name und Anschrift des Inhabers der Baumusterprüfbescheinigung,
❑ Auflistung der zur Begutachtung vorgelegten Unterlagen,
❑ Prüfstelle und Nummer des Prüfprotokolls,
❑ Hinweise auf Unterlagen und Zusatzangaben zur Baumusterprüfung.

Der Hersteller der Sicherheitsbaugruppe bestätigt in seiner Konformitätserklärung, dass die Herstellung entsprechend dem geprüften Muster erfolgt.

Bild 3.1
Muster einer Baumusterprüfbescheinigung – Fangvorrichtung [Q.1]

Die komplette Prüfbescheinigung befindet sich als Muster in einer über den Onlineservice InfoClick abrufbaren Datei.

Bei den mechanischen Sicherheitseinrichtungen sind folgende Komponenten zu nennen:

❑ Sicherheitsbremse am Antrieb (Gearless),
❑ Notbremssystem (NBS) am Getriebe,
❑ Geschwindigkeitsbegrenzer,
❑ Fangvorrichtung/Bremseinrichtung,

158

- ❑ Puffer,
- ❑ Seilbremse,
- ❑ Türverriegelung/Türverschlüsse,
- ❑ Seile,
- ❑ Rohrbruchsicherung bei Hydraulikanlagen.

Die elektrischen Sicherheitseinrichtungen sind in einer Auflistung im Anhang A der EN 81 benannt. Auf diese Sicherheitseinrichtungen wird in Abschnitt 3.5 näher eingegangen.

3.1 Fangvorrichtung

Die Fangvorrichtung ist eine mechanische Vorrichtung, die dazu dient, den Fahrkorb, das Gegengewicht oder Ausgleichsgewicht bei einer Übergeschwindigkeit in Abwärtsfahrt oder Bruch der Tragmittel an den Führungsschienen abzubremsen und festzuhalten. Beim Einsatz der Fangvorrichtung zum Verzögern in Aufwärtsrichtung spricht man von einer Bremseinrichtung. Diese Fangvorrichtungen können je nach Ausführung als getrennte Fangvorrichtung jeweils für eine Richtung oder als kombinierte Ausführung gemeinsam für beide Richtungen von den verschiedenen Herstellern geliefert werden. In den Bildern 3.2 bis 3.6 sind unterschiedliche Ausführungen und das Funktionsprinzip dargestellt. Die Fangvorrichtungen müssen immer paarweise eingesetzt werden. Bei sehr hohen Belastungen kann es erforderlich sein, die Fangvorrichtung in Doppelanordnung auszuführen.

Die Fangvorrichtung soll (EN 81-1 und -2, Ziffer 9.8):

- ❑ einen Absturz (unkontrollierte Abwärtsbewegung) und/oder
- ❑ eine unkontrollierte Aufwärtsbewegung (neu, seit dem 01.07.1999)

des Fahrkorbes verhindern.

Die Hauptaufgabe der Fangvorrichtung ist es nach Ziffer 9.8.1.1, den bis zur Nennlast beladenen Fahrkorb bei der Auslösegeschwindigkeit des Geschwindigkeitsbegrenzers an den Führungsschienen abzubremsen und dort festzuhalten. Für den Normalbetrieb ist die Fangvorrichtung nicht erforderlich. Die Fangvorrichtung ist eine rein mechanische Baugruppe, lediglich ihre Stellung, also ob eingerückt oder gelöst, wird elektrisch mit einem Sicherheitsschalter (Ziffer 9.8.8) im *Sicherheitskreis* überwacht. Nach Ziffer 9.8.5 ist für das Lösen der einmal eingerückten Fangvorrichtung das Eingreifen einer sachkundigen Person erforderlich, d.h., der Fangkontakt ist mechanisch verriegelt, also sinngemäß ein Schalter und kein Taster. Das Einrücken oder Betätigen der Fangvorrichtung erfolgt durch den Geschwindigkeitsbegrenzer (Ziffer 9.9), also auch eine rein mechanische Baugruppe, die (in der Regel) nach dem Fliehkraftprinzip funktioniert. Stellt der Geschwindigkeitsbegrenzer eine Übergeschwindigkeit fest, wird das Begrenzerseil (Ziffer 9.9.6) blockiert und dadurch die Fangvorrichtung eingerückt. Dabei wird über das Spanngewicht die Treibfähigkeit zur Kraftübertragung hergestellt. Die Fangvorrichtung ist ein Sicherheitsbauteil und muss nach den Anforderungen des Anhangs F.3 zugelassen werden. Nach der rein mechanischen Wirkungsweise wird zwischen Sperrfang- und Bremsfangvorrichtung unterschieden. Bezüglich des Schutzes für den aufwärtsfahrenden Fahrkorb (Ziffer 9.10.4) gegen Übergeschwindigkeit können die zugehörigen Einrichtungen auf den Fahrkorb (Bremseinrichtung) oder das Gegengewicht oder die Seile (Tragmittel oder Ausgleichsmittel-Seilbremse) oder die Treibscheibe (Treibscheibenwelle) wirken.

Die Fangvorrichtung kann als einseitig wirkende oder beidseitig wirkende Ausführung realisiert werden. Die Auswahl ist neben dem Einbauraum auch vom Anwendungsfall abhängig. Z.B. beim Einsatz von Antrieben mit Sicherheitsbremse, wie sie bei Gearless-Anlagen eingesetzt werden, kann auf eine Bremseinrichtung, die die Übergeschwindigkeit in Aufwärtsrichtung beherrscht, verzichtet werden.

Je nach Ausführung der Fangvorrichtung muss der Geschwindigkeitsbegrenzer die Auslösung in einer oder in beiden Richtungen ausführen.

Bild 3.2   Fangvorrichtung, einseitig wirkend [Q.1]

Bild 3.3   Fangvorrichtung, eingebaut im Fangrahmen [Q.1]

160

Bild 3.4
Begrenzer, mit Spanngewicht montiert an der
Schiene [Q.2]

Bild 3.5
Fangvorrichtung, doppelt wirkend [Q.5]

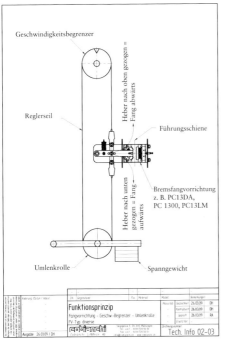

Bild 3.6
Funktionsprinzip Fangvorrichtung [Q.5]

161

3.2   Seilbremse

Eine Seilbremse ist eine Sicherheitseinrichtung, die auf die Seile wirkt und als Bremseinrichtung gegen Übergeschwindigkeit in Aufwärtsrichtung eingesetzt wird.

Ausgelöst wird die Seilbremse über einen Kontakt des Geschwindigkeitsbegrenzers. [16]

3.3   Geschwindigkeitsbegrenzer

Die Geschwindigkeitsbegrenzer werden umgangssprachlich häufig auch nur als Begrenzer bezeichnet. Aufgabe des Geschwindigkeitsbegrenzers ist es, bei Übergeschwindigkeit des Fahrkorbes in Abwärtsrichtung die Fangvorrichtung einzurücken. Übergeschwindigkeit ist erreicht, wenn die Nenngeschwindigkeit der Aufzugsanlage um mehr als 15 % überschritten wird (DIN EN 81-1 Ziffer 9.9). Zusätzlich wird über einen angebauten Sicherheitskontakt das Triebwerk stillgesetzt (Ziffer 9.9.11).

I.d.R. arbeiten Geschwindigkeitsbegrenzer nach dem Fliehkraft- oder Pendelprinzip. Bei Übergeschwindigkeit wird die Seilscheibe, über die das Begrenzerseil (Ziffer 9.9.6) läuft, blockiert. Die dabei zwischen der blockierten Seilscheibe und dem Begrenzerseil auftretenden Reibungskräfte (**Durchzugskraft**) werden auf die Fangvorrichtung übertragen und diese dadurch zum Einrücken gebracht. Unter der Ziffer 9.8.3.2 der EN 81-1 und -2 heißt es ausdrücklich, dass Fangvorrichtungen nicht durch elektrische, hydraulische oder pneumatische Einrichtungen eingerückt werden dürfen.

Die Bedeutung des Geschwindigkeitsbegrenzers wird mitunter unterschätzt. Dabei ist er ein weiteres Glied in der Sicherheitskette für das Auslösen der Fangvorrichtung. Die Fangvorrichtung wird nur betätigt, wenn der Geschwindigkeitsbegrenzer zuverlässig auslöst.

Für weitere Sicherheitsanforderungen wie eine Absinkverhinderung in der Haltestelle kann der Geschwindigkeitsbegrenzer mit zusätzlichen Optionen ausgeführt werden.

Der Geschwindigkeitsbegrenzer wird als Sicherheitsbauteil betrachtet und ist einem Prüfverfahren mit den Anforderungen nach Anhang F.4 der DIN EN 81-1 zu unterziehen.

Der Geschwindigkeitsbegrenzer ist bei Aufzügen im Triebwerksraum angeordnet. Bei maschinenraumlosen Anlagen wird der Begrenzer auf einer Konsole bzw. im Maschinenrahmen im Schachtkopf montiert. Damit der Betriebszustand nach einem Fangen wiederhergestellt werden kann, muss bei Anordnung im Schacht eine Fernrückstellung möglich sein.

Von der Firma Wittur wurde als erstem Hersteller ein Begrenzer nach PESSRAL zertifiziert.

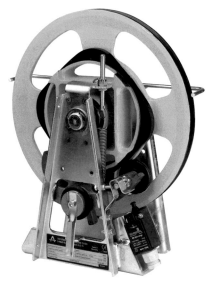

Bild 3.7a   Geschwindigkeitsbegrenzer [Q.1]

Bild 3.7b
Geschwindigkeitsbegrenzer EOS nach PESSRAL
[Q.18]

Spanngewicht

Das Spanngewicht befindet sich im Bereich der Schachtgrube. Es hält das Geschwindigkeitsbegrenzerseil durch seine Masse auf Spannung und wird mittels Schaltern auf Schlaffseilbildung überwacht bzw. ob sich das Geschwindigkeitsbegrenzerseil unzulässig stark längt. Bei einer zu großen Längung würde das Spanngewicht auf dem Schachtgrubenboden aufsetzen und seine Spannfunktion verlieren.

Über das Spanngewicht wird die für die Funktion des Geschwindigkeitsbegrenzers erforderliche Treibfähigkeit erzeugt. Die Gesamtanordnung Begrenzer mit Spanngewicht und das Funktionsprinzip sind in den Bildern 3.4 und 3.6 dargestellt. Bild 3.8 zeigt das Spanngewicht mit Überwachungsschalter mit Schalteranbau.

Bild 3.8
Spanngewichte [Q.2]

3.4 Puffer

Die Puffer sind die «Anschläge» am Ende der Fahrbahn von Fahrkorb und Gegengewicht, die die Fahrt am Ende des Fahrweges im Fehlerfall gezielt verzögern.

Die Puffer können entweder in der Schachtgrube auf Stahl- oder Betonsockeln oder an der Unterseite des Fahrkorbrahmens oder des Gegengewichtes (mitfahrend) angebracht sein.

Bei niedrigen Geschwindigkeiten (bis einschließlich 1,0 m/s) werden meist Kunststoffpuffer verwendet (energiespeichernde Puffer).

Bei größeren Geschwindigkeiten (über 1,0 m/s) werden energieverzehrende Hydraulikpuffer verwendet.

Puffer müssen einen mit Nenngeschwindigkeit auftreffenden Fahrkorb verzögern, ohne dass die auftretende Verzögerung einen definierten Wert überschreitet. Damit soll sichergestellt werden, dass eine im Fahrkorb befindliche Person bei einer Fahrt auf den Puffer nicht verletzt wird.

Die mittlere Verzögerung muss dabei kleiner 1 g sein.

Die Prüfanforderungen für das Sicherheitsbauteil Puffer sind im Anhang der EN 81-1 bzw. EN 81-2 beschrieben. Je nach Belastung (Masse von Fahrkorb und Gegengewicht) werden Puffer in unterschiedlicher Anzahl gleicher Bauart und Baugröße verwendet.

Zum Einstellen der Fahrwege der Anlage und der Schachtgrubentiefe werden die Puffer auf sogenannte Pufferstützen unterschiedlicher Länge montiert. Einstellbare Pufferstützen (Bild 3.9) sind hier flexibel einsetzbar.

Energiespeichernde Puffer
Dieser Puffer werden auch als Federpuffer bezeichnet. Beim Auftreffen des Fahrkorbes oder Gegengewichtes werden sie zusammengedrückt und nehmen damit die Aufprallenergie auf. Nach der Pufferfahrt dehnen diese Puffer sich wieder auf die Ursprungslänge aus. Der erforderliche Hubweg ist gering.

In der Norm sind diese in der EN 81-1 10.4.1 beschrieben.

Bild 3.9
Höhenverstellbare Pufferstütze mit Puffer [Q.2]

Bild 3.10
Energiespeichernde Aufsetzpuffer [Q.19]

Energieverzehrende Puffer

Bei diesen Puffern handelt es sich in der Regel um Ölpuffer. Beim Auftreffen von Fahrkorb oder Gegengewicht werden diese zusammengedrückt, und im Inneren wird Öl durch Bohrungen gedruckt – ähnlich wir bei modernen Stoßdämpfern –, wodurch die Energie in Wärme umgewandelt wird; Bild 3.11 zeigt Ölpuffer in unterschiedlicher Baugröße für unterschiedliche Belastungen und Geschwindigkeiten.

In der Norm sind diese in der EN 81-1 10.4.3 beschrieben.

Bild 3.11
Energieverzehrender, hydraulischer Aufsetzpuffer [Q.1]

3.5   Elektrische Sicherheitskreise

Die wichtigste sicherheitsrelevante Baugruppe der Aufzugsteuerung ist der elektrische Sicherheitskreis. Darunter versteht man die Reihenschaltung von betriebs-

165

mäßig nicht betätigten und betriebsmäßig betätigten Sicherheitseinrichtungen gemäß Anhang A der DIN EN 81-1/2. Einbezogen sind auch die Rückholsteuerung und die Inspektionsfahrtsteuerung sowie die Überbrückung der Tür- und Riegelkontakte mit Sicherheitsschaltungen zum Fahren bei offenen Türen.

Bild 3.12
Elektrischer Sicherheitskreis [Q.1]

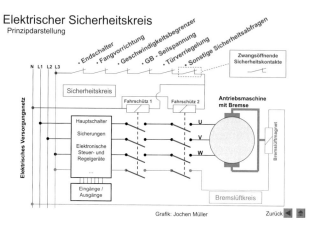

Das Schaltbild des Bildes 3.12 zeigt die prinzipielle Struktur und die Funktionsweise des Sicherheitskreises. Die elektrische Sicherung des Sicherheitskreises muss so dimensioniert werden, dass sie unter Beachtung des vorhandenen Schleifenwiderstandes bei einem Kurzschluss im Sicherheitskreis sicher auslöst. Betriebsmäßig nicht betätigte Sicherheitsschalter müssen durch die Rückholsteuerung unwirksam gemacht werden. Nach DIN EN 81-1/2 Pkt. 14.2.1.4 sind dies die elektrischen Sicherheitseinrichtungen, in diesem Fall die Sicherheitsschalter an der Fangvorrichtung, am Geschwindigkeitsbegrenzer, an der Schutzeinrichtung für den aufwärts fahrenden Fahrkorb gegen Übergeschwindigkeit, an den Puffern und am Notendschalter. Der Notbremsschalter der Inspektionssteuereinheit wirkt direkt im Sicherheitskreis. Die in Reihe geschalteten Tür- und Riegelkontakte können durch die Sicherheitsschaltung für das Fahren bei offenen Türen innerhalb der Türzone überbrückt werden. Die Fahrschütze unterbrechen unmittelbar die Energiezufuhr zum Triebwerk des Aufzuges und zur Aufzugsbremse. Es muss ein separater Rückleiter von den Fahrschützen zum Einspeisepunkt des Sicherheitskreises vorhanden sein.

Der Schleifenwiderstand ist der ohmsche Widerstand des gesamten Sicherheitskreises einschließlich des dazu gehörenden Rückleiters. Die Sicherung muss hinsichtlich Abschaltstrom und Abschaltcharakteristik so gewählt werden, dass bei einem Kurzschluss im Sicherheitskreis sicher abgeschaltet wird. Die Messung des Schleifenwiderstandes ist ein wichtiger Teil der Sicherheitsprüfungen der Aufzugsanlage.

Die Aufzugsrichtlinie stellt besondere Anforderungen an die folgenden Sicherheitsbauteile:

166

- Verriegelungseinrichtungen für Fahrschachttüren,
- Fangvorrichtungen,
- Schutzeinrichtung für den aufwärts fahrenden Fahrkorb gegen Übergeschwindigkeit,
- Geschwindigkeitsbegrenzer,
- energieverzehrende Puffer sowie energiespeichernde Puffer mit nichtlinearer Kennlinie oder mit Rücklaufdämpfung,
- Leitungsbruchventile.

Sicherheitsbauteile

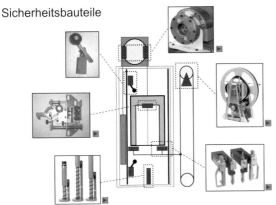

Bild 3.13
Sicherheitsrelevante Baugruppen eines Aufzuges
[Q.1]

Elektrische Sicherheitseinrichtungen

Das Ansprechen einer elektrischen Sicherheitseinrichtung muss das Anlaufen des Triebwerks verhindern oder das unverzügliche Stillsetzen des Triebwerks bewirken. Die Energiezufuhr zur Bremse muss ebenfalls unterbrochen werden. Die elektrischen Sicherheitseinrichtungen müssen unmittelbar auf die Geräte wirken, die die Energiezufuhr zum Triebwerk beeinflussen. Werden wegen der zu schaltenden Leistungen für das Triebwerk Hilfsschütze verwendet, müssen diese als Geräte angesehen werden, die direkt den Energiefluss zum Triebwerk für das Anfahren sowie das Anhalten beeinflussen.

Der Energiefluss bei direkt vom Netz gespeisten Antrieben oder bei mit Frequenzumrichtern gespeisten Antrieben muss durch zwei unabhängige Schütze unterbrochen werden. Beim Stillstand des Aufzuges muss kontrolliert werden, ob die Hauptschaltglieder beider Schütze geöffnet haben. Haben die Hauptschaltglieder *eines* Schützes nicht geöffnet, muss spätestens beim nächsten Fahrtrichtungswechsel ein erneutes Anfahren verhindert sein. Von dem Fehlerfall, dass die Hauptschaltglieder beider Schütze zur gleichen Zeit nicht öffnen, muss nicht ausgegangen werden.

Der Energiefluss bei mit Frequenzumrichtern gespeisten Antrieben kann anstatt mit zwei unabhängigen Schützen auch durch nur einen Schütz und einer Steuer- und Überwachungseinrichtung unterbrochen werden. Wenigstens vor jedem Fahrtrichtungswechsel wird kontrolliert, ob die Hauptschaltglieder des Schützes geöffnet haben. Im Fehlerfall muss ein erneutes Anfahren verhindert sein. Bei jedem Halt wird kontrolliert, ob die Abschaltung des Energieflusses erfolgt ist.

Im Fehlerfall muss dann das Schütz abgeschaltet werden.

Die Energiezufuhr zur Bremse muss gemäß DIN EN 81-1/2 Pkt. 12.4.2.3.1 durch mindestens zwei voneinander unabhängige elektrische Betriebsmittel unterbrochen werden. Vorzugsweise sind dies dieselben Betriebsmittel, die auch die Energiezufuhr zum Triebwerk abschalten (z. B. Schütze). Die Kontrolle, ob die Hauptschaltglieder der Betriebsmittel geöffnet haben, erfolgt bei Stillstand des Aufzuges. Haben die Hauptschaltglieder *eines* der Betriebsmittel nicht geöffnet, muss spätestens beim nächsten Fahrtrichtungswechsel ein erneutes Anfahren verhindert sein.

Nach DIN EN 81-1/2 müssen elektrische Sicherheitseinrichtungen entweder aus einem oder mehreren Sicherheitsschaltern oder aus Sicherheitsschaltungen bestehen, die die Stromzufuhr zu den Schützen oder ihren Hilfsschützen, die den Antrieb stillsetzen, unmittelbar unterbrechen.

Sicherheitsschaltungen können mit einem oder mehreren Sicherheitsschaltern aufgebaut sein. Dabei unterbrechen die Sicherheitsschalter nicht unmittelbar die Stromzufuhr zu den Schützen oder ihren Hilfsschützen, die den Antrieb stillsetzen.

Anstelle der Sicherheitsschalter können in den Sicherheitsschaltungen auch Schalter verwendet werden, die nicht die hohen Anforderungen an Sicherheitsschalter erfüllen. Hierzu gehören auch elektronische Bauteile gemäß Anhang H der DIN EN 81-1/2.

Zu den Sicherheitsschaltungen zählen auch programmierbare elektronische Systeme in sicherheitsbezogenen Anwendungen, die mit PESSRAL bezeichnet werden. PESSRAL steht für «*Programmable Electronic Systems in Safety Related Application for Lifts*», programmierbare elektronische Systeme in sicherheitsgerichteten Anwendungen für Aufzüge.

Sicherheitsschalter sind Positionsschalter mit Sicherheitsfunktion gemäß DIN EN 81-1/2 Pkt. 14.1.2.2 (Bild 3.14) oder auch speziell an die Überwachung der Aufzugstüren und deren Verriegelungen angepasste Sicherheitsschalter nach Bild 3.15.

Bild 3.14
Sicherheitsschalter [Q.14]

Bild 3.15
Sicherheitsschalter zur Überwachung der Schließstellung
und Verriegelung der Türen
[Q.14]

In DIN EN 81-1/2 sind die Anforderungen an Sicherheitsschalter festgelegt. Sprechen Sicherheitsschalter an, müssen ihre Schaltstücke mechanisch zwangsläufig getrennt werden. Diese Trennung muss auch dann eintreten, wenn die Schaltstücke verschweißt sind. Die Nennisolationsspannung, für die die Sicherheitsschalter ausgelegt sind, ist unter normalen Bedingungen 250 V. Dabei müssen die Gehäuse der Sicherheitsschalter einen Schutzgrad von mindestens IP 4X aufweisen. Die Sicherheitsschalter müssen folgenden in EN 60 947-5-1 festgelegten Gebrauchskategorien angehören: AC-15 für Sicherheitsschalter in Wechselstromkreisen, DC-13 für Sicherheitsschalter in Gleichstromkreisen. Leitender Abrieb darf nicht zum Kurzschluss der Schaltstücke führen.

Sicherheitsschaltungen müssen so aufgebaut sein, dass ein einzelner Fehler in der elektrischen Anlage eines Aufzuges nicht zu einem gefährlichen Betriebszustand führen kann. Die dabei zu berücksichtigenden Fehler sind Spannungsausfall, Spannungsabsenkung, Leiterbruch, Körper- und Erdschluss, Veränderungen von Werten oder Funktionen von elektrischen Bauteilen, Nichtanziehen oder auch unvollständiges Anziehen und das Nichtabfallen des Ankers eines Schützes oder eines Relais, das Nichtöffnen oder das Nichtschließen eines Schaltstücks und die Phasenumkehr im Drehstromnetz.

Kann ein Fehler zusammen mit einem zweiten Fehler zu einem gefährlichen Betriebszustand führen, muss der Aufzug spätestens bei der nächsten im Betriebsablauf folgenden Zustandsänderung, bei der das erste fehlerhafte Funktionsglied mitwirken sollte, abgeschaltet werden.

Sicherheitsschaltungen können mit Schaltgeräten oder mit elektronischen Bauteilen und Geräten aufgebaut sein. Bild 3.16 zeigt das Schaltbild einer Sicherheitsschaltung, die mit Hilfsschützen und Magnetschalter realisiert wurde. Mit diesem Beispiel kann sehr einfach und leicht verständlich die prinzipielle Funktionsweise einer Sicherheitsschaltung erklärt werden.

Im Teil b) des Bildes 3.16 wirkt im Sicherheitskreis zwischen den Klemmen 1 und 2 der Sicherheitsschalter S3; er hat wie in DIN EN 81-1/2 verlangt mechanisch zwangsläufig öffnende Kontakte und könnte in der Ausführung dem Bild 3.14 entsprechen. Anstelle des Sicherheitsschalters können nun die Kontakte

169

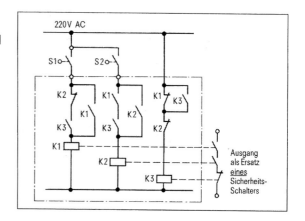

Bild 3.16
Schaltbild einer Sicherheitsschaltung mit Hilfsschützen [30]

der Hilfsschütze K1, K2 und K3 aus der im Teil a) des Bildes 3.16 dargestellten Sicherheitsschaltung in den Sicherheitskreis eingeschleift werden. Als redundante Eingangsglieder der Sicherheitsschalter wirken die beiden Magnetschalter S1 und S2. Bei Ausfall eines Eingangsgliedes bleibt der Sicherheitskreis in allen möglich Fehlerfällen doppelt unterbrochen.

Sicherheitsschaltungen unterliegen einer strengen Fehlerbetrachtung nach DIN EN 81-1/2. Hilfsschütze, die nach Bild 3.17 als Sicherheitsschütze mit zwangsläufig geführten Kontakten ausgeführt sind, lassen aber Fehlerausschlüsse zu. So muss das Nichtöffnen und Nichtschließen eines Schaltstückes nicht betrachtet werden. Durch die konstruktive Gestaltung der Kunststoffbrücke (3) des Hilfsschützes ist sichergestellt, dass zwischen der Funktion des Schließerkontaktes (5) und des Öffnerkontaktes (6) eine Zwangsläufigkeit besteht. Damit ist wiederum die Voraussetzung erfüllt, dass, wenn einer der Öffnerkontakte bei Erregung der Schützspule geschlossen bleibt, z.B. durch Kontaktverschweißen oder Verklem-

Bild 3.17
Aufbau eines Hilfsschützes,
der die Bedingungen an
Sicherheitsschütze erfüllt

1   Spule
2   Grundkörper
3   Kunststoffbrücke
4   Kontaktbrücke
5   Schließer-Kontakt
6   Öffner-Kontakt
7   Anker
8   Kurzschlussring
9   Magnet
10 Sicherungsrippe
11 Ankerlager
12 Magnet-Lager

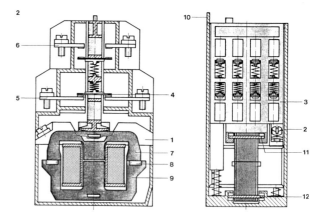

men, alle Schließerkontakte des Hilfsschützes geöffnet bleiben. Dasselbe gilt auch umgekehrt bei Nichtöffnen eines Schließerkontaktes, wenn die Schützspule erregt wurde. In diesem Fall bleiben dann alle Öffnerkontakte geöffnet. Schaltschütze, die diese Anforderungen erfüllen, sind ideale Bausteine für sicherheitsrelevante Schaltungen in den Aufzugsteuerungen.

Sicherheitsschaltungen mit elektronischen Bauteilen werden als Sicherheitsbauteile betrachtet und sind einem Prüfverfahren durch eine zugelassen Überwachungsstelle ZÜS mit den Anforderungen der DIN EN 81-1/2 Anhang F.6 zu unterziehen. Die ZÜS stellt eine Baumusterprüfbescheinigung aus.

Mit der Änderung 1 bzw. dem Amendement 1 zur DIN EN 81-1/2 wurde es seit 2006 möglich, elektrische Sicherheitsschaltungen auch als programmierbare elektronische Systeme in sicherheitsbezogenen Anwendungen, die mit PESSRAL bezeichnet werden, auszuführen. PESSRAL-Systeme werden wie Sicherheitsschaltungen mit elektrischen und elektronischen Bauteilen als Sicherheitsbauteil betrachtet. Die Vorgehensweise bei der EG-Baumusterprüfung ist im neuen Anhang F.6 der DIN EN 81-1/2 beschrieben. Besondere Anforderungen an PESSRAL-Systeme bezüglich Hard- und Software werden im Anhang P der DIN EN 81-1/2 definiert.

An die Stelle der traditionellen Sicherheitsschalter und elektrischen Sicherheitsschaltungen können nun die programmierbaren elektronischen Sicherheitsschaltungen (PES) treten. In der Anwendung der PES bestehen bereits langjährige Erfahrung in anderen Industriesparten. Diese Technik wurde ermöglicht durch die Wandlung vom beschreibenden Lösungsweg zur Formulierung von Schutzzielen in den modernen Regelwerken (New Approach = neuer Ansatz). Als Ergebnis dieses neuen Ansatzes sind in der Aufzugs-Richtlinie ARL allgemein formulierte Schutzziele definiert. Damit sind nun neue Lösungen in sicherheitsrelevanten Steuerungssystemen möglich. Über eine Gefahrenanalyse und eine entsprechende Risikobewertung wird das erforderliche Sicherheitsniveau nachgewiesen.

Die Basisnormen für programmierbare elektronische Sicherheitsschaltungen PES sind:

❏ DIN EN (IEC) 61508, Funktionelle Sicherheit sicherheitsbezogener elektrischer/elektronischer/programmierbarer elektronischer Systeme
❏ DIN EN ISO 13849-1 und -2, Sicherheit von Maschinen – Sicherheitsbezogene Teile von Steuerungen
❏ Die produktspezifische Norm für Aufzüge ist die Änderung 1 (das Amendement 1) zur DIN EN 81-1/2
❏ DIN EN81-1/2/A1:2006, programmierbare elektronische Systeme in sicherheitsgerichteten Anwendungen für Aufzüge (PESSRAL)

Diese Änderung wurde zwischenzeitlich in die überarbeitete DIN EN 81-1/2:2010 eingefügt.

Es ist bereits abzusehen, dass mit PESSRAL-Geräten und -Systemen neue, innovative Lösungen ermöglicht werden. Darüber hinaus erhöht PESSRAL die Sicherheit für Betreiber, Benutzer, das Montage- und Wartungspersonal und die Aufzugs-prüfer. PESSRAL kann sowohl auf der Systemebene als auch auf der Komponenten-ebene angewendet werden.

In DIN EN 81-1/2:2010 Pkt. 14.1.2.6 werden die Anforderungen und Vorga-ben für die Auslegung von Hardware und Software vorgegeben. Im überarbeiteten Anhang A der DIN EN 81-1/2 werden den elektrischen Sicherheitseinrichtungen «Safety Integrity Level = Sicherheits-Integritätslevel SIL» zugeordnet. Der Safety Integrity Level SIL beschreibt das zu erreichende Niveau der Versagenswahrschein-lichkeit. Die höchste Einstufung innerhalb des Aufzugssystems ist SIL 3, der SIL-Level 4 findet keine Anwendung in der Aufzugstechnik.

SIL steht in direktem Zusammenhang zur mittleren Versagenswahrscheinlich-keit *(Probability of Failure of Demand)* PFDav.

Anhang P (informativ) der DIN EN 81-1/2:2010 beschreibt mögliche Maßnah-men zur Erfüllung der Anforderungen nach DIN EN 81-1/2 A1 Pkt. 14.1.2.6. PESSRAL-Geräte und -Systeme sind Sicherheitsbauteile und müssen daher einer Baumusterprüfung unterzogen werden.

Bild 3.18
Versagenswahrscheinlichkeit in Abhän-gigkeit des SIL-Levels [19] [Q.28]

SIL		PFDav
▬▬	4	$\geq 10^{-5} \ldots < 10^{-4}$
▬▬	3	$\geq 10^{-4} \ldots < 10^{-3}$
▬▬	2	$\geq 10^{-3} \ldots < 10^{-2}$
▬▬	1	$\geq 10^{-2} \ldots < 10^{-1}$

Es wird zwischen zwei Arten von Versagenswahrscheinlichkeit in Abhängigkeit der Sicherheitsanforderung unterschieden:

❑ die mittlere Wahrscheinlichkeit eines Ausfalls bei Betriebsarten mit niedriger Anforderungsrate, Probability of Failure of Demand (PFD) = Wahrscheinlich-keit des Versagens, wenn die Sicherheitsfunktion gebraucht wird, z.B. Anforde-rung nur bei Grenzwertüberschreitung;

Bild 3.19
Beispiele von Zuordnungen der elek-trischen Sicherheitseinrichtungen [19] (Komponentenebene) zu den SIL-Leveln nach DIN EN 81-1/2 Anhang A [Q.28]

Tabelle 1 – Auszug aus Tabelle A.1: Beispiele elektrischer Sicherheitseinrichtungen		
Abschnitt	Zu überwachende Einrichtung	SIL
7.7.3.1	Überwachung der Schachttürverriegelung	
	– automatisch betätigte Schachttüren gemäß 7.7.4.2	2
	– manuell betätigte Schachttüren	3
9.8.8	Überwachung Einfallen der Fangvorrichtung	1
9.9.11.2	Überwachung Rückstellung Geschwindigkeits-begrenzer	3
10.5.3.1. b) 2)	Letzter Endschalter bei Treibscheibenaufzügen	1
11.2.1. c)	Überwachung der Kabinentürverriegelung	2

❑ die Wahrscheinlichkeit eines gefahrbringenden Ausfalls pro Stunde bei Betriebsarten mit hoher Anforderungsrate oder kontinuierlicher Anforderung, Probability of dangerous Failure per hour (PFH) = Wahrscheinlichkeit des Versagens bei kontinuierlicher Sicherheitsanforderung.

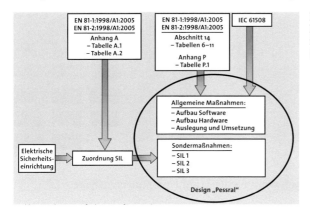

Bild 3.20
Entwicklungsgesichtspunkte
für PESSRAL-Produkte [19]
[Q.28]

Die EN 61 508 und die PESSRAL-Norm beruhen auf der Risikodefinition und der Risikobewertung. Die wesentlichen Parameter hierfür sind:

❑ das Schadensausmaß
  – C1 = leichte Verletzung oder kleinere, schädliche Umwelteinflüsse,
  – C2 = schwere, irreversible Verletzungen (auch Tod einer Person) oder vorübergehende, größere schädliche Umwelteinflüsse,
  – C3 = Tod mehrerer Personen oder langer, schädlicher Umwelteinfluss,
  – C4 = katastrophale Auswirkung, sehr viele Tote;
❑ die Aufenthaltsdauer
  – F1 = selten bis öfter,
  – F2 = häufig bis dauernd,
❑ die Gefahrenabwehr,
  – P1 = möglich unter bestimmten Bedingungen,
  – P2 = kaum möglich;
❑ die Eintrittswahrscheinlichkeit
  – W1 = sehr gering,
  – W2 = gering,
  – W3 = relativ hoch.

Ist eine Sicherheitseinrichtung nicht eindeutig in DIN EN 81-1/2 Anhang A zugeordnet, kann die Zuordnung über den Risikograph nach DIN EN IEC 61 508 erfolgen.

Bild 3.21
Risikograph gemäß DIN EN IEC 61 508 [19]
[Q.30]

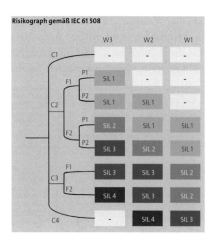

Beispiele für Anwendungen von PESSRAL auf Komponentenebene:

- elektronischer Geschwindigkeitsbegrenzer,
- Fahrkorbtürverriegelung,
- Schachttürverriegelung,
- Schutzeinrichtung für den aufwärts fahrenden Fahrkorb gegen Übergeschwindigkeit,
- Verzögerungskontrollschaltung bei Puffern mit verkürztem Hub,
- Notendschalter.

Bild 3.22
Elektronischer Geschwindigkeitsbegrenzer auf der
Basis von PESSRAL [Q.18]

Neben den mechanischen Sicherheitseinrichtungen gibt es auch zahlreiche elektrische Sicherheitskreise. Sobald einer dieser Sicherheitskreise unterbrochen ist, muss die Anlage umgehend zum Stillstand kommen (EN 81 Ziffer 12.7).

174

Nachfolgend eine Aufzählung zu den wichtigsten elektrischen Sicherheitsanforderungen:

- ❏ elektrische Geschwindigkeitsüberwachung (EN 81 Ziffer 12.6),
- ❏ Motor-Laufzeitüberwachung (EN 81 Ziffer 12.10),
- ❏ Verzögerungskontrollschaltung bei verkürztem Pufferhub (EN 81 Ziffer 12.8),
- ❏ Notbremsschalter in der Schachtgrube, im Rollenraum, auf dem Fahrkorbdach bzw. an der Inspektionssteuerung (EN 81 Ziffer 14.2.2),
- ❏ Sicherheitsschalter bei Einfahren mit öffnender Tür und Nachstellen (EN 81 Ziffer 14.1.2.3),
- ❏ Inspektionssteuerung (EN 81 Ziffer 14.2.1),
- ❏ elektrische Rückholsteuerung (EN 81 Ziffer 14.2.1.4),
- ❏ Kontrolle der Beladung (EN 81 Ziffer 14.2.5),
- ❏ Endschalter am unteren und oberen Ende der Fahrbahn des Fahrkorbes.

3.6   Bremse

Treibscheibenaufzüge müssen eine Bremseinrichtung (Betriebsbremse) haben, die eine auf Reibung beruhende elektromechanische Bremse enthält. Zusätzlich kann elektrisch gebremst werden. «Die elektromechanische Bremse muss allein in der Lage sein, den mit 1,25-facher Nennlast beladenen Fahrkorb aus der Nenngeschwindigkeit zu verzögern. Alle mechanischen Teile der Bremse, die an der Erzeugung der Bremswirkung beteiligt sind, müssen doppelt vorhanden sein. Beim Versagen eines dieser Teile muss eine zur Verzögerung des mit Nennlast beladenen und mit Nenngeschwindigkeit abwärts fahrenden Fahrkorbes ausreichende Bremswirkung erhalten bleiben.» [EN 81-1 Ziffer 12.4]

Des Weiteren muss die Bremsscheibe formschlüssig mit der Treibscheibe verbunden sein. Bei Ausfall der Netz- oder Steuerspannung muss die Bremseinrichtung selbsttätig wirksam werden. Das Offenhalten der Bremseinrichtung im Betrieb hat durch ununterbrochene elektrische Energiezufuhr zu erfolgen.

Üblicherweise werden im Aufzugsbau Backenbremsen eingesetzt (Bild 3.23).

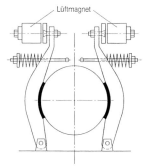

Bild 3.23
Prinzip der Backenbremse mit Lüftmagneten Zweikreisbremse
[11]

Bei geregelten elektrischen Antrieben dient die Bremse als reine Haltebremse; nur im Notfall muss die Haltebremse den Fahrkorb mechanisch abbremsen. Die Lüftung der Bremskreise erfolgt über Gleichstrommagnete. Die Bremskraft wird über Druckfedern aufgebracht.

Zur Erhöhung der Sicherheit der Anlage ist eine Verschleißüberwachung der Bremse zu empfehlen.

3.7 Leitungsbruchventile

Bei hydraulisch direkt angetriebenen Aufzügen können als Maßnahme gegen den Absturz oder eine Abwärtsbewegung mit Übergeschwindigkeit Leitungsbruchventile eingesetzt werden. Leitungsbruchventile sind so auszulegen, dass sie den Fahrkorb spätestens dann stillsetzen und festhalten, wenn die Abwärtsnenngeschwindigkeit um 0,3 m/s überschritten wird. Dabei muss die mittlere Verzögerung zwischen 0,2 g und 1,0 g liegen, und eine kurzzeitige Verzögerungsspitze (0,04 s) darf 2,5 g nicht überschreiten.

Die Anordnung der Leitungsbruchventile muss unmittelbar am Zylinder angeflanscht oder in der Nähe des Zylinders mit festen Rohrleitungen erfolgen. Verschraubungen müssen mit Schultern ausgeführt werden, Schneidring-, Keilring- und Bördelverschraubungen sind unzulässig.

Leitungsbruchventile müssen zum Einstellen und Prüfen zugänglich sein. Darüber hinaus muss es möglich sein, die Funktion mittels des dafür benötigten Durchflusses zu prüfen, ohne dass die Sicherheitseinrichtungen des Hebers unwirksam werden. [12]

3.8 Notrufsysteme

Die Notrufeinrichtung besteht aus zwei Teilen, aus dem Notrufsystem mit den Geräten der Notrufeinheit nach EN 81-28 und EN 81-70, EN 81-71 aus dem Betrieb der Notrufzentrale nach der BetrSichV und bisher nach der TRA 106, die von der TRBS 2181 abgelöst wurde.

Alle Notrufgeräte am Aufzug unterliegen den harmonisierten europäischen EN-Normen; Organisation und Betrieb des Service Centers bzw. der Notrufzentrale wird von nationalen Regelwerken festgelegt, also der BetrSichV und den nachgeordneten TRAs, die nun von den TRBSn abgelöst sind.

Der grundsätzliche Funktionsablauf in der Notrufeinrichtung ist in Bild 3.24 dargestellt:

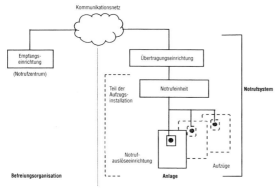

Bild 3.24
Grundschema der Notrufeinrichtung [19]

Nach Auslösen des Notrufes sendet die Notrufeinheit Signale an eine Übertragungseinrichtung. Über ein Kommunikationsnetz wird eine Verbindung zu einer
Notrufzentrale hergestellt. Nach dem Zustandekommen der Verbindung kann die
verbale Kommunikation mit der eingeschlossenen Person im Fahrkorb aufgenommen werden.

Es können auch Daten zwischen Notrufsystem und Notrufzentrale ausgetauscht werden. Dies führt hin zur Ferndiagnose.

Technische und organisatorische Anforderungen an die Notrufzentrale und den
Personenbefreiungsdienst werden im Anhang zur DIN EN 81-28 beschrieben. Da
es sich dabei um Betriebsabläufe handelt, ist nach wie vor das nationale Recht
verbindlich. Es gelten die Betriebssicherheitsverordnung BetrSichV und die nach-
geschalteten, technischen Regeln TRBS 2181, die die bisher geltende TRA 106
abgelöst haben.

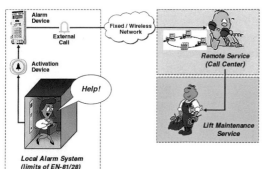

Bild 3.25
Funktionsablauf nach Abgabe eines
Notrufs [Q.20]

Anforderungen an das Notrufsystem

Alle Notrufinformationen müssen vollständig durch die Notrufeinheit übertragen
werden können. Nach unbeabsichtigtem Unterbrechen der Verbindung muss ein
erneutes, automatisches Senden möglich sein. Eine Einrichtung zur Bestätigung der

Erledigung eines Notrufes und Rückmeldung an den Personenbefreiungsdienst muss aktiviert sein. Ebenso sind Vorkehrungen zu treffen, die ein Fern-Rücksetzen der Notrufeinheit ermöglicht.

Eine Hilfsspannungsquelle muss vorhanden sein. Der Personenbefreiungsdienst muss informiert werden, wenn die Kapazität nur noch für weniger als eine Stunde Betrieb ausreichend ist.

Wenn der Aufzug der DIN EN 81-70 unterliegt, müssen sichtbare und hörbare Informationen gemäß dieser Norm vorhanden sein. Es sind auch Vorkehrungen zu treffen zur Filterung unechter Notrufe.

Nach Betätigen der Notrufauslöseeinrichtung dürfen keine weiteren Handlungen des Benutzers erforderlich sein. Das Notrufsystem muss während des Aufzugbetriebs den Benutzern ständig zur Verfügung stehen.

Die Notrufeinheit muss Notrufinformationen auch an ein anderes Ziel senden können. Spätestens alle drei Tage muss die Notrufeinheit einen Notruf simulieren und dabei die Verbindung zur Notrufzentrale herstellen.

Notrufauslöseeinrichtungen müssen an Stellen eingebaut werden, an denen für Benutzer das Risiko des Einschließens besteht, im Fahrkorb muss sich die Notrufauslöseeinrichtung am Bedienungstableau befinden.

Falls der Aufzug der DIN EN 81-71 unterliegt, muss die Notrufauslöseeinrichtung auch vandalensicher ausgeführt sein.

In der Betriebsanleitung müssen alle erforderlichen Informationen für die Organisation und den Betrieb der Notrufzentrale enthalten sein. Im Fahrkorb muss ein Hinweis enthalten sein, dass der Fahrkorb über ein Notrufsystem verfügt und mit einem Personenbefreiungsdienst verbunden ist.

Anforderungen an den Personenbefreiungsdienst und die Notrufzentrale

Für den Personenbefreiungsdienst sollte eine Risikoabschätzung durchgeführt werden. Damit soll festgestellt werden, ob die Vorgehensweise und die Organisationsstrukturen den Personenbefreiungsdienst in die Lage versetzen, die Aufgaben sicher und zuverlässig durchzuführen. Der Personenbefreiungsdienst muss während der Betriebszeit der Aufzüge, die in der Notrufzentrale aufgeschaltet sind, ständig besetzt sein. Der Befreiungsvorgang muss vor dem Ernstfall geplant und geprobt werden. Der Notbefreiungsdienst muss über ausreichende technische und personelle Kapazitäten verfügen.

Die Zeit zwischen der Notrufabgabe und dem Einsatz vor Ort zur Befreiung sollte so kurz wie möglich sein. Nach TRBS 2181 sind dies maximal 30 Minuten. (Anm.: Im Anhang der DIN EN 81-28 werden maximal eine Stunde vorgeschlagen, außer bei besonderen Vorkommnissen. Dieser Teil der DIN EN 81-28 ist nur informativ und kann in Deutschland nicht angewendet werden. National gilt nur die TRBS 2181 bzw. bisher auch die TRA 106.)

Persönliche Antwort des Personenbefreiungsdienstes aus der Notrufzentrale muss in der offiziellen Sprache des Landes erfolgen, und die Kommunikation muss während des Anstehens des Notrufes jederzeit möglich sein. Bei Ausfall des Personenbefreiungsdienstes muss eine Ersatzeinrichtung zur Verfügung stehen. Auch bei Netzausfall muss der Personenbefreiungsdienst funktionsfähig bleiben.

Der Personenbefreiungsdienst muss die regelmäßigen Prüfungen des gesamten Systems überwachen und auf Fehler entsprechend reagieren.

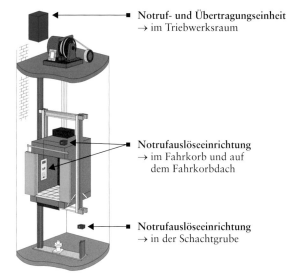

Notruf- und Übertragungseinheit
→ im Triebwerksraum

Notrufauslöseeinrichtung
→ im Fahrkorb und auf
   dem Fahrkorbdach

Notrufauslöseeinrichtung
→ in der Schachtgrube

Bild 3.26
Eingabeorte für den Notruf bei Eingeschlossensein [Q.20]

Nach Bild 3.26 befinden sich Notruf- und Übertragungseinheit im Triebwerksraum. Die Notrufauslöseeinrichtungen zur Verhinderung von Eingeschlossensein

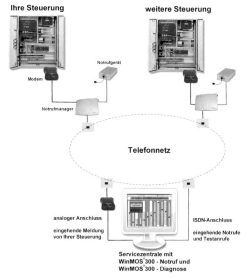

Bild 3.27
Gesamtstruktur von Notrufeinrichtungen und der Notrufzentrale [Q.3]

179

befinden sich im Fahrkorb, auf dem Fahrkorbdach und in der Schachtgrube. Entsprechendes gilt auch für triebwerksraumlose Aufzüge.

Das Notstromsystem muss mit den nachstehenden, sichtbaren und hörbaren Signalisierungseinrichtungen ausgestattet sein.

Bild 3.28
Symbol für Notruf [Q.4]

Ein gelb beleuchtetes Piktogramm (Glocke) zeigt an, dass der Notruf abgegeben wurde.

Bild 3.29
Piktogramm für Notrufverbindung (Sprechen – Hören)
[Q.4]

Ein grün beleuchtetes Piktogramm in Ergänzung zu dem hörbaren Signal, dem Sprach-Link, zeigt an, dass der Notruf registriert wurde. Das hörbare Signal sollte einen einstellbaren Schallpegel zwischen 35 und 65 dBA haben.

Bild 3.30
Kommunikation für Benutzer mit eingeschränktem Hörvermögen
[Q.4]

Eine Hilfseinrichtung für die Kommunikation ist z.B. Lautsprecher mit einem Akustikkoppler für Benutzer mit eingeschränktem Hörvermögen.

Zuverlässigkeit und Verfügbarkeit
Die Zuverlässigkeit von öffentlichen Telefonnetzen ist in Bezug auf eine korrekte Funktion des Notrufsystems nicht immer zufrieden stellend gegeben.

Die Fehlermöglichkeiten, die getestet werden müssen, beziehen sich auf die Betätigungselemente, die Notrufgeräte und die örtlichen Kommunikationsnetze. In dem Notrufsystem müssen Selbsttest-Routinen integriert sein.

Informationen von der Steuerung und der Tür werden benutzt, um unerwünschte Notrufe herauszufiltern.

Wenn das Service- und Wartungspersonal viele Aufzüge im zugewiesenen Gebiet betreuen muss, was sicher häufig der Fall sein wird, muss der genaue Ort des Notrufes umgehend lokalisiert werden können. Oft müssen einige hundert Aufzüge betreut werden können. Bei zum Beispiel 300 Aufzügen müssen pro Tag 100 Testrufe von der Notrufzentrale abgegeben werden. Darüber hinaus muss der Service «Rund um die Uhr» (24 h an 365 Tagen im Jahr) bzw. während der Betriebszeit des Aufzuges sichergestellt werden. Im Sinne von vertretbaren Wartungskosten muss die Reaktion auf abgegebene Notrufe optimiert werden.

Von großer Bedeutung ist auch der Bedarf an einem Betreuungsservice (Backup) im Fall von Ausfällen. Rückruf-Einrichtungen sind vorzusehen.

Es ist zu empfehlen, eine ausgereifte Management-Software für das Notrufsystem zu haben oder alternativ auf hochspezialisierte Service Centers aufzuschalten. Leider existiert keine Norm bzw. kein Standard für das Kommunikationsprotokoll zwischen Notrufsystem und Service Center bzw. Notrufzentrale *(standard communication protocol)*. Daher besteht hier im Normalfall keine Kompatibilität von verschiedenen Systemen. Es besteht also keine Möglichkeit des sicheren Zusammenwirkens von Produkten unterschiedlicher Hersteller *(no interoperability)*. Die öffentlichen Telefonnetze und die mobilen Telefonnetze arbeiten national, vor allem aber auch europaweit mit ganz unterschiedlichen Systemen und Übertragungsprotokollen.

Es besteht aber die Grundbedingung für die verwendete Notrufeinrichtung:

Das im Aufzug verwendete Notrufsystem und das Service Center bzw. die Notrufzentrale, bei der dieser Aufzug aufgeschaltet ist, müssen über eindeutig definierte und festgelegte Protokolle zusammenwirken.

Empfehlungen

Es sollten nur Notrufsysteme mit eingebauten Testroutinen eingesetzt werden, um eine höchstmögliche Verfügbarkeit sicherzustellen. Grundsätzlich ist zu empfehlen, wieder aufladbare Hilfsstromquellen mit Selbsttestfunktion vorzusehen. Die Aufzugssteuerung und die Türsteuerung müssen Signale und Informationen zur Notruf-Filterung (Missbrauchunterdrückung) zur Verfügung stellen. Die Hersteller von Notrufeinrichtungen sollten ihre Software so anpassen, dass sie die unterschiedlichen Standards der Telefonsysteme akzeptieren können. Es ist geplant, ein allgemeines Kommunikationsprotokoll zu erstellen, zu standardisieren und die daraus abgeleiteten Normungsvorhaben zu unterstützen, um damit das Zusammenwirken zwischen dem Notrufsystem des Aufzugs und dem Service Center bzw. der Notrufzentrale unterschiedlicher Hersteller zu ermöglichen.

LIFT journal

Your hotline to the European elevator and escalator industry

Editor: jana.kolb@kleffmann-verlag.de

Advertising: jenny.schenck@kleffmann-verlag.de

www.lift-journal.de

4 Gebäude als Schnittstelle

4.1 Aufzugsschacht

Als Aufzugsschacht bzw. Schacht bezeichnet man den Raum, in dem sich der Fahrkorb, das Gegengewicht oder Ausgleichsgewicht bewegen. Dieser Raum ist üblicherweise durch den Boden der Schachtgrube, die Wände und die Schachtdecke begrenzt.

Bei teilumwehrten Schächten gilt der offene Freiraum bis zu einem Abstand von 1,5 m von beweglichen Teilen (z.B. Fahrkorb, Gegengewicht) ebenfalls als Schacht.

Schachtgrube

Die Schachtgrube ist der Teil des Schachtes unterhalb der untersten Haltestelle mit zur Schachtsohle.

Bei Reparatur- oder Wartungsarbeiten in der Schachtgrube muss für eine Person ein Mindestsicherheitsraum (Schutzraum von 500 mm × 600 mm × 1000 mm) vorhanden sein, wenn der Fahrkorb bei zusammengedrücktem Puffer die tiefste Stellung erreicht hat. Mindestabstände zwischen Türschürze und Schachtgrube (Quetschgefahr) müssen eingehalten werden.

Bild 4.1
Aufzugstechnik in der Schachtgrube
bei einem Seilaufzug [Q.1]

Aufzug «ohne» Schachtgrube – reduzierte Schutzräume

Wenn durch besondere Bedingungen (Grundwasser, Felsen, darunterliegende Gebäudeteile wie Garagen bzw. beim Bauen im Bestand), die in der Vorschrift geforderte Schachtgrubentiefe nicht realisiert werden kann, ist es möglich, eine Schachtgrube mit reduzierter Tiefe zu bauen. Dabei müssen Ersatzmaßnahmen für einen temporären Schutzraum umgesetzt werden, die dem Montage- und Wartungspersonal einen vergleichbar sicheren Arbeitsplatz in der Schachtgrube ermöglicht wie bei einer konventionellen Schachtgrube. Für diese Sicherheitseinrichtungen muss über eine Gefahrenanalyse die Gleichwertigkeit der Schutzwirkung gegenüber einer Schachtgrube nachgewiesen werden. Diese Gefahrenanalyse wird über ein Gutachten einer benannten Stelle genehmigt. In der Dokumentation ist die Benutzung der Sicherheitseinrichtung und das Wiederherstellen des bestimmungsgemäßen Gebrauchszustandes zu beschreiben.

In der EN 81-21 ist das Thema «temporäre Schutzräume» beschrieben und wird voraussichtlich auch in die überarbeitete Version der EN 81-1 bzw. EN 81-2 übernommen.

Im Einzelfall sollte geprüft werden, ob ein temporärer Schutzraum tatsächlich notwendig ist. Wenn technisch möglich, sollte auf diese Sondermaßnahme verzichtet werden, da diese aufgrund der erhöhten Sicherheitsanforderungen auch nicht immer die wirtschaftlichste Lösung darstellt.

Als technische Lösung werden Teleskop- oder Klappschürzen an der Fahrkorbtür und zusätzliche Pufferstützen für den temporären Schutzraum vorgesehen. Diese Komponenten werden über Schalter, die in den Sicherheitskreis eingreifen, überwacht.

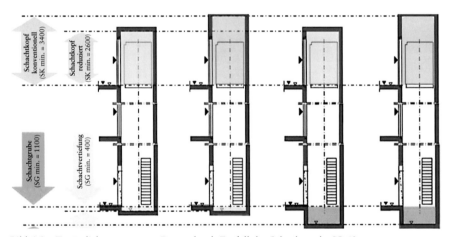

Bild 4.2   Zusätzlich gewonnener Raum durch Entfall der Schachtgrube [Q.1]

184

Bild 4.3
Schachtgrube mit reduzierter Tiefe [Q.1]

Schachtkopf – reduzierte Schutzräume

Als Schachtkopf bezeichnet man den Teil des Schachtes zwischen der obersten vom Fahrkorb bedienten Haltestelle bis zur Schachtdecke.

Die zwischen Fahrkorbdach und Schachtdecke verbleibende Höhe im überfahrenen Haltepunkt des Fahrkorbes bildet den Schutzraum. Der Schutzraum soll eine gefahrlose Wartung auf dem Fahrkorbdach sicherstellen (500 mm × 600 mm × 1000 mm). Bei reduzierten Schachtköpfen, die häufig bei einem Ausbau des Dachgeschosses bzw. bei einer max. Gebäudebauhöhe notwendig sein können, müssen in einer Gefahrenanalyse die temporären Schutzräume und mögliche Quetschstellen untersucht und entsprechende Gegenmaßnahmen realisiert werden. Dabei können flexible Anschläge zur Begrenzung des Fahrweges zum Einsatz kommen. Das Betreten des Fahrkorbes muss erkannt werden. Auch gilt wie bei der reduzierten Schachtgrube, dass ein vergleichbares Sicherheitsniveau realisiert werden muss, das mit einem Gutachten belegt werden kann.

Betonschacht

Der Betonschacht stellt den häufigsten Fall dar. Hier sind keine besonderen Maßnahmen aus Sicht des Aufzugsherstellers erforderlich. Die Befestigung der Schachtausrüstung ist hier mit dem Eingießen von speziellen Befestigungsschienen (Ankerschienen meist der Fa. Halfen) direkt in die Schachtwand vorzusehen, alternativ sind Dübel einsetzbar.

Glassschacht

Der Glasschacht wird aufgrund der architektonischen Attraktivität zunehmend gewählt. Beim Glasschacht müssen bei der Möglichkeit von direkter Sonneneinstrahlung ausreichende Be- und Entlüftungsmöglichkeiten vorgesehen werden. Für den Betrieb im Winter muss gegebenenfalls der Antrieb im Schacht (bei triebwerksraumlosen Aufzügen) gegen Kondensationsfeuchtigkeit und Frost geschützt sein (insbesondere die Betriebsbremse).

Aufzug im Freien

Bei einem Aufzug, der im Freien läuft, sind besondere Maßnahmen zu treffen, um den speziellen Umweltbedingungen Rechnung zu tragen. Dies sind z. B.:

❑ Windmesser, der ab einer bestimmten Windgeschwindigkeit den Aufzug stillsetzt,

❑ spezielle Führung für das Hängekabel, dass es sich bei Wind nicht verfangen kann, oder aber eine berührungslose Energieübertragung zum Fahrkorb (realisiert beim Hermes-Messeturm auf dem Hannover Messegelände);

❑ beheizte Fahrkorbtür- und Schachttürschwellen, um das Festfrieren der Türblattführungen im Winter zu vermeiden,

❑ beheizte Führungen für Fahrkorb und Gegengewicht bzw. beheiztes Gleitmittel bei Gleitführungen,

❑ wetterfester Fahrkorb,

❑ besonderer Korrosionsschutz für alle Teile, die sich im Freien befinden,

❑ Verwendung von besonders korrosionsgeschützten Seilen,

❑ Beheizung des Triebwerkraumes und speziell der Betriebsbremse, insbesondere wenn sich dort Kondensationsfeuchtigkeit sammeln kann,

❑ höhere Schutzart für alle elektrischen Ausrüstungen,

❑ rutschfestes Fahrkorbdach und Schutz gegen Vereisen der Trittflächen.

Weitere Maßnahmen müssen anhand der konkreten Einsatzbedingungen geprüft werden.

4.2 Triebwerksraum

Der Triebwerksraum ist der Betriebsraum für den Aufzug. Im Triebwerksraum sind der Antrieb, die Steuerung und der Begrenzer untergebracht. Betriebsmittel für den Betrieb und zur Personenbefreiung dürfen dort gelagert werden. Er ist kein Abstellraum z. B. für den Hausmeister. Der Triebwerksraum eines Aufzuges muss verschlossen sein und ein Fluchtschloss haben. Aufzugsfremde Einrichtungen dürfen im Triebwerksraum nicht untergebracht werden. Der Zugang ist nur einem eingewiesenen Personenkreis erlaubt.

Platzierung des Triebwerksraumes

Der Triebwerksraum, auch Maschinenraum genannt, befindet sich je nach Gebäudesituation bei Treibscheibenaufzügen in unmittelbarer Nähe neben oder über dem Schacht. Bei Hydraulikaufzügen kann dieser auch in einiger Entfernung sein, wenn die Hydraulikleitung dorthin verlegt werden kann.

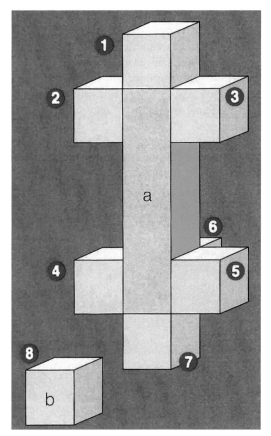

Bild 4.4
Mögliche Lagen für den Triebwerksraum bei Aufzügen
[8]

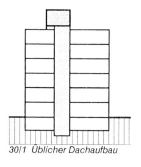

30/1 Üblicher Dachaufbau

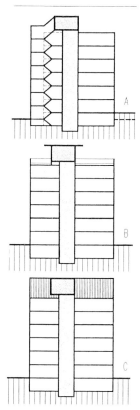

Bild 4.5
Anordnung und Integration
des Triebwerksraumes in die
Gestaltung des Gebäudes [9]

187

Aufzug mit Triebswerksraum

Der Triebwerksraum ist der Bereich, in dem Antrieb, Steuerung und weitere Komponenten und/oder die dazugehörigen Einrichtungen untergebracht sind. Aufzugsfremde Installationen dürfen dort nicht eingebaut sein. Damit eine einfache Zuordnung bei Gruppen möglich ist, werden Steuerung und Antrieb (Bild 4.6) der zusammengehörenden Einheiten in gleicher Farbe gestrichen. In Bild 4.7 ist ein Triebwerksraum einer Aufzugsgruppe mit Monitoringsystem dargestellt. Er darf auch nicht als Lagerraum genutzt werden.

Bild 4.6
Zweiergruppe im Triebwerksraum [Q.1]

Bild 4.7   Triebwerksraum einer 8er-Gruppe [Q.1]

188

Einige von vielen Anforderungen an einen Triebwerksraum sind:

- ❑ Mindesthöhe von 2,0 m,
- ❑ Zugangstür (meist T30), nach außen aufschlagend,
- ❑ die Tür muss sich ohne Hilfsmittel von innen öffnen lassen (Fluchtschloss),
- ❑ ausreichende Be- und Entlüftung erforderlich,
- ❑ Temperaturbereich von +5 °C bis +40 °C muss gehalten werden,
- ❑ ölfester Anstrich bei Hydraulikanlagen mit Ölschwellen,
- ❑ Schutzgeländer und Aufstiegshilfen nach Vorschriften,
- ❑ im Triebwerksraum dürfen keine aufzugsfremden Teile vorhanden sein.

Aufzug ohne Triebswerksraum

Beim maschinenraumlosen Aufzug werden die Komponenten Antrieb, Steuerung und Geschwindigkeitsbegrenzer im Schacht angeordnet. Ein Teil der Steuerung, das Bedienpaneel zur Personenbefreiung und für bestimmte Diagnose- und Wartungsarbeiten der Wartungsfirma, ist verschlossen im Zugangsbereich zum Aufzug im Stockwerk angeordnet.

Bild 4.8
MRL mit Bedientableau im Stockwerk [Q.1]

4.3 Schachttüren

Die Schachttüren bilden den Gebäudeabschluss zum Fahrkorb. Ihre Betätigung erfolgt bei maschinell betätigten Türen durch ein Mitnehmersystem von der Fahrkorbtür, das angetrieben ist und die Schachttür mitbewegt, wenn sich der Fahrkorb in der entsprechenden Haltestelle befindet. Die Schachttür besteht aus dem oberen Teil mit den Führungen für die Türblätter, der Verriegelung und Schließeinrichtung (Feder) und wird auch Kämpfer genannt. Den unteren Teil nennt man die Schwelle, mit den Führungen für die Türblätter. Kämpfer und Schwelle werden mit dem Gebäude fest verbunden.

Die seitlichen Begrenzungen der Türen nennt man die Zargen. Die Türblätter werden im Kämpfer gelagert und angetrieben und in den Türschwellenprofilen geführt.

Der Türriegel der Schachttür ist über den Sicherheitskreis überwacht, damit kein gefährlicher Zustand durch eine unverriegelte oder geöffnete Schachttür entstehen kann.

Über Lichtschranke oder Lichtgitter wird der Türbereich überwacht.

Bild 4.9   Türkämpfer/Türgehänge [Q.1]

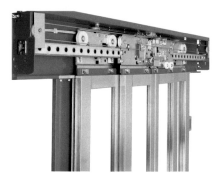

Bild 4.10   Türschwelle [Q.1]

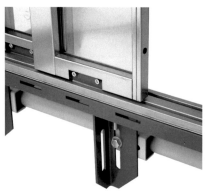

Die Bedien- und Anzeigeelemente können wahlweise in der Zarge oder im Mauerkasten neben der Tür bzw. im Kämpfer oder Mauerkasten über der Tür angeordnet werden.

Bild 4.11   Bedien- und Anzeigeelemente im Mauerkasten [Q.6]

Bild 4.12   Bedien- und Anzeigeelemente in der Zarge [Q.6]

4.4 Elektrischer Anschluss

Anschlussbedingungen der EVUs

Beim Anschluss des Aufzuges an das Stromversorgungsnetz müssen die Anschlussbedingungen der EVUs eingehalten werden. Zu berücksichtigen sind:

❑ die technischen Anschlussbedingungen (TAB) für den Anschluss an das Niederspannungsnetz, TAB-Niederspannung gemäß dem Musterwortlaut der VDEW (Verband der Elektrizitätswirtschaft),
❑ die Allgemeinen Bedingungen für die Elektrizitätsversorgung von Tarifkunden, AVBEltV,
❑ die VDEW-Empfehlung Anschluss von Aufzugsanlagen an das öffentliche Niederspannungsnetz.

Die Anschlusswerte der Aufzugsanlage müssen vom Betreiber dem zuständigen Energieversorgungsunternehmen gemeldet und gegebenenfalls genehmigt werden. Die erforderlichen Werte erhält der Betreiber vom Errichter der Aufzugsanlage, also vom Aufzugsunternehmen, von dem die Aufzugsanlage gekauft wurde. Sie sind Bestandteil der Anlagendokumentation, in der außer den Anschlusswerten auch alle Angaben für weitere Verbindungsleitungen zur Gebäudeinstallation enthalten sind, z.B. für den Telefonanschluss der Notrufeinrichtung und für die Ersatzstromversorgung.

Zur Beurteilung von Netzrückwirkungen erhält das versorgende EVU vom Betreiber der Aufzugsanlage alle erforderlichen Angaben, die wiederum Bestandteil der o.g. Dokumentation sind, die der Betreiber vom Errichter der Aufzugsanlage erhält.

Erstes Kriterium für diese Beurteilung ist der vom Motoranlaufstrom hervorgerufene Spannungseinbruch. Der Spannungseinbruch darf in Abhängigkeit seiner Häufigkeit einen festgelegten Wert nicht überschreiten. Das zweite Kriterium ist die Höhe der verursachten Oberschwingungsströme.

Es sind keine störenden Rückwirkungen auf das Versorgungsnetz zu erwarten, wenn der Anlaufstrom in den zulässigen Grenzen der VDEW-Empfehlung liegt und das Verhältnis der Effektivwerte der fünften Oberschwingung zur Grundschwingung im Nennbetrieb 30 % nicht übersteigt.

Netzrückspeisung

Aus Sicht der Energieeffizenz ist es sinnvoll, Energie, die bei generatorischem Betrieb entsteht, nicht über Bremswiderstände in Wärme zu wandeln, sondern in das Stromnetz zurückzuspeisen. Diese Energie kann dann im Haus von anderen Verbrauchern genutzt werden und wird nicht ins Netz des EVU zurückgespeist. Da aber in bestimmten Betriebszuständen auch eine Netzrückspeisung erfolgen kann, muss diese Betriebsart mit dem betreffenden EVU abgestimmt und angemeldet werden, auch wenn die Energie nicht vergütet wird. Die rechtliche Situation ist hier nicht eindeutig geklärt, es ist aber damit zu rechnen, dass in naher Zukunft hier aufgrund des Energiedenkens kundenfreundliche Regelungen getroffen werden. [Q.31]

Kraftstromversorgung zum Triebwerksraum
Nach DIN VDE 0100 Teil 300 gibt es drei grundlegend unterschiedliche Netzformen:

❑ TN-System,
❑ TT-System,
❑ IT-System.

Die Netzformen unterscheiden sich im Wesentlichen nach den Kriterien: Erdungsverhältnisse der Stromquelle bzw. des Niederspannungsverteilungsnetzes und Erdungsverhältnisse der Körper der Betriebsmittel in elektrischen Verbraucheranlagen.

Bei der Bezeichnung der Netzformen bedeutet der erste Buchstabe die Erdungsverhältnisse der Stromquelle bzw. des Niederspannungsverteilungsnetzes: T (Terre) = direkte Erdung der Stromquelle (Betriebserder), I = Isolierung aller aktiven Teile gegenüber Erde oder Verbindung eines aktiven Teils mit Erde über eine Impedanz. Der zweite Buchstabe gibt die Erdungsverhältnisse von Körpern in elektrischen Verbraucheranlagen an: N (Neutral) = Körper direkt mit dem Erder der Stromquelle verbunden, T = Körper direkt geerdet, unabhängig von der ggf. bestehenden Erdung der Stromquelle.

Im TN-Netz kommt es zur direkten Erdung eines Punktes. Die Körper der angeschlossenen Betriebsmittel sind über den Schutzleiter bzw. PEN-Leiter mit dem Sternpunkt verbunden. Diese Schutzmaßnahme wird als Nullung bezeichnet. Die Netzformen unterscheiden sich in 3 Arten. Als Schutzeinrichtung sind im TN-Netz Überstrom-Schutzeinrichtung und Fehlerstrom-Schutzeinrichtung zulässig. Erster

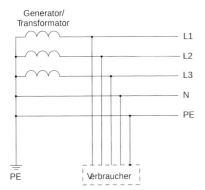

Bild 4.13
Im TN-S-Netz sind Neutralleiter N und Schutzleiter PE getrennt geführt. [31]

193

Buchstabe T (Terre) = direkte Erdung eines Netzpunktes erforderlich, zweiter Buchstabe N (Neutral) = Körper über Schutzleiter (PE) und/oder PEN-Leiter mit dem geerdeten Netzpunkt verbunden.

Bild 4.14
Im TN-C-Netz werden Neutralleiter und Schutzleiter zusammengefasst zu PEN [31].

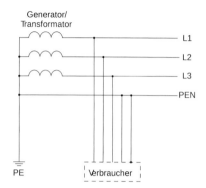

Beide Netze können kombiniert angewendet werden. Sie sind in einem Teil des Netzes in einem Leiter zusammengefasst und im anderen Teil getrennt.

Gemäß DIN EN 81-1/2 Pkt. 13.1.5 müssen innerhalb der Aufzugsanlage Neutralleiter und Schutzleiter immer getrennt sein, d.h., beim Aufzug kann nur das TN-S-Netz verwendet werden.

Im TT-Netz ist der Sternpunkt des Spannungsursprungs direkt geerdet. Die Körper der elektrischen Anlage sind mit anderen Erdern verbunden. Der erste Buchstabe bedeutet T (Terre) = direkte Erdung eines Netzpunktes erforderlich, der zweite Buchstabe T (Terre) = zeigt an, dass die Körper direkt geerdet sind, d.h., es ist ein zusätzlicher Potentialausgleich erforderlich.

Die Verlegung der Hauptzuleitung zum Triebwerksraum ist eine bauseitige Leistung. Der Errichter der Aufzugsanlage muss aber die entsprechenden Angaben zur Dimensionierung und Festlegung bereitstellen. In der Projektierungszeichnung muss angegeben werden, wohin die Hauptzuleitung geführt werden muss. Wichtig sind auch Angaben bezüglich des Brandschutzes, z.B. müssen offen verlegte Leitungen halogenfrei sein. Die bauseits zu verlegende Hauptleitung zum Aufzug muss entsprechend der festgelegten Brandschutzklasse ausgelegt sein.

Im Sinne der Verantwortlichkeit muss das mit der Elektroinstallation beauftragte Unternehmen den Anschluss an den Eingangsklemmen bzw. dem Hauptschalter der Aufzugsanlage durchführen. Nach DIN EN 81-1/2 Pkt. 13.1.1.1 ist danach die Aufzugsanlage im Sinne einer Maschine mit ihren eingebauten elektrischen Einrichtungen als Gesamtheit zu betrachten.

Da die Zuleitung zum Aufzug in der Regel Leiterquerschnitte >10 mm^2 Cu hat, kann nach VDE 0100 Teil 300 die Funktion des Mittelpunktleiters N und des Schutzleiters PE im Nullleiter PEN zusammengefasst werden. Damit ist praktisch in allen Fällen eine vieradrige Verlegung der Hauptzuleitung zu erwarten.

194

Innerhalb der Aufzugsanlage dürfen betriebsmäßig geerdete, Strom führende Leiter nicht zugleich Schutzleiter sein. Daher erfolgt die Auftrennung zwischen Schutzleiter PE und Mittelpunkts- bzw. Neutralleiter N bereits am Hauptschalter, so dass unabhängig vom Leiterquerschnitt der Hauptzuleitung grundsätzlich vom Hauptschalter zum Schaltschrank der Aufzugsteuerung eine fünfadrige Leitung verlegt werden muss. Dies stellt bezüglich der Leitungsart kein besonderes Problem dar, da in den meisten Fällen der Hauptschalter bereits im Schaltschrank der Aufzugsteuerung eingebaut ist.

Anforderungen an Ersatzstromversorgungen

Vorweg ist im Planungsstadium und unabhängig von der Nutzungsart zu klären, wie sich die Aufzüge bei Netzausfall verhalten sollen. Möglichkeiten sind:

❏ eine Evakuierungsfahrt, u. U. mit kleiner Fahrgeschwindigkeit bis zur nächsten Haltestelle mit anschließendem Stillsetzen des Aufzugs. Die Benutzer werden über Anzeigeelemente entsprechend informiert;
❏ Weiterbetrieb nach der ersten Evakuierungsfahrt mit eingeschränkten Funktionen, z. B. in Bezug auf einen berechtigten Benutzerkreis.

Die hierfür notwendige Energieversorgung kann durch drei Arten sichergestellt werden:

❏ Stand-alone durch Evakuierungssysteme,
❏ durch Notevakuierungsfunktionen, die als Zusatz für Aufzüge mit Frequenzumrichter-Antrieben erhältlich sind,
❏ durch Not-Absenkungssysteme bei Hydraulikaufzügen.

In allen drei Fällen wird die Energie für die Notevakuierungsfahrten aus Batterien bezogen und über Wechselrichter in die geeignete Form umgewandelt. Bei diesen Systemen sind also bedingt durch die Batteriekapazität nur eine eingeschränkte Anzahl von Evakuierungsfahrten möglich. Es muss auch sichergestellt werden, dass alle Sicherheitsfunktionen und die Türfunktionen der Aufzugsteuerung erfüllt werden können.

Ein annähernd voller Funktionsumfang des Aufzuges ist nur möglich mit einem Notstromaggregat, das üblicherweise von Verbrennungs- oder Dieselmotoren angetrieben wird. Das Notstromaggregat speist natürlich auch die wichtigsten Einrichtungen des Gebäudes. Beispiele hierfür sind Kliniken oder Verwaltungsgebäude.

Die für die Dimensionierung der Notstromanlage wichtigen Daten des Aufzuges erhält der Planer bzw. das mit der Errichtung der Notstromanlage beauftragte Unternehmen vom Errichter der Aufzugsanlage, also vom Aufzugsunternehmen, von dem die Aufzugsanlage gekauft wurde. Sie sind Bestandteil der Anlagendokumentation.

ThyssenKrupp Lift Designer | Dokumentation

Auftragsdaten
Datum 14.11.2002
Equipmentnummer 25 15 12 087
Kennwort .... UPTOWN MÜNCHEN
Bearbeitet von .... Wörz (Tel: 07158-12-2634)

Angaben für den Elektroplaner

Elektrische Anschlusswerte und Leitungen des Aufzuges

Hersteller
ThyssenKrupp Aufzugswerke GmbH
Postfach 23 03 70
70623 Stuttgart

Nach den Technischen Anschlussbedingungen TAB ist eine Anschlusserlaubnis vom zuständigen EVU einzuholen. Dafür ist das beiliegende Technische Datenblatt VDEW/VDMA zu verwenden.

Netzdaten
Kraft   400 V,   50 Hz,   Form   TN-S
Licht   230 V,   50 Hz
Max. zulässige Spannungsschwankung nach IEC 38 +6/-10 %

Blitzschutzmaßnahmen nach DIN 57185 / VDE 0185 sind als bauseitige Leistung auszuführen.
Der Kurzschlußstrom an der Einbaustelle der Steuerung darf 15 kA nicht überschreiten.

Aufzugsdaten (einschließlich Steuerungsanteil)
Anschlussleistung .... = 27.6   KVA
Nennbetriebsstrom .... = 39.9   A
Anlaufstrom .... = 91.7   A
Anschlussklemmen für Kraftzuleitung ..... = 70/35   mm²

Zuleitungen
bauseits bis Anschlussstelle Triebwerksraum
Kraft - Sicherung 3 x 63 AgL
Licht - vom Kraftnetz

Bei der Leitungsdimensionierung sind maximal 3 % Spannungsfall bezogen auf den Anlaufstrom zu berücksichtigen.
Der Ableitstrom des Netzfilters überschreitet 3,5 mA. Bezüglich der Verlegung des Schutzleiters wird auf DIN VDE 0160 5.2.11.1 hingewiesen.

Verbindungsleitungen
Notwendige Unterlagen folgen   bauseits

Ersatzstromversorgung   nicht vorhanden

ThyssenKrupp Lift Designer | Dokumentation

Auftragsdaten
Datum 14.11.2002
Equipmentnummer 25 15 12 087
Kennwort .... UPTOWN MÜNCHEN
Bearbeitet von .... Wörz (Tel: 07158-12-2634)

Technische Daten zum Anschluss eines Aufzuges an das öffentliche Niederspannungsnetz

Eingang beim zuständigen Energieversorgungsunternehmen (Datum)

Kundenanlage
Name
Kundennummer _____ Zählernummer

Hersteller
Name   ThyssenKrupp Aufzugswerke GmbH
Anschrift   Postfach 23 03 70, 70623 Stuttgart

Daten der Anlage
Art Motor   Asynchronmotor
Netzanschluss   Über Frequenzumrichter als U-Umrichter

Nennleistung des Antriebes .... = 19,4   kW
Anlaufstrom .... = 86,7   A
Anlaufhäufigkeit .... = 100   1/h
THD (bei Verwendung von Stromrichtern) .... <= 33   % bei Nennstrom
I5/I1 (bei Verwendung von U-Umrichtern) .... <= 30   % bei Nennstrom
Kommutierungsinduktivitäten / Stromrichtertransformatoren vorhanden ..... = Ja

Bild 4.15   Beispiele für ein Netzanschlussschreiben [Q.1]
Angaben für den Energieversorger
Angaben für den Elektroplaner

4.5   Schachtentlüftung/Schachtentrauchung

Zum Thema Schachtentlüftung ist in der EN 81-1 und EN 81-2 gefordert, dass der Schacht und der Triebwerksraum – wenn vorhanden – angemessen be- und entlüftet wird.

Die Lüftungsöffnung soll dazu einen Mindestquerschnitt von 1 % der Schachtgrundfläche aufweisen. Bei Anlagen mit Triebwerksraum kann die Entlüftung des Schachtes wahlweise auch über den Triebwerksraum erfolgen. Die Anforderungen aus den Landesbauordnungen zum Thema Schachtentrauchung stellen dieselben Anforderungen.

Diese Öffnungen in der Gebäudeaußenwand haben zur Folge, dass bei Aufzugschächten, die sich im beheizten Bereich des Gebäudes befinden, die Wärme aus dem Gebäude entweichen kann. Dies steht dann in einem Widerspruch zur Energieeinsparverordnung (EnEV), die Teil des deutschen Baurechtes ist. In ihr werden bautechnische Standardanforderungen zum effizienten Energieverbrauch von Gebäuden vorgeschrieben. Darin sind permanente Öffnungen zur Be- und Entlüftung im Gebäude nicht mehr zugelassen. [16]

Um diesen beiden gegensätzlichen Anforderung gerecht zu werden, wurden Systeme entwickelt, die die Entlüftungsöffnungen verschließbar machen und sensorgesteuert bei Rauch geöffnet werden. Über entsprechende Zulassungen für derar-

197

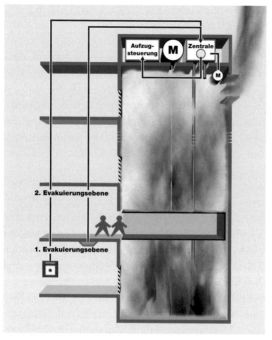

Bild 4.16
Schachtentrauchung lift-smoke free
[Q.21]

tige Schachtentrauchungssysteme ist geregelt, dass diese aufzugsfremden Einrichtungen entgegen der Aufzugsrichtlinie im Triebwerksraum und Schacht installiert werden dürfen. Die Sensorik kann mit der Aufzugssteuerung derart verbunden werden, dass beim Auftreten einer Rauchmeldung der Aufzug in eine vorher definierte Evakuierungshaltestelle gefahren wird, damit die Fahrgäste den Aufzug verlassen können. Bei entsprechender Ausrüstung der Brandmelder in den Vorräumen und einer erweiterten Brandmeldesteuerungsfunktion in der Aufzugssteuerung kann im Fall einer Verrauchung der vordefinierten Evakuierungshaltestelle eine Alternativhaltestelle angefahren werden.

Diese Schachtentrauchungssysteme werden entweder von Spezialfirmen angeboten und installiert, können aber auch über die Aufzugsfirma beauftragt und im Rahmen der regelmäßigen Aufzugswartung mit überprüft werden.

4.6   Bauseitige Leistungen

Hinweise zur Art und Ausführung von bauseitigen Leistungen erfolgen im Rahmen der Planung und Errichtung von Aufzugsanlagen zur Abgrenzung der einzelnen Gewerke, die nicht vom Aufzugsmontagebetrieb erbracht werden, aber in Abstimmung und nach Vorgabe von diesem ausgeführt werden müssen.

198

Nachfolgende allgemeine Hinweise sollen den Entwurfsverfasser/Architekten, den Planer oder Bauingenieur z.B. in einem Ingenieurbüro, den Bauherren und/oder andere Entscheidungsträger in Staat und Wirtschaft befähigen, die bauseitig zu erbringenden Leistungen zur Errichtung einer Aufzugsanlage im Vorfeld (Zeitraum der Planung und Entscheidungsfindung) besser abschätzen zu können und damit diesen Leistungsanteil kalkulierbarer zu machen. Die Aussagen zu den bauseitigen Leistungen beziehen sich auf Aufzugsanlagen, die nach den Vorschriften der europäischen Norm DIN EN 81 errichtet werden. Die vorliegende Ausarbeitung ist vorrangig auf die bauseitigen Leistungen für die Errichtung von Aufzugsanlagen nach DIN EN 81 ausgerichtet. Sie ersetzt gewiss nicht das eingehende Studium bzw. Nachschlagen in den einschlägigen Landesbauordnungen, der Musterbauordnung und deren diverse Durchführungsverordnungen sowie den Vorschriften des Bauaufsichtsrechts.

Bezüglich hydraulischer Aufzugsanlagen wird auf folgendes Schrifttum hingewiesen: «Anlagenbezogener Gewässerschutz – Leitfaden für Hersteller und Betreiber von Aufzügen mit hydraulischem Antrieb»; herausgegeben vom VDMA in Zusammenarbeit mit dem DAfA.

Ausführung und Ausrüstung der Triebwerks- und Rollenräume

Nach EN 81 Ziffer 6.1 besteht die generelle Forderung, dass das Triebwerk (der Aufzugsantrieb) in einem besonderen Raum untergebracht sein muss, dessen Wände, Decke, Fußboden und Tür und/oder Klappen vollwandig sind. Nach Ziffer 6.3.1.1 soll der Triebwerksraum aus dauerhaften Werkstoffen bestehen, die eine Staubbildung nicht begünstigen.

Triebwerks- und Rollenräume dürfen zwecks Montage, Wartung, Prüfung und Hilfeleistung nur dazu befugten Personen zugänglich sein, d.h., sie sind verschlossen zu halten. Triebwerks- und Rollenräume dürfen ausschließlich für Aufzugszwecke benutzt werden (Ziffer 6.1.1). Sie dürfen weder fremde Leitungen bzw. Installationen (Elektro, Heizung, Lüftung, Sanitär) noch andere aufzugsfremde Betriebsmittel (Einrichtungen anderer Gewerke wie Ventilatoren, Stelleinrichtungen, Abzugshauben, Be- oder Entlüftungskanäle usw.) enthalten. Triebwerks- und Rollenräume dürfen nicht als Durchgang zu aufzugsfremden Räumen benutzt werden. Es müssen ein oder mehrere Anschlagpunkte, Träger oder Haken an der Decke des Triebwerksraumes befestigt und zweckdienlich angeordnet sein, um schwere Teile bei der Errichtung oder bei etwaigem Auswechseln heben zu können (Ziffer 0.2.5; 0.3.14; 6.3.7). Nach Ziffer 15.4.5 muss die zulässige Höchstlast (Tragfähigkeit) dieser Anschlagpunkte (mittels beschriftetem Schild, dauerhaft und unverlierbar) angegeben sein, z.B. «Höchstlast 10 kN».

Hydraulische Aufzüge

Der Triebwerksraum (umgangssprachlich auch Maschinenraum genannt) kann in einem Umkreis von ca. 10 m vom Schacht frei wählbar angeordnet werden. Der Triebwerksraum ist in der Regel als Ölauffangwanne auszubilden. An der Eingangstür muss sich eine Schwelle oder ein Sockel von mindestens 200 mm Höhe mit ausreichender mechanischer Festigkeit befinden. Das gesamte Ölvolumen des Aggregates muss im Triebwerksraum zurückgehalten werden können. Die Auffangwanne ist mit einem ölfesten und trittfesten Anstrich zu versehen. Verletzungen jeglicher Art (z.B. durch Befestigungsschrauben, Dübel usw.) dieses ölfesten Anstriches sind strikt zu vermeiden. Der Anstrichwerkstoff / die Farbe bedarf keiner baurechtlichen oder prüfamtlichen Zulassung. Grenzt der Triebwerksraum nicht unmittelbar an den Schacht, dann müssen für die hydraulische Druckleitung und die elektrischen Steuerleitungen zwischen Triebwerksraum und Schacht eigens für diesen Zweck getrennt verlegte Kanäle vorhanden sein. Diese Kanäle (für die Hydraulikleitung in ölfester bzw. beständiger Ausführung) sind mit einem Gefälle zum Triebwerksraum hin zu verlegen. Der Kanaleintritt für die Hydraulikleitung muss für Kontrollzwecke einsehbar und zugänglich sein; siehe hierzu Ziffer 12.3. Rohrdurchführungen usw. im Bereich unterhalb des maximal möglichen Flüssigkeitsstandes und Bodenabläufe sind unzulässig.

Die Zugänge zu Triebwerks- und Rollenräumen sowie die Zugangstüren und Bodenklappen zu Triebwerks- und Rollenräume müssen gekennzeichnet sein. Die Abmessungen des Triebwerksraumes sind so zu bemessen dass ausreichende Standflächen vor dem Pumpenaggregat und dem Steuerschrank vorhanden sind, damit Wartungsarbeiten ausgeführt werden können.

Fußbodenbeschaffenheit

Nach Ziffer 6.3.1.2 ist der Fußboden mit einem rutschhemmenden, trittfesten und staubbindenden Bodenanstrich zu versehen. Nach Ziffer 6.3.4 sind Öffnungen / Durchbrüche im Fußboden so klein wie möglich zu halten. Entsprechend dem Bau-Dispoplan sind diese Durchbrüche maß- und lotrecht, rechtwinkig und oberflächenbündig herzustellen. Des Weiteren heißt es: «Um das Hindurchfallen von Gegenständen zu vermeiden, müssen an Öffnungen über dem Schacht auch bei Durchführungen elektrischer Leitungen Manschetten von mindestens 50 mm Höhe angebracht sein». Lieferung und Montage dieser Manschetten erfolgen in der Regel durch den Montagebetrieb des Aufzugs.

Schallschutz

Beim Betrieb von Aufzugsanlagen entstehen Schalt-, Anfahr-, Fahr- und Bremsgeräusche, die als Luft- und Körperschall im Gebäude übertragen werden. Diese Geräusche können bei nicht sachgemäßer Planung und Ausführung von Aufzugsanlagen und Bauwerk zur Beeinträchtigung der Wohnruhe führen. Ausreichender Schutz dagegen erfordert eine Abstimmung von Bauwerk und Aufzugsanlage aufeinander. Aufenthaltsräume im Sinne der DIN 4109 sollten nach Möglichkeit nicht unmittelbar an Aufzugsschächten liegen. Die für die Schallübertragung maßgeblichen Wand- und Deckenkonstruktionen sollten schwer und biegesteif sein. Alle Lärmminderungsmaßnahmen an den Betriebsmitteln der Aufzugsanlage (Antrieb, Steuerung, Fahrkorb usw.) werden vom Aufzugshersteller berechnet und ausgeführt.

Bezüglich Schallschutz sind u.a. folgende Vorschriften zu beachten:

- ❏ VDI 2566, Blatt 1; Schallschutz bei Aufzugsanlagen mit Triebwerksraum
- ❏ VDI 2566, Blatt 2; Schallschutz bei Aufzugsanlagen ohne Triebwerksraum
- ❏ VDI 4102-5:1977-09, Brandverhalten von Baustoffen und Bauteilen
- ❏ E DIN 4109-10:2000-06, Schallschutz im Hochbau, Teil 10

Heizung, Lüftung, Temperaturen

Nach Ziffer 6.3.5 müssen Triebwerksräume mit einer zweckentsprechenden Entlüftung, zur Abführung überschüssiger Verlustwärme ins Freie, ausgestattet sein. Alle Betriebsmittel sind vor Staub, schädlichen Gasen und Feuchtigkeit zu schützen.

Die Abluft von aufzugsfremden Räumen darf nicht in den Triebwerksraum eingeführt werden.

Nach Ziffer 0.3.15 muss die Temperatur in Triebwerksräumen zwischen $+5\,°C$ und $+40\,°C$ gehalten werden. Zur Einhaltung dieses Temperaturbereiches kann sowohl Heizung als auch Kühlung erforderlich werden. Bezüglich der Temperatur in Rollenräumen ist Ziffer 6.4.6 zu beachten.

Heizungsanlagen sind nur als Warmwasser-, Warmluft- oder Elektroheizung zulässig. Nicht zulässig sind Heizgeräte, die mit festen, flüssigen oder gasförmigen Brennstoffen betrieben werden.

Heizgeräte sind so anzuordnen, dass aus Armaturen oder anderen Anlagenteilen austretendes Wasser, besonders bei Entleerungen oder Entlüftungen, nicht in den Raum laufen und nicht mit der elektrischen Anlage in Berührung kommen kann. Schädigungen oder Gefährdungen durch Wasser müssen ausgeschlossen sein.

Hydrauliköl

Eine mehr oder weniger gleich bleibende Temperatur der Hydraulikflüssigkeit ist für den funktionsgerechten Betrieb (Alterung des Öls und der Dichtungen, Schmierfähigkeit, Verschleiß, Stick-Slip-Verhalten, längere Schleichfahrt, ungenaues Anhalten) von großer Bedeutung.

Es kann sowohl eine Heizung als auch eine Kühlung der Hydroflüssigkeit erforderlich werden.

5 Regelwerke für Aufzüge

Das Regelwerk für Aufzüge hat in den vergangenen Jahren eine grundlegende Wandlung durchgemacht. Das frühere, produktbezogene Regelwerk wurde in das heutige, gefährdungsbezogene Regelwerk überführt. Die europäischen Richtlinien, umgesetzt in unseren nationalen Gesetzen und Verordnungen, geben nicht mehr bestimmte technische Ausführungen vor, sondern stellen vielmehr die Anforderungen an die Sicherheit und den Gesundheitsschutz. Bei Einhaltung der harmonisierten – Kennzeichnung mit **H** hinter der Normangabe – europäischen Normen und weiterer Normen gilt die Vermutungswirkung, dass damit alle gestellten Sicherheitsanforderungen erfüllt sind. Es lassen sich aber auch andere Lösungen realisieren. Durch eine Gefahrenanalyse muss dann nachgewiesen werden, dass auch damit die vorgegebenen und geforderten Schutzziele erreicht werden.

5.1 Struktur und Aufbau des Regelwerks

Das für den Aufzugsbau relevante Regelwerk ist sehr umfangreich. Es muss zunächst

- ❑ nach **europäischen,**
- ❑ nach **nationalen** und
- ❑ nach **globalen**

Richtlinien und Normen unterschieden werden.

Die Unterscheidung in der Definition von «Norm» und «Standard» wird nicht berücksichtigt.

Für die Mitgliedstaaten der Europäischen Union dominieren in der täglichen Anwendung die **Richtlinien der Europäischen Kommission,** die für Deutschland durch entsprechenden Gesetzen zugeordneten **Verordnungen** in nationales Recht überführt werden, und die in den Komitees der **CEN** erarbeiteten **EN-Normen,** die nach einem eindeutig festgelegten Ratifizierungsverfahren und der Veröffentlichung in den Amtsblättern der EG und damit auch in Deutschland Gültigkeit erlangen und dann für Deutschland als **DIN EN-Norm** in deutscher Sprache verfügbar sind. Ein ähnliches Verfahren gilt auch für Österreich und in der Schweiz. Die Normen sind dann in Österreich als **ÖN EN-Normen** und in der Schweiz als **SN EN-Normen** verfügbar.

Aber auch rein **nationale, deutsche Gesetze und Verordnungen** sind für die tägliche Arbeit sehr wichtig. Hierzu zählen u.a. das Geräte- und Produktsicherheitsgesetz GPSG, die Betriebssicherheitsverordnung BetrSichV, die Landesbauordnungen LBOs und die nationalen Verordnungen, die sich auf Richtlinien der EG beziehen.

Bedeutende rein **nationale Regeln, Normen und Richtlinien** sind:

- die **DIN-Normen** (DIN, Deutsches Institut für Normung),
- die **TRBS**, Technischen Regeln für Betriebssicherheit,
- die BG-Informationen **BGI** und die BG-Vorschriften **BGV** der gewerblichen Berufsgenossenschaften,
- die **VDI-Richtlinien** (VDI, Verein Deutscher Ingenieure),
- VDE-Richtlinien (Verband der Elektrotechnik, Elektronik und Informationstechnik e. V.)
- die **VDMA-Einheitsblätter** (VDMA, Verband Deutscher Maschinen- und Anlagenbau),
- die **VdTÜV-Merkblätter** (VdTÜV, Verband der Technischen Überwachungs-Vereine) und
- die **DAfA-Empfehlungen** (DAfA, Deutscher Ausschuss für Aufzüge).

Sie stellen den **Stand der Technik** dar, basieren auf gesicherten Erkenntnissen von Wissenschaft und Technik oder gelten als **anerkannte Regel der Technik**.

Auch das Regelwerk für den Aufzugsbau wird in zunehmendem Maße von der **Globalisierung** erfasst. Langfristig ist es das Ziel der Branche, möglichst alle Kernbereiche des Aufzuges, die von Handelsbarrieren betroffen sein könnten, global zu regeln.

Die international, d. h. in unserem Sinne global anerkannten Normen sind die **ISO-Standards**, die von internationalen Experten in den Technischen Komitees der ISO, *(International Organization for Standardization)* nach einem streng festgelegten Verfahren erarbeitet werden.

Gelegentlich wird auch auf **nationale Regeln und Normen anderer Länder** Bezug genommen, die beispielsweise im betroffenen Bereich wegweisende Festlegungen enthalten und auf die im Sinne von anerkannten Regeln der Technik Bezug genommen wird.

Die **elektrotechnische Ausrüstung eines Aufzuges** stellt einen erheblichen Teil der gesamten Anlage dar. Hierfür muss auf die elektrotechnischen Normen und Regelwerke Bezug genommen werden. Das sehr umfangreiche, nationale **VDE-Vorschriftenwerk** wird vom VDE erarbeitet und als DIN-VDE-Vorschriften herausgegeben.

Praktisch in paralleler Art und Weise werden die europäischen, elektrotechnischen **EN-Normen** von den Arbeits-Komitees der **CENELEC**, Europäisches Komitee für elektrotechnische Normung, erarbeitet.

International bzw. global gibt es ebenfalls parallel zur ISO die **IEC**, International Electrotechnical Commission, die die **IEC-Standards** herausgibt. Die nationale Umsetzung und Ausgabe in deutscher Sprache der elektrotechnischen EN-Normen und IEC-Standards wird vom DIN/VDE übernommen.

5.2 Europäische Richtlinien

Die Technik von neuen Aufzügen ist im Wesentlichen durch die Europäischen Richtlinien für Aufzüge und für Maschinen bestimmt. Außer diesen beiden wichtigsten Richtlinien gibt es aber noch eine Reihe weiterer Europäischer Richtlinien, die direkt oder indirekt Auswirkungen auf die Beschaffenheit von Aufzügen haben.

Der «Neue Ansatz – New Approach» in Europa sieht vor, dass die Europäischen Richtlinien neben den Konformitäts-Bewertungsverfahren und anderen organisatorischen Regelungen nur grobe Schutzziele für die Produktgestaltung in Form von **grundlegenden Sicherheitsanforderungen** angeben, die in harmonisierten EN-Normen in konkrete **Beschaffenheitsanforderungen** umgesetzt werden.

Den **harmonisierten Normen** kommt in dieser Dualität eine wesentliche Bedeutung zu, da sie den Stand der Technik widerspiegeln und das für Aufzüge erforderliche Sicherheitsniveau festschreiben.

Nach dem derzeitigen EG-Vertrag können Europäische Richtlinien in drei Gruppen eingeteilt werden:

❑ nach **Artikel 95, Produktrichtlinien (harmonisiert)**
z. B. – die Aufzugsrichtlinie,
 – die Maschinenrichtlinie,
 – die Öko-Design-Richtlinie,
 – die RoHS-Richtlinie.
Diese Richtlinien nach dem «Neuen Ansatz, New Approach» müssen von den Mitgliedstaaten einheitlich umgesetzt werden, da sie vor allem dem Warenaustausch und dem Abbau von Handelsbarrieren dienen sollen;

❑ nach **Artikel 137, Sozialrichtlinien**
z. B. – die Asbest-Richtlinie.
Diese Richtlinien dienen vor allem dem Arbeitsschutz von Arbeitnehmern und legen Mindestanforderungen fest, die als Minimum von den EU-Mitgliedstaaten übernommen werden müssen, aber auch mit zusätzlichen und höheren Anforderungen umgesetzt werden können;

❑ nach **Artikel 175, Umweltrichtlinien**
z. B. – die Richtlinie über die Gesamteffizienz von Gebäuden (EPB),
 – die WEEE*(Waste of Electrical and Electronic Equipment)*-Richtlinie.
Diese Richtlinien legen ebenfalls Mindestanforderungen fest, die von den EU-Mitgliedstaaten erhöht werden können.

5.2.1 Aufzugsrichtlinie 95/16/EG (ARL)

Die Umsetzung der Aufzugsrichtlinie in deutsches Recht erfolgte mit der 12. Verordnung zum Produkt- und Gerätesicherheitsgesetz (12. GPSGV). Da die europäische Aufzugsrichtlinie und die 12. GPSGV inhaltlich gleich sind, wird im Folgenden nur auf die Aufzugsrichtlinie Bezug genommen.

Die Aufzugsrichtlinie gilt für alle neuen Personen und Lastenaufzüge, die in ein neues oder bestehendes Gebäude eingebaut werden und die

- ❏ zur Personen- und Lastenbeförderung dienen,
- ❏ einen geschlossenen, betretbaren Fahrkorb haben,
- ❏ in einem Gebäude dauerhaft eingebaut sind,
- ❏ an starren Führungen fortbewegt werden, die gegenüber der Horizontalen um mehr als 15° geneigt sind und
- ❏ über Steuereinrichtungen verfügen, die vom Inneren des Fahrkorbes aus bedient werden können.

Üblicherweise *nicht* unter die Aufzugsrichtlinie fallen

- ❏ Kleingüteraufzüge,
- ❏ Güteraufzüge,
- ❏ Plattformaufzüge für Behinderte,
- ❏ Aufzüge in Beförderungsmittel,
- ❏ Baustellenaufzüge und weitere.

Diese Aufzüge unterliegen der Maschinenrichtlinie oder nationalem Recht. Im Rahmen der Revision der Maschinenrichtlinie wurde auch die Abgrenzung zur Aufzugsrichtlinie neu geregelt:

> *Aufzüge zum Transport von Personen mit Geschwindigkeiten über 0,15 m/s unterliegen der Aufzugsrichtlinie.*

Wichtige Festlegungen, Begriffe und Definitionen der Aufzugsrichtlinie

Montagebetrieb
Er hat die Verantwortung für den Entwurf, die Herstellung, den Einbau und das Inverkehrbringen des Aufzuges. Die Verantwortung des (System-)Herstellers des Aufzuges oder des Komponentenherstellers ist außer für Sicherheitsbauteile in der ARL nicht geregelt.

Benannte Stellen
Dies sind neutrale Prüforganisationen, die im Rahmen der Konformitätsbewertungsverfahren Funktionen übernehmen. Die benannten Stellen werden national

akkreditiert und bei der EC mit einer Kenn-Nummer notifiziert. Zur Koordination der benannten Stellen errichtete die EC den Ausschuss NB-L (*Notified Bodies for Lifts*). Arbeitsgruppen der NB-L erarbeiten die **NB-L Recommendations for Use** (NB-L/RECs), die als wichtige Interpretationen anzusehen sind.

Ständiger Ausschuss

In der ARL ist die Errichtung eines Ständigen Ausschusses der EC vorgesehen, in dem alle Fragen zur Umsetzung und zur Interpretation der ARL diskutiert und beantwortet werden.

Musteraufzug

Ein Musteraufzug ist ein repräsentativer Aufzug, anhand dessen im Rahmen einer Baumusterprüfung verdeutlicht wird, wie die Anforderungen der ARL an diesen Musteraufzug sowie an von ihm abgeleiteten Aufzügen eingehalten werden.

Inverkehrbringen

Nach der Definition der ARL ist das Inverkehrbringen der Zeitpunkt, zu dem der Montagebetrieb den Aufzug dem Benutzer erstmals zur Verfügung stellt. In der Praxis ist das Inverkehrbringen die Übergabe des nach der ARL abgenommenen Aufzuges an den Besteller bzw. den Kunden. Das Inverkehrbringen ist nach der ARL abgeschlossen, wenn die Konformitätserklärung ausgestellt und das CE-Zeichen im Fahrkorb angebracht ist. Es muss unterschieden werden nach **Inverkehrbringen** und **Inbetriebnahme**. In einigen Ländern, u.a. auch in Deutschland, müssen nach nationalem Recht zusätzliche Prüfungen vor der ersten Inbetriebnahme, z.B. durch eine ZÜS (zugelassene Überwachungsstelle) durchgeführt werden (§ 9 AufzV).

Konformitätsbewertungsverfahren

In der ARL sind verschiedenen Verfahren zur Bewertung der Konformität eines Sicherheitsbauteils oder eines Aufzuges hinsichtlich der Anforderungen der ARL vorgesehen. Die Konformitätsbewertung kann entweder durch eine benannte Stelle oder durch den Hersteller selbst erfolgen, falls dieser ein von einer benannten Stelle zertifiziertes Qualitätsmanagementsystem nach ARL hat.

Die Bilder 5.1 und 5.2 zeigen die Vorgehensweise bei der Konformitätsbewertung von Sicherheitsbauteilen und Aufzügen. Die heute meist übliche und verbreitete Vorgehensweise umfasst die Bewertungsmaßnahmen durch die benannten Stellen (NB = Notified Bodies). Hat der Hersteller bzw. der Montagebetrieb aber ein zertifiziertes Qualitätsmanagement nach Modul H der ARL, kann der Hersteller bzw. der Montagebetrieb selbst die wesentlichen Bewertungsverfahren gemäß der Bilder 5.1 und 5.2 durchführen.

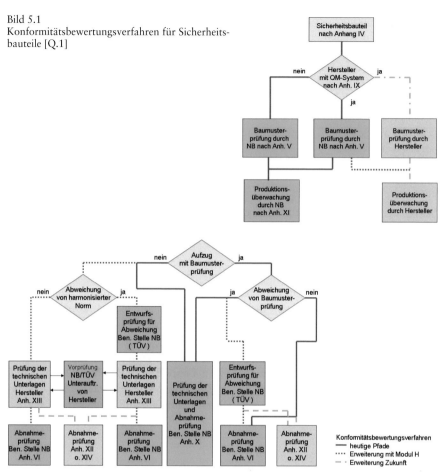

Bild 5.1
Konformitätsbewertungsverfahren für Sicherheitsbauteile [Q.1]

Bild 5.2   Konformitätsverfahren für Aufzüge [Q.1]

CE-Kennzeichnung

Jedes Sicherheitsbauteil und jeder Aufzug ist mit einem CE-Kennzeichen zu versehen. Das CE-Kennzeichen für den Aufzug ist im Inneren des Fahrkorbes auf dem
Typenschild zusammen mit der Kennnummer der benannten Stelle anzubringen.
Es ist die Kennnummer der benannten Stelle zu verwenden, die entweder den Aufzug abgenommen hat oder die das Qualitätsmanagementsystem zertifiziert hat,
nach dem der Montagebetrieb die Endabnahme selbst durchführen kann.

Grundsätzliche Sicherheits- und Gesundheitsanforderungen GSAs

Die im Anhang I der ARL aufgelisteten GSAs beschreiben nur die grundsätzlichen
Sicherheits- und Gesundheitsanforderungen, um die wesentlichen, von einem Auf-

208

zug ausgehenden Gefahren zu verhindern. Darüber hinaus müssen alle mit dem Aufzug verbundenen Gefahren anhand von Gefahrenanalysen ermittelt und so weit wie möglich reduziert werden. Dies gilt auch für Aufzüge nach der Maschinen-Richtlinie MRL.

Harmonisierte Normen

In den harmonisierten Normen sind technische Anforderungen beschrieben, die zur Erfüllung der GSAs herangezogen werden können. Ist beispielsweise ein Sicherheitsbauteil oder ein Aufzug nach der harmonisierten Norm EN 81-1/2 gebaut, so kann davon ausgegangen werden, dass die betreffenden GSAs der ARL und der MRL erfüllt sind. Die harmonisierten Normen definieren den Stand der Technik und das aktuelle Sicherheitsniveau zum Zeitpunkt der Veröffentlichung. Nach der ARL und der MRL können aber auch andere Lösungen eingesetzt werden, die von den harmonisierten Normen abweichen. In diesen Fällen muss durch eine **Gefahrenanalyse** und Gutachten nachgewiesen werden, dass die Ersatzmaßnahmen gleichwertig sind.

Gefahrenanalysen

Prinzipiell muss für jeden Aufzug eine Gefahrenanalyse durchgeführt werden, die folgende Punkte umfasst:

❑ prinzipielle Gefahren, die sich aus der Gefahrenanalyse ergeben,
❑ zusätzliche Gefahren in Abhängigkeit von Umwelteinflüssen und dem bestimmungsgemäßen Betrieb,
❑ Gefahren während der Montage, Prüfung, Reparatur und Demontage des Aufzuges.

Betriebsanleitung

Jedem Aufzug ist eine Betriebsanleitung beizufügen. Diese Betriebsanleitung besteht aus allen wichtigen technischen Daten, Zeichnungen und Schaltplänen, die für einen sicheren Betrieb benötigt werden, sowie aus allen weitergehenden Informationen für die Bedienung, die Wartung, die Reparatur und die Notbefreiung.

Sicherheitsbauteile

Die Sicherheitsbauteile sind in Anhang IV der ARL aufgelistet.

Umsetzung in nationales Recht

Dies erfolgte mit der Veröffentlichung der 12. Verordnung zum Gerätesicherheitsgesetz (12. GPSGV, Aufzugsverordnung) vom 17. Juli 1998.

Studie zur Verbesserung der ARL

Der wichtigste Punkt ist die Auslegung des Punktes 2.2 des Anhangs I zu den Anforderungen an Schutzräume.

5.2.2 Maschinenrichtlinie 2006/42/EG (MRL)

Die neue Maschinenrichtlinie MRL wurde am 9.6.2006 im Amtsblatt der EU veröffentlicht. Sie trat am 29.6.2006 in Kraft und musste ab dem 29.12.2009 verbindlich angewendet werden. Dazu musste die Umsetzung in nationales Recht erfolgen. Die 9. Verordnung zum Gerätesicherheitsgesetz (9. GPSGV), Maschinenverordnung, und die 12. Verordnung zum Gerätesicherheitsgesetz (12. GPSGV), Aufzugsverordnung, wurden entsprechend überarbeitet. Ebenso mussten betroffene harmonisierte Normen angepasst werden.

Mit der neuen Maschinenrichtlinie wird auch die Abgrenzung zur Aufzugsrichtlinie neu geregelt: Aufzüge zum Transport von Personen mit Geschwindigkeiten über 0,15 m/s unterliegen der Aufzugsrichtlinie.

Folgende Aufzüge mit Personenbeförderung sind zukünftig von der MRL erfasst:

❑ Personen- und Lastenaufzüge bis 0,15 m/s,
❑ Plattformlifte bis 0,15 m/s,
❑ Güteraufzüge mit Personenbegleitung bis 0,15 m/s.

Aufzüge für den Transport von Personen, die nicht den Definitionen der ARL entsprechen, also beispielsweise nicht permanent in ein Gebäude eingebaut sind, wie etwa Bauaufzüge, fallen unabhängig von ihrer Geschwindigkeit unter die MRL.

In den Anpassungen der ARL, die durch die neue MRL notwendig werden, wird zukünftig in den Definitionen für den Aufzug der Begriff **Fahrkorb** durch **Lastträger** ersetzt, so dass das Weglassen einer Fahrkorbtür oder der Fahrkorbdecke nicht mehr ausreicht, um aus dem Anwendungsbereich der Aufzugsrichtlinie herauszukommen. Erst im Anhang I der ARL wurde bisher verlangt, dass der Lastträger ein vollständig umwehrter Fahrkorb sein muss.

In der neuen MRL werden **Maschinen und unvollständige Maschinen** definiert. Eine unvollständige Maschine kann für sich genommen eine bestimmte Funktion nicht erfüllen. Sie ist dazu bestimmt, in eine Maschine eingebaut zu werden.

Mit diesen Definitionen ist nicht eindeutig festgelegt, ob Bausätze von Kleingüteraufzügen, Güteraufzügen, Plattform- und Treppenliften als (vollständige) Maschinen oder als unvollständige Maschinen betrachtet werden müssen. Dies hätte bedeutende Auswirkungen bezüglich des Verfahrens zum Inverkehrbringen, z.B. der eigentliche Hersteller des Bausatzes erstellt eine Einbauerklärung, und der Monatgebetrieb fungiert als «offizieller Hersteller» und ist damit der Inverkehrbringer.

In der zweiten Ausgabe des Leitfadens für die Maschinenrichtlinie vom Juni 2010 wurde erleichternd eine praxisgerechtere Lösung des o.g. Problems beschrieben. Demnach ist ein Bausatzaufzug, der alle Komponenten umfasst, eine vollständige Maschine im Sinne der MRL, deren Konformität mit der Maschinenrichtlinie der Originalhersteller sicherstellen muss.

Trotzdem könnte natürlich nach wie vor der Montagebetrieb den Aufzug unter seinem Namen in Verkehr bringen.

5.2.3 Bauproduktenrichtlinie 89/106/EWG

Die Bauproduktenrichtlinie gilt für alle Elemente eines Aufzuges, die zum Gebäude gehören und als Bauprodukt betrachtet werden müssen. Hierzu zählen Wände, Boden und Decke des Schachtes und des Triebwerksraumes einschließlich der Türen, die in diese Räume führen. Fahrschachttüren dagegen liegen ausschließlich im Verantwortungsbereich der Aufzugsrichtlinie ARL. Die nationale Umsetzung erfolgte durch das Bauproduktengesetz **BauProdG**.

5.2.4 Arbeitsmittelbenutzungsrichtlinie 95/63/EG

> *Die Arbeitsmittelbenutzungsrichtlinie enthält Anforderungen für die Sicherheit und den Gesundheitsschutz von Arbeitnehmern. Spezifische Gefahren für das Arbeitsmittel Aufzug sind im Anhang 1 der Richtlinie unter Punkt 3.2.4 angesprochen. Von diesen Gefahren lassen sich viele der Maßnahmen zur Verbesserung der Sicherheit bestehender Aufzüge nach EN 81-80 ableiten.*

In Deutschland ist die Arbeitsmittelbenutzungsrichtlinie *(UWE, Minimum Safety and Health Requirements for the Use of Work Equipment by Workers at Work)* in der Betriebssicherheitsverordnung (**BetrSichV**) umgesetzt.

5.2.5 Niederspannungsrichtlinie 2006/95/EG

In der Niederspannungsrichtlinie sind Aufzüge ausgenommen, da die elektrischen Anforderungen durch die ARL und die MRL abgedeckt sind. Indirekt wirkt sich die Niederspannungsrichtlinie trotzdem auch auf Aufzüge aus, da die ihr zugeordneten harmonisierten Normen den Stand der Technik für elektrische Anforderungen darstellen. Die nationale Umsetzung erfolgte in der 1. GPSGV, der 1. Verordnung zum Geräte- und Produktsicherheitsgesetz GPSG.

5.2.6 EMV-Richtlinie 2004/108/EG

Die neue EMV-Richtlinie (EMV = Elektromagnetische Verträglichkeit) 2004/108/EG löst die bisherige EMV-Richtlinie 89/336/EWG, mit Änderung 93/68/EWG ab. Die Umsetzung in nationales Recht erfolgte in Deutschland 2007 durch das EMV-

Gesetz (EMVG) mit Übergangszeit bis Juli 2009. Die wichtigsten Änderungen durch die neue EMV-Richtlinie betreffen Begriffsbestimmungen und Kontrollbehörden und haben keine Auswirkungen auf Aufzüge.

> *Geräte, die im Handel direkt an Endverbraucher in Verkehr gebracht werden, müssen ein CE-Kennzeichen und eine Konformitätserklärung haben, nicht jedoch Geräte, die für den Einbau in Anlagen vorgesehen sind. Die beiden EMV-Normen für Aufzüge DIN EN 12 025 und DIN EN 12 016 bestehen unverändert weiter.*

5.2.7 ATEX-Richtlinie 94/9/EG

Die ATEX-Richtlinie muss bei neuen Aufzügen berücksichtigt werden, die im explosionsgefährdeten Bereich betrieben werden sollen. Der DAfA (Deutscher Ausschuss für Aufzüge) hat als Anwendungshilfe das DAfA-Dokument 44 erarbeitet, in dem die Verfahren zum Inverkehrbringen dieser Aufzüge erläutert sind.

Die ATEX-Richtlinie ist in Deutschland für die Anwendung bei neuen Aufzügen in der Explosionsschutzverordnung (11. GPSGV) umgesetzt. Für bestehende Aufzüge in explosionsgefährdeten Bereichen gilt die Richtlinie 1999/92/EG, die in Deutschland in der Betriebssicherheitsverordnung BetrSichV umgesetzt ist.

5.2.8 Druckgeräterichtlinie 97/23/EG

Die Druckgeräterichtlinie kann unter bestimmten Voraussetzungen für Hydraulikaufzüge zur Anwendung kommen. Dies hängt z. B. ab von der Art des verwendeten Fluids (Hydrauliköl) und den Kriterien Volumen und Druck. Auch bei Hydrauliksystemen mit Gasdruckspeicher kommt in der Regel die Druckgeräterichtlinie zum Tragen. Die nationale Umsetzung erfolgte durch die 14. GPSGV.

5.2.9 Richtlinie über die Gesamteffizienz von Gebäuden (EPB) 2010/31/EU

Die Richtlinie über die Gesamtenergieeffizienz von Gebäuden, EPB – Energy Performance of Buildings ist in Deutschland im Energieeinspargesetz EnEG umgesetzt. Dieses Gesetz gibt die Ermächtigungsgrundlage für die Energieeinsparverordnung EnEV.

Direkt betroffen sind die Aufzüge bezüglich der Rauchabzugsöffnung. Die EnEV verlangt, dass bei neuen Gebäuden die Dichtheit nachgemessen wird, um möglichst Öffnungen, durch die Wärme verloren gehen kann, zu vermeiden. Es müssen deshalb technische Einrichtungen vorhanden sein, durch die die Rauchabzugsöffnungen im Normalbetrieb geschlossen sind und im Brandfall sicher öffnen.

Ansonsten sind Aufzüge nicht ausdrücklich genannt als bedeutende Energieverbraucher im Gebäude. Aber sowohl europäisch wie auch national wurde das Thema der Energieeinsparung bei Aufzügen zwischenzeitlich proaktiv angegangen.

Die neu überarbeitete Richtlinie 2010/31/EU für die Energieeffizienz von Gebäuden ist im Mai 2010 erschienen. Als Konsequenz des von der EC geförderten E4-Forschungsprojektes, Energy Efficiency of Elevators and Escalators wird vorgeschlagen, in Zukunft auch Aufzüge im Bestand zu bewerten.

5.2.10 Öko-Design-Richtlinie 2005/32/EG – EuP – Energy using Products

Die bisherige Öko-Design-Richtlinie, *EuP – Energy using Products* enthielt Anforderungen an die umweltgerechte Gestaltung **energiebetriebener** Produkte. Es wurde eine Liste mit 25 Produktgruppen erarbeitet, für die Durchführungsmaßnahmen erarbeitet wurden, die dann jeweils umgesetzt werden sollten. U.a. wurden die Produktgruppen «*lifting, moving and loading eqipment*», «*motor and motor driven equipment*» *und* «*power electronics (inverters, converters, ...)*» genannt. Somit ist klar, dass die Aufzüge auf jeden Fall mit ihren jeweiligen Komponenten betroffen sind.

Besondere Bedeutung wird die Öko-Design-Richtlinie für viele Aufzugskomponenten bekommen. Es ist vorgesehen, die Ergebnisse EU-Forschungsprojektes E4 direkt einfließen zu lassen und daraus die möglichen Energie-Einsparpotentiale für Aufzüge und Fahrtreppen abzuleiten.

Die Gültigkeit der Richtlinie 2005/32/EG endete am 19.11.2009. Sie wurde durch die weiter gefasste Öko-Design-Richtlinie ErP ersetzt.

5.2.11 Öko-Design-Richtlinie 2009/125/EG – ErP – Energy related Products

Diese Richtlinie wird in der Zukunft für Aufzüge und insbesondere für Komponenten sicher relevant sein und große Bedeutung gewinnen. Sie löst die EuP-Richtlinie 2005/32/EG ab, wurde am 20.11.2009 in Kraft gesetzt und musste bis 20.11.2010 umgesetzt sein.

Die wichtigste Änderung der neuen gegenüber der ursprünglichen Öko-Design-Richtlinie besteht darin, dass der Geltungsbereich von **energiebetriebene** auf **energieverbrauchsrelevante** Produkte ausgeweitet wurde. Beispiele sind Fenster und Dämmstoffe.

Die Öko-Design-Richtlinie ist eine Rahmenrichtlinie, die selber keine detaillierten Anforderungen an bestimmte Produkte definiert. Es werden bei Bedarf jedoch produktspezifische Durchführungsmaßnahmen erlassen. In den Durchführungsmaßnahmen werden produktspezifische Ökodesign-Anforderungen an ein Produkt einer Produktgruppe gestellt und in allen EU-Mitgliedsstaaten gültig. Bisher gibt es jedoch keine Produktgruppe, der Aufzüge zugeordnet werden könnten. Geplant ist die Aufnahme in die E VDI 4707-2, Komponenten.

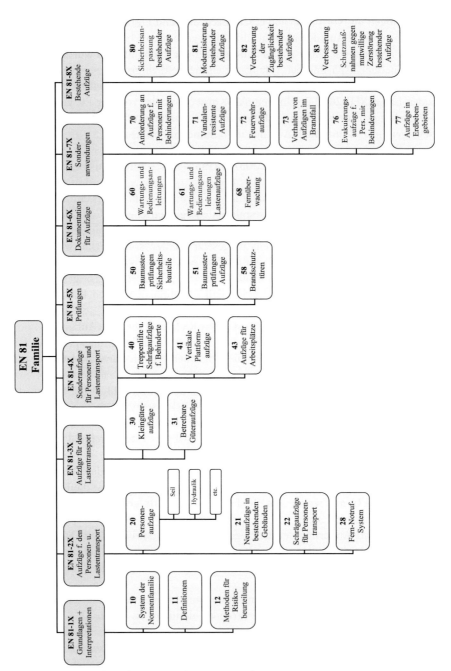

Bild 5.3 Neue Struktur der europäischen Normenreihe EN 81 [32]

5.2.12 Richtlinie zur Endenergieeffizienz und Energiedienstleistungen

Mit dieser Richtlinie 2006/32/EG, neu 2009/125/EG, soll die Energieeffizienz gefördert werden, um die Sicherheit der Stromversorgung in Europa zu gewährleisten. Innovative und effiziente Technologien sollen die Wettbewerbsfähigkeit der EU verstärken und dürfen nicht abgelehnt werden.

Aufzüge werden in der Richtlinie und deren Anhängen nicht ausdrücklich erwähnt.

5.3 Europäische Normen

5.3.1 System der Normenreihe EN 81

Das neue System der harmonisierten europäischen Normen ist gemäß Bild 5.3 eindeutig strukturiert. Es wird weiterhin die Leitbezeichnung EN 81 verwendet. Die Einteilung erfolgt in Hauptgruppen von 10 bis 80, wobei innerhalb von jeder Hauptgruppe die zweite Ziffer von 0 bis 8 belegt werden kann.

Die ursprünglich gewählten Bezeichnungen erwiesen sich im Zusammenhang mit dem «Neuen Ansatz – New Approach» als nicht praktikabel und zu unübersichtlich.

5.3.2 Aufzugsrelevante europäische Normen

Gruppe mit den ursprünglich gewählten Bezeichnungen

EN 81-1:1998 H	Elektrisch betriebene Aufzüge
EN 81-2:1998 H	Hydraulisch betriebene Aufzüge
EN 81-1/2 A1:2006 H	Programmierbare elektronische Systeme (PESSRAL)
EN 81-1/2 A2:2005 H	Elektrisch und hydraulisch betriebene Aufzüge ohne Triebwerksraum
EN 81-1/2 A3:2009 H	Anpassung an die neue MRL, Haltegenauigkeit und unbeabsichtigte Bewegungen, angenommen Mitte 2009.

Die Amendements A1, A2 und A3 und das Corrigendum (1999) werden in einer neuen, konsolidierten Fassung der DIN EN 81-1 und DIN EN 81-2 veröffentlicht:

DIN EN 81-1:2010 H	Sicherheitsregeln für die Konstruktion und den Einbau von Aufzügen. Teil 1: Elektrisch betriebene Personen- und Lastenaufzüge; Deutsche Fassung EN 81-1:1998 A3:2009
DIN EN 81-2:2010 H	Sicherheitsregeln für die Konstruktion und den Einbau von Aufzügen. Teil 2: Hydraulisch betriebene Personen- und Lastenaufzüge; Deutsche Fassung EN 81-1:1998 A3:2009

EN 81-3:2000 H/MRL	Kleingüteraufzüge (mit Änderung A1 zur Anpassung an neue MRL)
prEN 81-7	Aufzüge mit Zahnstangenantrieb

Normen nach dem neuen System der EN-81-Reihe gemäß Bild 5.3

CEN/TR 81-10:2004	System der Normenreihe EN 81
CEN/TS 81-11	Auslegungen zu allen Teilen der EN 81
prEN 81-20*	Personen- und Lastenaufzüge (Technische Anforderungen für alle Antriebssysteme)
EN 81-21:2009 H	Neue Personen- und Lastenaufzüge in bestehenden Gebäuden
	Nationale Vorschriften müssen bis März 2011 zurückgezogen werden
prEN 81-22	Schrägaufzüge (2012)
EN 81-28: 2003	Fern-Notruf für Personen- und Lastenaufzüge
CEN/TS 81-29: 2005	Interpretationen der Teile 1 u. 2, später 20 – 28 Abgelöst durch die CEN/TS 81-11
EN 81-31:2010 H/MRL	Betretbare Güteraufzüge
EN 81-40:2008 H/MRL	Treppenschrägaufzüge und Plattformaufzüge mit geneigter Fahrbahn für Behinderte
EN 81–41:2011 H	Vertikale Plattformaufzüge für Behinderte (Einspruch DIN)
EN 81-43:2009 H/MRL	Aufzüge zum Erreichen von Arbeitsplätzen (Kranaufzüge)
prEN 81-50*	Konstruktionsregeln, Berechnungen und Prüfungen von Aufzugskomponenten (Verifizierungsverfahren, Baumusterprüfungen, Berechnungen, Nachweisverfahren)
EN 81-58: 2003 H	Prüfung der Feuerwiderstandsfähigkeit von Fahrschachttüren
CD EN 81-60	Wartungs- und Bedienungsanleitungen
EN 81-70:2003 H	Zugänglichkeit von Aufzügen für Personen einschließlich Personen mit Behinderungen
EN 81-70 A1: 2004	
EN 81-71:2005 H	Aufzüge mit Schutzmaßnahmen gegen mutwillige Zerstörung
EN 81-71 A1:2006	
EN 81-72:2003 H	Feuerwehraufzüge
EN 81-73:2005 H	Verhalten von Aufzügen im Brandfall
CEN/TS 81-76:2011	Evakuierung von Personen mit Behinderungen mit Hilfe von Aufzügen (2011)

*	*Veröffentlicht in Deutschland als E DIN EN 81-20:2011-11 und als E DIN EN 81-50:2011-11; verbindliche Umsetzung frühestens 2015*

216

prEN 81-77	Aufzüge in erdbebengefährdeten Regionen (2012)
EN 81-80:2003	Regeln zur Erhöhung der Sicherheit von bestehenden Personen- und Lastenaufzügen
CEN/TS 81-82:2008	Checkliste zur Verbesserung der Zugänglichkeit bestehender Aufzüge
CEN/TS 81-83:2009	Checkliste zur Verbesserung der Schutzmaßnahmen gegen mutwillige Zerstörung

Weitere europäische Normen mit Bezug auf Aufzüge

EN 627:1995 H	Regeln für die Datenerfassung und Fernüberwachung von Aufzügen
EN 12 015:2005 H	EMV – Störaussendung
prEN 12 015 A1	Anpassung an MRL, geänderte Anforderungen (2011)
EN 12 016:2005 H	EMV – Störfestigkeit
EN 12 016:2009 H	Anpassung an MRL, geänderte Anforderungen
EN 12 158-1:2000 H	Bauaufzüge für den Materialtransport, Aufzüge mit betretbaren Plattformen
EN 12 158-1 A1:2010	
EN 12 158-2: 2000 H/MRL	Bauaufzüge für den Materialtransport, Schrägaufzüge mit nicht betretbarem Lastaufnahmemittel
EN 12 159: 2000 H/MRL	Bauaufzüge zur Personen- und Materialbeförderung mit senkrecht geführten Fahrkörben
EN 12 385-5: 2002	Litzenseile für Aufzüge
EN 13 015:2001 H	Regeln für Instandhaltungsanweisungen
EN 13 015 A1:2008	
EN ISO 14 798	Verfahren zur Risikobeurteilung u. -minderung
prEN ISO 25 745-1	Energieeffizienz von Aufzügen und Fahrtreppen – Ermittlung und Messung, Übereinstimmung (2011)
prEN ISO 25 745-2	Energieeffizienz von Aufzügen und Fahrtreppen – Bewertung und Maßnahmen, Klassifizierung (2013)

Nationale Umsetzung der europäischen Normen

Die nationalen Umsetzungen der europäischen Normen erfolgen in den deutschsprachigen Ländern in Deutschland durch das **DIN** (Deutsches Institut für Normung), in Österreich durch das Österreichische Normungsinstitut **ÖN**, neuerdings auch Austrian Standard Institute (ASI) benannt, und in der Schweiz durch den Schweizerischen Ingenieur- und Architektenverein (**SIA**).

Den Bezeichnungen der europäischen Normen wird dann jeweils für die nationalen Ausgaben vorangestellt:

❑ in Deutschland   **DIN** EN 81-x
❑ in Österreich   **ÖN** EN 81-x
❑ in der Schweiz   **SN** EN 81-x

Inhaltlich entsprechen sich die Normen, da sie auch größtenteils harmonisiert sind. Als Unterscheidungsmerkmal enthalten sie jeweils nationale Vorworte.

Erläuterungen zu wichtigen europäischen Normen

EN 81-1/2: Elektrisch und hydraulisch betriebene Personen- und Lastenaufzüge
Die EN 81-1 und die EN 81-2 mit ihren Änderungen, bzw. Ergänzungen A1, A2 und A3 sind heute die wichtigsten und grundlegenden Normen für den Aufzugsbau. Bei der Anwendung und Einhaltung von hamonisierten Normen gilt die sog. Vermutungswirkung, dass damit die in der Aufzugsrichtlinie ARL geforderten grundsätzlichen Sicherheits- und Gesundheitsanforderungen (GSA) erfüllt sind.

EN 81-1/2 A1: Programmierbare elektronische Systeme
In der Änderung A1 zur EN 81-1/2 werden programmierbare, elektronische Systeme für elektrische Sicherheitseinrichtungen *(PESSRAL)* als gleichwertige Alternative zu elektrischen Sicherheitsschaltern und elektrischen Sicherheitsschaltungen beschrieben.

Bezug:
DIN EN ISO 13 849-1:2008: Sicherheit von Maschinen – Sicherheitsbezogene Teile von Steuerungen – Teil 1: Allgemeine Gestaltungsgrundsätze.
DIN EN ISO 13 849-2:2010: Sicherheit von Maschinen – Sicherheitsbezogene Teile von Steuerungen – Teil 2: Validierung (Identifizierung von Gefährdungen, Risikoeinschätzung und Risikobewertung)

EN 81-1/2 A2: Aufzüge ohne Triebwerksraum

> *Mit der Änderung A2 zur EN 81-1/2 sind nun auch die MRLs, maschinenraumlose Aufzüge, in die Normenfamilie EN 81 aufgenommen. Damit ist es möglich, auch MRLs als elektrisch oder hydraulisch betriebene Aufzüge nach harmonisierter Norm zu liefern, ohne eine aufwendige Baumusterprüfung durchführen zu müssen.*

EN 81-1/2 A3: Anpassung an die neue MRL, Haltegenauigkeit und unbeabsichtigte Bewegungen

Infolge der neuen Maschinenrichtlinie müssen auch die beiden Normen EN 81-1 und EN 81-2 anhand der Änderung A3 angepasst werden, z.B. bezüglich des Anwendungsbereiches auf Nenngeschwindigkeiten >0,15 m/s. Bei der Haltegenauigkeit sollen ähnliche Anforderungen gestellt werden, wie sie heute bereits in der EN 81-70 vorhanden sind.

Zur Vermeidung unbeabsichtigter Bewegungen in der Haltestelle werden folgende Anforderungen gestellt:

- ❑ Zur Verzögerung können Fangvorrichtungen oder Einrichtungen in Anlehnung an EN 81-1/2, 9.10 eingesetzt werden.
- ❑ Der Fahrkorb muss bei einer unbeabsichtigten Bewegung aus der Haltestelle spätestens nach 1,2 m angehalten werden.
- ❑ Vergleichbare Anforderungen werden für elektrische Seilaufzüge und für hydraulische Aufzüge gestellt.
- ❑ Baumusterprüfung der eingesetzten Komponenten nach EN 81-1/2.

D.h., die eingesetzten Komponenten müssen im gegenseitigen Zusammenspiel die Anforderungen der Norm erfüllen. Bei der Baumusterprüfung von Komponenten, die für den Einsatz gemäß dem Amendement 3 in Frage kommen könnten, müssen daher auch diese zukünftigen Anwendungsbereiche und die Einsatzbedingungen berücksichtigt werden.

Ab Ende 2011 müssen alle neu in den Verkehr gebrachten Aufzüge diesen Anforderungen entsprechen. Der Termin wurde nochmals bis 31.12.2011 verschoben.

In der neuen, konsolidierten EN 81-1/2, Ausgabe Juni 2010, sind die Änderungen bzw. Ergänzungen A1, A2 und A3 enthalten (Amendement = Änderung, Ergänzung).

Bereits 2007 wurde die grundlegende Überarbeitung der EN 81-1/2 begonnen. Dabei wurden 420 Punkte berücksichtigt, die bisher vor allem in Anhängen, Interpretationen und in der Anpassung an den Stand der Technik bekannt geworden sind. Die in der Arbeitsgruppe CEN TC10, WG1 erarbeitete Norm wird in die neuen Teile EN 81-20, EN 81-50 und EN 81-60 überführt. Die grundlegende Unterscheidung zwischen elektrischem und hydraulischem Aufzug entfällt dabei. Die Veröffentlichung der neuen Normen erfolgte Ende 2011 als DIN-Entwürfe E DIN EN 81-20:2011-11 und E DIN EN 81-50-2011-11. Bis zur verbindlichen Anwendung ab Anfang 2015 für neu in Verkehr gebrachte Aufzüge wird eine längere Übergangszeit von vermutlich 24 Monaten eingeräumt.

CEN/TS 81-11: Auslegungen zu allen Teilen der EN 81

Auch bisher in der CEN/TS 81-29 veröffentlichte Interpretationen werden aufgenommen. In der Erstausgabe werden 105 Auslegungen erscheinen.

EN 81-21: Neue Personen- und Lastenaufzüge in bestehenden Gebäuden
Diese Norm wird für neue Aufzüge in **bestehenden Gebäuden** gelten, in denen

❑ ein bestehender Aufzug durch einen neuen ersetzt wird,
❑ in einen bereits vorhandenen Schacht erstmalig ein Aufzug eingebaut wird oder
❑ ein neuer Schacht errichtet wird, in dem ein Aufzug eingebaut wird.

Die in der Norm beschriebenen Lösungen dürfen nur dann zum Einsatz kommen, wenn aufgrund baulicher Gegebenheiten die Anforderungen nach EN 81-1/2 nicht erfüllt werden können.
Die Norm deckt folgende bauliche Einschränkungen ab, für die besondere Lösungen beschrieben werden:

❑ zu geringer Schachtkopf,
❑ zu geringe Schachtgrube,
❑ zu geringer Schachtquerschnitt,
❑ vorhandene Schachtumwehrung,
❑ zu geringe Stockwerkshöhe,
❑ zu geringe Höhe des Triebwerksraumes.

EN 81-28: Fern-Notruf für Personen- und Lastenaufzüge
Die EN 81-28 beschreibt in ihrem normativen Teil die technischen Anforderungen desjenigen Teils von Fern-Notrufeinrichtungen, die als Bestandteil des Aufzuges betrachtet werden (Bild 5.4).
Dieser Teil, der als **Notrufsystem** bezeichnet wird, besteht aus einer Notruf-Auslöseeinrichtung im Fahrkorb, über die der Notruf von eingeschlossenen Personen abgegeben werden kann, und einer Notrufeinheit, die den Notruf erkennt, identifiziert, filtert und eine Sprechverbindung einleitet.
Die Notrufeinheit sendet Signale an eine Übertragungseinrichtung, die über ein Kommunikationsnetz die Verbindung zu einer Notrufzentrale herstellt. Wenn die Verbindung zustande gekommen ist kann die verbale Kommunikation mit den eingeschlossenen Personen im Fahrkorb, aber auch der Austausch von Daten zwischen Notrufsystem und Notrufzentrale erfolgen.
In einem Anhang zur EN 81-28 sind die technischen und organisatorischen Anforderungen an die Notrufzentrale und an den Personenbefreiungsdienst gestellt. Da dieser Teil des Gesamtsystems nicht zur Aufzugsanlage gehört und **von nationalen Vorschriften für den** *Betrieb* **von Aufzugsanlagen geregelt wird**, ist dieser Anhang der harmonisierten Norm nur informativ: Sie unterliegen nationalem Recht und sind in Deutschland durch die BetrSichV und die angehängten Technischen Regeln – bisher TRA 106, neu TRBS 2181 – abgedeckt.

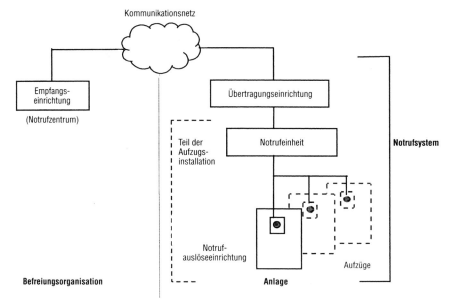

Bild 5.4   Struktur des Notrufsystems [19]

> *Für das zum Aufzug gehörende Notrufsystem gemäß Bild 5.4 werden detaillierte Anforderungen bezüglich der sicheren Übertragung des Notrufes gestellt. Hierzu gehören z.B. Vorkehrungen für den sicheren Verbindungsaufbau, Rückmeldungen über den Erledigungsstand, die Hilfsstromversorgung, die Filterung unechter Notrufe, den simulierten Verbindungsaufbau in festen Zeitabständen, Hinweise im Fahrkorb u.a.*

Das Notrufsystem muss auch den Anforderungen der EN 81-70 – sichtbare und hörbare Signale und der EN 81-71, vandalensichere Ausführung – gerecht werden.

Für die Notrufzentrale und den Personenbefreiungsdienst werden im informativen Teil (Anhang zur EN 81-28) allgemeine Hinweise bezüglich der Realisierungsmöglichkeit gegeben.

Die EN 81-28 ist eine der wichtigsten Ergänzungen zur Grundnorm EN 81-1/2, da hier die technischen Anforderungen an Notrufsysteme nur sehr grob definiert werden.

Die EN 81-28 stellt gegenüber EN 81-1/2 den aktuellen Stand der Technik für Notrufsysteme dar.

EN 81-58: Prüfung der Feuerwiderstandsfähigkeit von Fahrschachttüren

Die EN 81-58 legt Anforderungen an das Brandverhalten von Fahrschachttüren fest, die bisher durch das nationale Baurecht geregelt waren.

In der nationalen Umsetzung der EN 81-58 muss jedes Land die für ihr Brandschutzkonzept geeignete Türklasse auswählen. **In Deutschland sind die EN 81-58 und die erforderliche Türklasse nach EN 81-58 in die Neuausgabe der Bauregelliste aufgenommen worden.**

Damit können Fahrschachttüren entsprechend den baurechtlichen Anforderungen feuerhemmend (= E 30), hochfeuerhemmend (= E 60) und feuerbeständig (= E 90) eingesetzt werden. Die **Konstruktionsnormen DIN 18 090 und DIN 18 091** wurden in der Bauregelliste belassen, so dass damit eine (noch nicht festgelegte) Übergangsfrist möglich ist. (*Anmerkung*: Für die Kennzeichnung der Türklassen sind die nachfolgenden Kurzbezeichnungen eingeführt worden: E = Integrity/Raumabschluss, EW = Integrity and Isolation/Raumabschluss und Strahlung, EI = Integrity and Isolation/Raumabschluss und Wärmedämmung).

Nach der Anwendungsempfehlung der NB-L (REC 2/018) und des Ständigen Ausschusses können nun nach dem darin beschriebenen Verfahren in Deutschland Fahrschachttüren nach EN 81-58 ohne nationales Zulassungsverfahren eingesetzt werden.

Die EN 81-58 soll auch für Aufzüge nach Maschinenrichtlinie angewendet werden.

(*Anmerkung*: Es ist eine CEN/TR in Vorbereitung mit Erklärungen und Auslegungen.)

EN 81-70: Zugänglichkeit von Aufzügen für Personen einschließlich Personen mit Behinderungen

Über das Baurecht ist festgelegt, unter welchen Bedingungen in Gebäuden behindertengerechte Aufzüge eingebaut werden müssen. In Deutschland sind diese Anforderungen in den Landesbauordnungen enthalten und in detaillierterer Form bezüglich der Gestaltung der Gebäude einschließlich der Aufzüge in den nationalen Normen DIN 18 024/18 025 beschrieben. Diese sollen durch die E DIN 18 030 bzw. die E DIN 18 040 abgelöst werden.

Die wichtigste Anforderung ist die Mindestgröße des Fahrkorbes, damit der Aufzug von Rollstuhlfahrern benutzt werden kann (Tabelle 5.1). Demnach müssen **in öffentlich zugänglichen** Gebäuden Fahrkörbe des Aufzugstyps 2 (entspricht einem 630-kg-Fahrkorb) und Zugangstüren mit einer Breite von 900 mm eingesetzt werden.

Weitere Anforderungen werden bezüglich

❑ der Gestaltung des Fahrkorbes,
❑ der Anhalte- und Nachregulierungsgenauigkeit und
❑ der Gestaltung und Anordnung der Bedienungs- und Anzeigeelemente

gestellt.

Tabelle 5.1   Fahrkorbabmessungen für Rollstuhlfahrer

Aufzugstyp	Nennlast [kg]	Breite [mm]	Tiefe [mm]	Zugänglichkeitsgrad
1	450 (480)	1000	1250	Rollstuhlbenutzer ohne Begleitperson; handbetriebene und kleine elektrische Rollstühle
2	630	1100	1400	Rollstuhlbenutzer mit einer Begleitperson; handbetriebene und mittelgroße elektrisch betriebene Rollstühle
3	1275	2000	1400	Rollstuhlbenutzer und weitere Personen; Rollstuhl kann wenden; handbetriebene und große elektrisch betriebene Rollstühle

In einer Übergangszeit gelten noch die **DIN 18 024/18 025**, die gegenüber der EN 81-70 Abweichungen haben. In diesem Fall hat die europäische Norm Vorrang, da ansonsten Handelshemmnisse aufgebaut werden könnten (siehe auch DAfA-Dokument Nr. 44a).

EN 81-71: Schutzmaßnahmen gegen mutwillige Zerstörungen
Die EN 81-71 legt Maßnahmen gegen mutwillige Zerstörung von Aufzügen fest. Dabei sind drei Stufen von Vandalismus berücksichtigt.

❏ In der *Kategorie 0* wird von einer seltenen und nur leichten, mutwilligen Zerstörung ausgegangen, die in jedem Gebäude auftreten kann. Für die Kategorie sind in der EN 81-71 keine besonderen Anforderungen gestellt.
❏ Bei Aufzügen der *Kategorie 1* ist die unbeobachtete, allgemeine Öffentlichkeit berücksichtigt, bei der es gelegentlich zu gemäßigtem Vandalismus kommen kann. Für diese Kategorie sind zusätzliche Anforderungen zu erfüllen, um einen ausreichenden Schutz zu erreichen.
❏ Bei Aufzügen der *Kategorie 2* wird von schwerem Vandalismus ausgegangen, weshalb der Aufzug wesentlich robuster ausgeführt sein muss (*Anmerkung*: siehe auch VDI 6004, Blatt 3).

Die erhöhten Anforderungen der EN 81-71 erfassen praktisch alle Komponenten, die vom Benutzer her zugänglich sind, und alle Komponenten, die ein Eindringen in die technische Ausrüstung des Aufzuges, z.B. in den Schacht oder auf den Fahrkorb, ermöglichen könnten.

EN 81-72: Feuerwehraufzüge

Vorbemerkung:
Nicht alle Feuerwehren akzeptieren Aufzüge nach EN 81-72 ohne zusätzliche oder abweichende Anforderungen. Neben der Hochhausrichtlinie müssen auch lokale Anforderungen der Feuerwehren berücksichtigt werden.

EN 81-72 legt alle aufzugsspezifischen sowie einige gebäudeseitigen Anforderungen an Feuerwehraufzüge fest. Die Norm gilt für Feuerwehraufzüge, die in einem eigenen, brandgeschützten Schacht eingebaut werden und bei denen sich vor allen Schachttüren brandgeschützte und belüftete Vorräume befinden. Es ist dabei angenommen, dass die Brandbekämpfung über ein angrenzendes Treppenhaus von dem Stockwerk aus erfolgt, das unter dem Brandherd liegt.

Es werden folgende Hauptgefährdungen berücksichtigt:

❑ Gefährdungen durch Rauch (wie bekannt die weitaus größte Gefahr),
❑ Gefährdungen durch Temperaturen,
❑ Gefährdungen durch Löschwasser und
❑ Gefährdungen durch Ausfall der Stromversorgung;
❑ besondere Anforderungen enthält die EN 81-72 u.a. bezüglich
  – den maximal zulässigen Temperaturen in den Vorräumen, dem Schacht und dem Triebwerksraum,
  – den Schutzarten nach DIN EN 60 529,
  – Maßnahmen zur Begrenzung des maximalen Wasserspiegels in der Schachtgrube,
  – den Abmessungen des Fahrkorbes und der Türen,
  – der Ersatzstromversorgung und
  – der Zeit zum Erreichen des von der Zugangsebene entferntesten Stockwerkes.

Der eigentliche Feuerwehrbetrieb besteht aus den beiden Phasen

❑ Bereitstellung für die Feuerwehr,
❑ Betrieb durch die Feuerwehr.

EN 81-73: Verhalten von Aufzügen im Brandfall

Die EN 81-73 legt Anforderungen für das Verhalten der Aufzüge im Brandfall fest. In dieser Norm wird im Gegensatz zu Feuerwehraufzügen davon ausgegangen, dass der Aufzug im Brandfall nicht weiter benutzt werden darf. Um dies zu erreichen, beschreibt die Norm zwei Möglichkeiten zur Aktivierung des Brandfallmodus sowie die Reaktion des Aufzuges. Die Norm behandelt also **Brandfallsteuerungen**.

Die Aktivierung kann entweder durch eine Brandmeldeanlage im Gebäude oder durch eine manuell zu bedienende Rücksendeeinrichtung erfolgen.

Die Norm beschreibt im Detail die Anforderungen für den Brandfallmodus und das Verhalten im Fehlerfall und bei Störungen, z.B. bei Unterbrechung der Verbindung zur Brandmeldeanlage.

Der Aufzug kann eine oder mehrere Bestimmungshaltestellen haben, die im Brandfall von der Brandmeldeanlage ausgewählt werden muss.

Bei der Anwendung dieser Norm ist zu klären, **in welchen Gebäuden eine Brandfallsteuerung erforderlich** ist und wann eine Brandmeldeanlage oder nur eine einfache Rücksendeeinrichtung zum Einsatz kommt.

224

prEN 81-76: Evakuierung von Personen mit eingeschränkter Beweglichkeit

Dies ist der Entwurf eines Konzeptes zur Evakuierung von Personen mit eingeschränkter Beweglichkeit mit Hilfe von Aufzügen. Das Thema «Evakuierung» wird seit dem 11. Sept. 2001 (9/11) in vielen Gremien ausführlich diskutiert, z.B. in ISO TC 178, WG 6 und CEN TC 10, WG 6. Entwurfspapiere liegen vor, endgültige Entwurfsfassungen von umfassenden Regelwerken wurden jedoch noch nicht verabschiedet. Auch auf internationalen und nationalen Tagungen und Kongressen wurden dem Thema «Evakuierung» in den vergangenen 10 Jahren große Beachtung geschenkt und wegweisende Dokumente erarbeitet. Mit dieser CEN-Spezifikation liegt leider nur der Entwurf eines Konzeptes zur Evakuierung von Personen mit eingeschränkter Beweglichkeit mit Hilfe von Aufzügen vor. Dieser Entwurf soll nun mit Vertretern der Baunormung (CEN TC 127) besprochen und abgestimmt werden.

EN 81-80: Erhöhung der Sicherheit von bestehenden Aufzügen
(SNEL = Safety Norm for Existing Lifts)

Die EN 81-80 enthält Regeln für die Erhöhung der Sicherheit bestehender Aufzüge mit dem Ziel, den heutigen Stand der Sicherheitstechnik auch für den Bestand zu erreichen. Als Grundlage für diesen Stand der Technik dienen die harmonisierten Normen der EN-81-Reihe.

Die Norm behandelt 74 signifikante Gefährdungen. Die tatsächlich für die einzelnen Länder relevanten Gefährdungen richten sich nach dem bis dahin erreichten Sicherheitsstand der Aufzüge. Der Auftragsbestand in Deutschland wurde vor Einführung der Aufzugsrichtlinie zu ca. 85% nach der TRA 200 errichtet.

Das **DAfA-Dokument 42/2004** gibt eine Empfehlung für die Priorität und den Zeitraum zur Realisierung von Nachrüstmaßnahmen. Von den 74 Gefährdungen der EN 81-80 werden für den Bestand der TRA 200-Aufzüge in Deutschland bezüglich der Priorität zur Nachrüstung 13 Gefährdungen als hoch eingestuft, 10 Gefährdungen als mittel und weitere 8 Gefährdungen als niedrig.

Die 13 Gefährdungen, die mit hohem Risiko eingestuft werden, sollten nach BetrSichV §7(2) umgehend beseitigt werden müssen. Für die 18 Gefährdungen, deren Risikostufen als mittel oder niedrig eingeschätzt wurden, wird der in EN 81-80 empfohlene Zeitraum zur Beseitigung angenommen, der sinnvollerweise mit notwendigen Modernisierungsmaßnahmen des Aufzuges verbunden wird.

In Deutschland hat sich die EN 81-80 darüber hinaus als ein hilfreiches Werkzeug zur Durchführung der in der BetrSichV geforderten Gefährdungsbeurteilung herausgestellt.

EN 13 015: Instandhaltung von Aufzügen und Fahrtreppen – Regeln für Instandhaltungsanweisungen

Diese EN-Norm legt alle Elemente für die Erstellung der Instandhaltungsanweisungen fest, die für neu installierte Personenaufzüge, Lastenaufzüge, betretbare Güteraufzüge, Kleingüteraufzüge, Fahrtreppen und Fahrsteige notwendig sind.

Die EN 13 015 gilt nicht für Anweisungen für den Einbau und die Demontage und die gesetzlichen Prüfungen und Untersuchungen aufgrund nationaler Bestimmungen.

Bestehende Anlagen werden von der EN 13 015 nicht abgedeckt. Hierfür kann jedoch sachdienlich von dieser Norm ausgegangen werden.

Die EN 13 015 befasst sich mit der Erstellung von Instandhaltungsanweisungen, der Risikobeurteilung in diesem Zusammenhang, mit den erforderlichen Informationen zur Personenbefreiung, der Gestaltung von Schildern und Hinweisen und der Gestaltung des Instandhaltungshandbuches.

5.4 Nationale Gesetze und Verordnungen

5.4.1 Geräte- und Produktsicherheitsgesetz (GPSG)

Das Geräte- und Produktsicherheitsgesetz GPSG/05.2004 löste in Deutschland aufgrund des Gesetzes zur Neuordnung der Sicherheit von technischen Arbeitsmitteln und Verbraucherprodukten vom 9. Januar 2004 (BGBl. I2004, 2) das Produktsicherheitsgesetz und das Gerätesicherheitsgesetz ab. Damit wurde die europäische Richtlinie über die allgemeine Produktsicherheit in Deutschland in nationales Recht umgesetzt.

Nach dem Geräte- und Produktsicherheitsgesetz GPSG werden national geltende Verordnungen erlassen, durch die europäische Richtlinien in nationales Recht überführt werden.

Hierzu zählen wie bereits erwähnt:

❑ die Maschinenverordnung (**9. GPSGV**) – Umsetzung der Maschinenrichtlinie,
❑ die Explosionsschutzverordnung (**11. GPSGV**) – Umsetzung der ATEX-Produktrichtlinie, und
❑ die Aufzugsverordnung (**12. GPSGV**) – Umsetzung der Aufzugsrichtlinie.

5.4.2 Betriebssicherheitsverordnung (BetrSichV)

Die «Verordnung über Sicherheit und Gesundheitsschutz bei der Bereitstellung von Arbeitsmitteln und deren Benutzung bei der Arbeit, über Sicherheit beim Betrieb überwachungsbedürftiger Anlagen und über die Organisation des betrieblichen Arbeitsschutzes», kurz als **Betriebssicherheitsverordnung BetrSichV** bezeichnet, ist am 3. Oktober 2002, also vor 9 Jahren, in Kraft getreten. Es wurden also genügend Erfahrungen im täglichen Umgang mit dieser wichtigen Verordnung gesammelt.

> *Mit Einführung der BetrSichV wurde die klare Trennung zwischen Beschaf-*
> *fenheitsanforderungen einerseits, abgedeckt durch die europäischen Richtli-*
> *nien und die europäischen harmonisierten Normen, und die reinen Betriebs-*
> *vorschriften andererseits, die durch die BetrSichV abgedeckt sind, verdeut-*
> *licht und in das geltende technische Regelwerk eingeführt.*

Die Anwendung der BetrSichV für überwachungsbedürftige Aufzüge bedingte auch die Neugestaltung des Technischern Regelwerkes von den produktbezogenen Regeln der TRA-Reihe hin zu den gefährdungsbezogenen Technischen Regeln für Betriebssicherheit, TRBS. Die verbliebenen, betriebsrelevanten Teile der TRAs wurden dabei Zug um Zug durch entsprechende, neu gestaltete TRBSs ersetzt.

Die BetrSichV enthält grundsätzlich Arbeitsschutzanforderungen für die Benutzung von Arbeitsmitteln und für den Betrieb von überwachungsbedürftigen Anlagen. Aufzüge im Sinne der ARL und MRL sind, abgesehen von wenigen Ausnahmen, überwachungsbedürftige Anlagen.

Aufzüge gelten als überwachungsbedürftige Anlagen, wenn sie zum Transport von Personen bestimmt sind. Aufzüge sind aber auch Arbeitsmittel, wenn sie von Arbeitnehmern im Rahmen ihrer Beschäftigung benutzt werden, um damit Lasten zu transportieren oder ihren Arbeitsplatz zu erreichen. Da die BetrSichV unter Benutzung auch alle Maßnahmen wie Erprobung, Ingangsetzen, Stillsetzen, Gebrauch, Instandsetzung und Wartung, Prüfung u.Ä. versteht, sind auch Mitarbeiter entsprechender Unternehmen Beschäftigte, für die der Aufzug ein Arbeitsmittel im Sinne der BetrSichV ist.

> *Aufzüge sind also in praktisch allen Fällen Arbeitsmittel und überwachungs-*
> *bedürftige Anlage zugleich.*

Wichtige Bestandteile der BetrSichV sind:

Gefährdungsbeurteilung und sicherheitstechnischer Bewertung
Laut BetrSichV für Arbeitsmittel Erstellung und regelmäßige Aktualisierung einer Gefährdungsbeurteilung zur Ermittlung des sicherheitstechnischen Zustands. Für überwachungsbedürftige Anlagen müssen mit einer sicherheitstechnischen Bewertung u.a. auch die erforderlichen Prüffristen ermittelt werden.

Die Gefährdungsbeurteilung bzw. die sicherheitstechnische Bewertung ist Aufgabe des Betreibers und kann auf der Basis der **EN 81-80** von Wartungsunternehmen oder von einer zugelassenen Überwachungsstelle (ZÜS) durchgeführt werden.

Gefährdungsbeurteilungen müssen nach ArbSchG für den Arbeitsplatz und nach BetrSichV für das Arbeitsmittel durchgeführt werden. Die Gefahrenanalysen und Risikobewertungen sind produktbezogene Verfahren.

Prüfungen

Aufzüge müssen sowohl als Arbeitsmittel bzw. als überwachungsbedürftige Anlage erstmalig, wiederkehrend, nach Änderungen und Instandsetzungen und nach außergewöhnlichen Ereignissen geprüft werden. In der Regel werden die Prüfungen bei Arbeitsmitteln durch befähigte Personen (BP) und bei überwachungsbedürftigen Anlagen durch eine **zugelassene Überwachungsstelle (ZÜS)** durchgeführt.

Prüffristen

Die Prüffristen müssen vom Betreiber im Rahmen der Gefährdungsbeurteilung bzw. der sicherheitstechnischen Bewertung ermittelt werden. Bei Personenaufzügen ist für die Ermittlung des nächsten Prüftermins der Monat der letztmaligen oder erneuten Inbetriebnahme ausschlaggebend. Für überwachungsbedürftige Anlagen, die erstmalig in Betrieb genommen werden, muss der Betreiber bisher die ermittelten Prüffristen der zuständigen **Überwachungsbehörde** innerhalb von 6 Monaten nach Inbetriebnahme mitteilen. Dies entfällt mit der Neuregelung der BetrSichV.

Prüfbescheinigungen und Aufzeichnungen

Für überwachungsbedürftige Anlagen werden bei allen angeordneten Prüfungen von der ZÜS Prüfbescheinigungen ausgestellt. Für Arbeitsmittel muss die BP die Ergebnisse der Prüfungen aufzeichnen. Sie sind Bestandteil des **Aufzugsbuches**, ebenso wie die Gefährdungsbeurteilung bzw. die sicherheitstechnische Bewertung.

Unfall- und Schadensanzeigen

Der Betreiber einer überwachungsbedürftigen Anlage musste bisher der zuständigen Behörde jeden Unfall, bei dem ein Mensch zu Schaden gekommen ist, und jeden Schadensfall, bei dem sicherheitsrelevante Bauteile versagt haben, anzeigen. Diese zwingende Anforderung entfällt in der überarbeiteten BetrSichV.

Zugelassene Überwachungsstellen

Seit dem 1.1.2008 dürfen alle erforderlichen Prüfungen von Aufzügen im Sinne von überwachungsbedürftigen Anlagen nur noch durch zugelassene Überwachungsstellen (ZÜS) durchgeführt werden, die akkreditiert und von der Zentralstelle der Länder für Sicherheitstechnik (ZLS) benannt sein müssen.

Befähigte Person

Die «Befähigte Person (BP)» führt die Prüfungen am Aufzug als Arbeitsmittel durch. Als BP kommen grundsätzlich Mitarbeiter eines gemäß DIN EN ISO 9001 und nach Anhang VIII (Modul H) der ARL qualifizierten Wartungsunternehmens in Frage, die für diese Aufgabe ausgebildet und benannt sind (siehe hierzu auch TRBS 1203).

Der altbekannte «Aufzugswärter» ist in der BetrSichV nicht enthalten und fällt ausschließlich in den (noch verbleibenden) Geltungsbereich der TRAs. Dasselbe gilt für den «Aufzugführer». Nach wie vor ist aber zu empfehlen, dass Aufzüge unter außergewöhnlichen Umständen nur von besonders eingewiesenem Personal im Sinne des Aufzugführers verfahren werden sollten.

Für überwachungsbedürftige Anlagen, die vor dem 1. Januar 2003 bereits erstmalig in Betrieb genommen wurden, blieben zunächst die bisherigen geltenden Vorschriften im Sinne eines Bestandsschutzes maßgebend. Die zuständige Behörde konnte aber verlangen, dass die BetrSichV angewendet wird, falls dadurch Gefahren vermieden wurden. Ab 1. Januar 2008 entfiel der Bestandsschutz.

Grundsätzlich gilt: Der Betreiber muss gemäß BetrSichV eine sicherheitstechnische Bewertung (überwachungsbedürftige Anlage) bzw. eine Gefährdungsbeurteilung (Arbeitsmittel) durchführen (lassen) – unabhängig, ob es eine Alt- oder Neuanlage ist. Festzustellen ist, dass die BetrSichV den **Betreiber verpflichtet**, die Anforderungen der BetrSichV umzusetzen. Eine Nichtbeachtung kann rechtliche Konsequenzen nach sich ziehen.

Es gilt der Grundsatz:
Für die Sicherheit der Aufzugsanlage ist allein der Betreiber oder Arbeitgeber verantwortlich!

Die Überarbeitung des Rechts der überwachungsbedürftigen Anlagen in Deutschland und eine mögliche Einführung einer Fachbetriebspflicht für die Aufzugswartung und Instandhaltung ist z.Zt. in der Diskussion, Änderungen sind aber noch nicht absehbar.

5.4.3   Landesbauordnungen (LBOs)

Die Landesbauordnungen wurden gemäß der Musterbauordnung von 2002 überarbeitet, um u.a. Anforderungen aus den Landesgleichstellungsgesetzen an barrierefreies Bauen anzupassen.

Die LBOs legen fest, wann Aufzüge in Gebäuden erforderlich werden und welcher Art sie sein müssen. Es werden Anforderungen an die Schachtausführung gestellt, insbesondere auch im Hinblick auf den Brandschutz. Des Weiteren sind in den LBOs Hinweise auf die Fahrkorbgrößen und die Fahrkorbausführungen enthalten.

Bedingt durch das föderale System in Deutschland gibt es unterschiedliche Anforderungen in den LBOs der verschiedenen Bundesländer und Stadtstaaten.

5.4.4   Hochhausrichtlinie

Der letzte Entwurf der Muster-Hochhausrichtlinie sieht Türen mit Schauöffnungen sowie eine durchgehende Leiter im Schacht vor. Triebwerksraumlose Aufzüge kön-

nen eingesetzt werden, allerdings müssen die Notbedienelemente in der Zugangsebene der Feuerwehr angeordnet sein.

Der DAfA wies darauf hin, dass drei Punkte nicht akzeptiert werden können
und gegen europäisches Recht bzw. harmonisierte Normen verstoßen. Hierbei
handelte es sich um die fest eingebauten Leitern im Schacht, die Sichtöffnungen in
den Türen und das Feuerwehrtableau.

Einige Feuerwehren lehnen beispielsweise abweichend von der Hochhausrichtlinie Glasöffnungen in den Türen ab.

(Definition: «Hochhaus» ab 22 m Gebäudehöhe, Aufzüge in Gebäuden ab 13 m)

5.5 Nationale Regeln, Normen und Richtlinien

5.5.1 DIN-Normen

DIN-Normen werden vom Deutschen Institut für Normung herausgegeben. DIN-
Normen basieren auf gesicherten Ergebnissen von Wissenschaft, Technik und Erfahrung. Sie dienen der Allgemeinheit und werden im Prozess der Normung erarbeitet. Die Gesamtheit der DIN-Normen wird als Deutsches Normenwerk bezeichnet.

Nachstehend sind wichtige nationale DIN-Normen für den Bereich Aufzüge
genannt:

DIN 15 306/2002:	Aufzüge – Personenaufzüge – Baumaße, Fahr-korbmaße, Türmaße
DIN 15 309/2002:	Aufzüge – Personenaufzüge für andere als Wohngebäude und Bettenaufzüge – Baumaße, Fahrkorbmaße, Türmaße
DIN 15 310/1985:	Aufzüge – Kleingüteraufzüge – Baumaße, Fahr-korbmaße
DIN 15 325/1990:	Aufzüge – Bedienungs-, Signalelemente und Zubehör
DIN 18 040-1:	Barrierefreies Bauen – öffentlich zugängliche Gebäude; ersetzt die DIN 18 024-2
DIN 18 040-2:	Barrierefreies Bauen – Wohnungen; ersetzt die DIN 18 024-1, die DIN 18 025-1 und die DIN 18 025-2

Für Aufzüge soll gefordert werden, dass diese der EN 81-70 entsprechen müssen
mit mindestens Fahrkorbtyp 2 (630 kg) und Türbreite 900 mm. Gegen einige der
im Entwurf vorgesehenen Anforderungen, z. B. dem waagerechten Bedientableau
mit Großflächentastern, bestanden Bedenken, so dass die Veröffentlichung der
Norm – auch wegen Einsprüchen von anderen Seiten – verzögert wurde.

5.5.2 Technische Regeln für Betriebssicherheit (TRBS)

Die Technischen Regeln für Betriebssicherheit TRBS definieren den Stand der Technik für den Betrieb von Arbeitsmitteln und überwachungsbedürftigen Anlagen. Zu den überwachungsbedürftigen Anlagen gehören auch die Aufzugsanlagen. Der Anwender einer TRBS kann sicher sein, dass er die Anforderungen aus der Betriebssicherheitsverordnung BetrSichV im Sinne der Vermutungswirkung vollständig erfüllt.

Durch die Neuordnung des Regelwerkes und damit durch den Übergang vom produktbezogenen zum gefährdungsbezogenen Regelwerk wurden die Technischen Regeln für Aufzüge (TRA), die den Betrieb von Aufzugsanlagen betreffen, durch entsprechende TRBS ersetzt.

Die wichtigsten TRBS für Aufzugsanlagen sind:

TRBS 1001	Struktur und Anwendung der Technischen Regeln für Betriebssicherheit
TRBS 1111	Gefährdungsbeurteilung und sicherheitstechnische Bewertung
TRBS 1121:2007	Änderungen und wesentliche Veränderungen von Aufzugsanlagen; Ersatz für **TRA 006** Der «Umbaukatalog des DAfA» wurde zum großen Teil in die TRBS 1121 eingearbeitet, für den restlichen Teil gibt es mit dem DAfA-Dokument 64 eine Anwendungshilfe.
TRBS 1201, Teil 4	Prüfungen von Arbeitsmitteln und überwachungsbedürftigen Anlagen, Prüfung von Aufzugsanlagen; ersetzt die **TRA 102**, TRA 104 und TRA 105
TRBS 1203	Befähigte Personen (BP) – Allgemeine Anforderungen
TRBS 2181	Gefährdungen von Personen in Personenaufnahmemitteln bei nicht bestimmungsgemäßen Betriebszuständen (Eingeschlossensein, erschwertes Verlassen); ersetzt die **TRA 106**
TRBS 3121	Betrieb von Aufzugsanlagen; ersetzt die **TRA** 007 – Betrieb

5.5.3 Ablösung der technischen Richtlinien (TRA)

Die Technischen Regeln für Aufzüge TRA wurden in den vergangenen Jahren Zug um Zug von anderen nationalen Regeln, Richtlinien oder Dokumenten abgelöst. Bild 5.5 zeigt zusammenfassend den aktuellen Stand.

Bild 5.5
Gegenüberstellung TRBS – Ablösung
der TRA [33]

Aufgehobene Technische Regeln für Aufzüge (TRA)

TRA	Titel	aktuelle nationale Dokumente (Stand 02.03.2011)
TRA 001	Technisches Regelwerk für Aufzüge – Allgemeines, Aufbau, Anwendung	-
TRA 003 [1]	Berechnung der Treibscheibe	DIN EN 81-1
TRA 006	Wesentliche Änderungen	TRBS 1121
TRA 007	Betrieb	TRBS 3121
TRA 101	Richtlinie für die Prüfung von Bauteilen nach § 17 der Aufzugsverordnung (AufzV)	-
TRA 102	Richtlinie für die Prüfung von Aufzugsanlagen	TRBS 1201-4
TRA 104	Richtlinie für die Prüfung von Fassadenaufzügen mit motorbetriebenem Hubwerk	TRBS 1201-4
TRA 105	Richtlinie für die Prüfung von Bauaufzügen mit Personenbeförderung	TRBS 1201-4
TRA 106	Leitsysteme für Notrufe	TRBS 2181
TRA 200	Personenaufzüge, Lastenaufzüge, Güteraufzüge	DIN EN 81-1/2 [2]
TRA 300	Vereinfachte Güteraufzüge, Behälteraufzüge, Unterflauraufzüge	DIN EN 81-31 [3]
TRA 400	Kleingüteraufzüge	DIN EN 81-3
TRA 500 [4]	Personen-Umlaufaufzüge	-
TRA 600	Mühlenaufzüge	9. GPSGV (2006/42/EG)
TRA 700	Lagerhausaufzüge	9. GPSGV (2006/42/EG)
TRA 900	Fassadenaufzüge mit motorbetriebenem Hubwerk	DIN EN 1808
TRA 1100	Bauaufzüge mit Personenbeförderung	DIN EN 12159
TRA 1300	Vereinfachte Personenaufzüge	DIN EN 81-41

[1] Erkenntnisquelle für Altanlagen
[2] Anforderungen an Güteraufzüge werden in DIN EN 81-31 geregelt
[3] Behälteraufzüge und Unterflauraufzüge nicht abgedeckt
[4] Erkenntnisquelle für Altanlagen

5.5.4 Berufsgenossenschaftliche Informationen (BGIs) und Vorschriften (BGVs)

BGI 779/2005:	Montage, Demontage und Instandhaltung von Aufzugsanlagen
BGR 175/2002:	BG-Regel: Gerüstbau – Montagegerüste in Aufzugsschächten
BGV A3/2007:	Unfallverhütungsvorschrift – Elektrische Anlagen und Betriebsmittel
BGG 944/2000:	BG-Grundsätze: Ausbildungskriterium für festgelegte Tätigkeiten im Sinne der Durchführungsanweisungen zur Unfallverhütungsvorschrift «Elektrische Anlagen und Betriebsmittel» (BGV A2)

5.5.5 VDI-Richtlinie

VDI-Richtlinien sind richtungweisende Arbeitsunterlagen für den praktischen Arbeitsalltag. Mit ihren Beurteilungs- und Bewertungskriterien geben sie fundierte

Entscheidungshilfen und bilden einen Maßstab für einwandfreies technisches Vorgehen. Sie geben dem Anwender die Sicherheit, sich an anerkannten **Regeln der Technik** zu orientieren. Die VDI-Richtlinien werden in Richtlinienausschüssen von Experten aus allen beteiligten Kreisen erarbeitet.

Nachstehend sind die wichtigsten, für den Aufzugsbau relevanten VDI-Richtlinien aufgelistet:

VDI 2566, Blatt 1/2001:	Schallschutz bei Aufzugsanlagen mit Triebwerksraum
VDI 2566, Blatt 2/2004:	Schallschutz bei Aufzugsanlagen ohne Triebwerksraum
VDI 2168/2007:	Aufzüge – Qualifizierung von Personal
VDI 3318/2002:	Befahren von Lastenaufzügen mit Flurförderzeugen
VDI 3810, Blatt 6/2005:	Betreiben gebäudetechnischer Anlagen – Aufzüge
VDI 3819, Blatt 1:	Brandschutz in der TGA – Gesetze, Verordnungen, Technische Regeln
E VDI 4705:	Notrufmanagement
VDI 4707, Blatt 1/2009:	Aufzüge – Energieeffizienz
VDI 4707, Blatt 2 E:	Aufzugskomponenten – Energieeffizienz
VDI 6004, Blatt 3 E:	Schutz der technischen Gebäudeausrüstung – Vandalismus und Zerstörung
VDI 6008, Blatt 1/2005:	Barrierefreie und behindertengerechte Lebensräume – Anforderungen an Elektro- und Fördertechnik
VDI 6013/2002:	Aufzüge, Fahrtreppen, Fahrsteige – Informationsaustausch mit anderen Anlagen der Technischen Gebäudeausrüstung
VDI 6017, Blatt 1/2003:	Steuerung von Aufzügen im Brandfall. In dieser Richtlinie wird auf das Brandschutzkonzept des Gebäudes hingewiesen, in dem entsprechende Festlegungen getroffen werden müssen. Für einzelne Gebäudebeispiele werden Kriterien zur Auswahl einer statischen oder dynamischen Brandfallsteuerung aufgeführt.
VDI 6017, Blatt 2 E:	Aufzüge im Brandfall – Verlängerung der Betriebszeiten
VDI 6025 E	Wirtschaftlichkeit (TCO – *Total Cost of Ownership*)

5.5.6 VDMA-Einheitsblätter

Die VDMA-Einheitsblätter gehören ähnlich wie die VDI-Richtlinien zum sog. «untergesetzlichen Regelwerk». Sie sind als Handlungsvorschriften mit bindendem Charakter, aber nicht gesetzlicher Natur zu verstehen und repräsentieren den **Stand der Technik**. In Ausschreibungen sind diese Regelwerke oft als Spezifikationen für bestimmte Sachverhalte enthalten und sind somit Bestandteil des Vertrages. Die VDMA-Einheitsblätter werden verbandsübergreifend in Komitees und Arbeitskreisen erarbeitet.

Wichtige, den Aufzugsbau betreffende VDMA-Einheitsblätter enthalten Empfehlungen und Festlegungen für Schnittstellen innerhalb der technischen Ausrüstung eines Aufzuges:

VDMA 15 300/2005:	Aufzüge, Kennzeichnung der Signals der Drehimpulsgeber
VDMA 15 303/2002:	Aufzüge, Anschlussbelegungen für parallele Schnittstellen an Umrichtern
VDMA 15 317/2005:	Aufzüge, Anschlussbelegungen der seriellen Schnittstellen UART
VDMA 15 318/2005:	Aufzüge, Anschlussbelegungen der Schnittstellen und Kennzeichnungen der Signale an Türsteuergeräten
VDMA 15 319/2011:	Elektronischer Aufzugswärter
VDMA 15 321/2007:	Aufzüge, Interfaces von Bedien- und Anzeigeelementen für Kabinentableaus
VDMA 15 322/2007:	Aufzüge, Interface von Schachttüren zu Gebäuden
VDMA 15 323/2007:	Aufzüge, Anschlüsse des Notrufsystems
VDMA 15 304/2002:	Instandhaltung von Aufzügen

5.5.7 VdTÜV-Merkblätter

Die VdTÜV-Merkblätter werden von Arbeitskreisen des Verbandes der Technischen Überwachungsvereine erarbeitet. Sie geben insbesondere auch die vielfältigen Erfahrungen in der täglichen Zusammenarbeit aller Beteiligten im Gewerk Aufzug wieder und wenden sich insbesondere den Themen zu, die von den bestehenden Normen und Regelwerken nicht oder unvollständig abgedeckt werden und für die somit keine eindeutigen Festlegungen bestehen.

Wichtige VdTÜV-Merkblätter sind u.a.:

VdTÜV-Merkblatt 103	Richtlinie für Behindertenaufzüge (Wird nach deren Gültigwerden von Normen EN 81-40 und EN 81-41 abgelöst)

| VdTÜV-Merkblatt 104 | Befestigung von Aufzugsschienen in Mauerwerkschächten |
| | (Befestigung mit Dübeln) |

5.5.8 DAfA-Empfehlungen

DAfA-Empfehlungen sind **Anwendungshilfen,** die in Arbeitskreisen des Deutschen Ausschusses für Aufzüge (DAfA) erarbeitet wurden. Sie sollen den Beteiligten im täglichen Geschäft konkrete Hilfestellungen geben. Die DAfA-Empfehlungen erhalten eine Dokumenten-Nr. des DAfA.

Wichtige DAfA-Dokumente sind:

DAfA-Dok. Nr. 5/2002:	Umbaukatalog
DAfA-Dok. Nr. 40/2005:	Revision Umbaukatalog
DAfA-Dok. Nr. 41/2005:	Inverkehrbringen und Einsatz von Aufzügen und deren Baugruppen in explosionsgefährdeten Bereichen
DAfA-Dok. Nr. 42/2004:	Typische Gefährdungen aus EN 81-80 durch Personen- und Lastenaufzüge, die nach TRA 200 errichtet wurden
DAfA-Dok. Nr. 44b/2010:	Regelungen für die Zugänglichkeit von Aufzügen für Personen mit Behinderungen
DAfA-Dok. Nr. 48/2006:	Technische Unterlagen / Angaben für Prüfungen zum Inverkehrbringen, vor Inbetriebnahme und für wiederkehrende Prüfungen
DAfA-Dok. Nr. 63/2008:	Gültigkeit der Regelungen für Verbraucherprodukte für Aufzüge
DAfA-Dok. Nr. 64/2008:	Anwendungshilfe bei Änderungen und wesentlichen Veränderungen von Aufzugsanlagen
DAfA-Dok. Nr. 74a/2010:	Empfehlungen zur Verbesserung der Sicherheit bestehender Aufzüge ohne Fahrkorbabschluss
DAfA-Dok. Nr. 77c/2011:	Prüfung und Beschaffenheit von Feuerwehraufzügen
DAfA-Dok. Nr. 78b/2011:	Übertragungssicherheit von Aufzugsnotrufen
DAfA-Dok. Nr. 81a/2011:	DAfA-Diskussionspapier zur Beschaffenheit von Feuerwehraufzügen
DAfA-Dok. Nr. ___/2011:	DAfA-Position zur Anwendung der TRBS1121 im Zusammenhang mit Amendment 3 zu EN 81-1 und EN 81-2

Darüber hinaus sind die **Interpretationen der DAfA-Hotline** von großer Bedeutung. Auf Anfrage wird in einem Arbeitskreis des DAfA eine Antwort im Sinne der vorgenannten Interpretationen erarbeitet. Die Informationen sind über die Homepage des VDMA abrufbar.

5.6 ISO-Standards

Die internationale Organisation für Normung – International Organization for Standardization (ISO) – erarbeitet in den Arbeitskreisen (*Working Groups* – WG) des Technischen Komitees TC 178 international und global anwendbare Normen.

Die Ziele des TC 178 sind:

❑ Ausarbeitung von Normen, die einen einheitlichen Sicherheitsstandard gewährleisten,

❑ Standardisierung der Abmessungen und technischen Eigenschaften der Komponenten,

❑ Unterstützung nachhaltiger Entwicklungen, z.B. bezüglich der Energieeffizienz, der EMV, des Fahrkomforts und der Zugänglichkeit von Personen mit Behinderungen,

❑ einen Beitrag zu leisten zur globalen Sicherheit der Gebäude, z.B. beim Katastrophenschutz und zur Evakuierung von Gebäuden.

Die erarbeiteten Unterlagen und Dokumente unterscheiden sich nach Gewichtung und Zweckausrichtung. Es sind

❑ ISO-Normen (ISO-Standards),
❑ technische Berichte (Technical Reports – TR),
❑ technische Spezifikationen (Technical Specifications – TS).

Die nachstehenden ISO-Normen sind die wichtigsten der bisher veröffentlichten ISO-Normen:

ISO 4190-1/2001:	Abmessungen Personen- und Bettenaufzüge, teilweise übernommen in DIN 15 306 und DIN 15 309, wird überarbeitet. Damit werden bei Ausschreibungen und bei der Konstruktion der Aufzüge einheitliche Abmessungen erreicht.
ISO 4190-2/2001:	Abmessungen Lastenaufzüge
ISO 4190-3/1982:	Abmessungen Kleingüteraufzüge, übernommen in DIN 15 310
ISO 4190-5/1987:	Bedienungs- und Anzeigeelemente, übernommen in DIN 15 325, wird überarbeitet
ISO/TR 11 071-1/2004:	Vergleich der weltweiten Sicherheitsnormen für elektrische Aufzüge

ISO/TR 11 071-2/1996:	Vergleich der weltweiten Sicherheitsnormen für hydraulische Aufzüge
EN ISO 13 849-1/2008:	Sicherheit von Maschinen – Sicherheitsbezogene Teile von Steuerungen – Teil 1: Allgemeine Gestaltungsleitsätze
EN ISO 13 849-2/2010:	Sicherheit von Maschinen – Sicherheitsbezogene Teile von Steuerungen – Teil 2: Validierung (*Anm.*: Basis für PESSRAL)
DIN EN ISO 14 121-1/2007:	Sicherheit von Maschinen – Risikobeurteilung – Teil 1: Leitsätze
ISO/TS 14 798/2000:	Methode der Gefahrenanalyse
ISO/TR 16 764/2003:	Vergleich der weltweiten Normen der EMV Störaussendung und Störfestigkeit
ISO 18 738/2003:	Messung der Fahrqualität
ISO/TS 22 559-1/2004:	Globale grundlegende Sicherheitsanforderungen (*Global Essential Safety Requirements* – GESRs)
ISO/CDTS 22 559-2:	Globale grundlegende Sicherheitsparameter (*Global Essential Safety Parameters* – GESPs)
ISO/CDTS 22 559-3:	Globale Grundlagen der Konformitätsbewertung (*Global Conformity Assessment Procedures* – GCAPs)

Mit der Normenreihe ISO/TS 22 559 soll auf internationaler Ebene ein System für Aufzüge genormt werden, das die Grundlage für nationale Regelungen ähnlich der *europäischen* Aufzugsrichtlinie bilden kann (siehe Anforderungen der TBT (*Technical Barriers to Trade*) der WTO (*World Trade Organization*)

prEN ISO/CD 25 745-1:	Energy Performance of Lifts and Escalators, Teil 1: Ermittlung und Messung (2011)
prEN ISO/CD 25 745-2:	Energy Performance of Lifts and Escalators, Teil 2: Bewertung und Maßnahmen (2013)

6 Planung von Aufzügen

6.1 Ausschreibung

Der Leistungsumfang und die Qualität einer Anlage werden maßgeblich von der technischen Beschreibung im Leistungsverzeichnis bestimmt. Dürftige Ausschreibungstexte wie:

«1 Stück Aufzug mit _ Haltestellen, Tragfähigkeit _ kg, sowie wenige Angaben zur Kabinenausstattung» sind leider nicht selten. Ärger bei der Abwicklung, Nachträge und Probleme bei der Abnahme sind die Folgen.

Zur Erzielung eines günstigen Marktpreises unter Wettbewerbsbedingungen bei gleicher Leistung ist eine neutrale, qualitativ hochwertige Ausschreibung zwingend erforderlich. Auf Fördertechnik (Aufzüge, Fahrtreppen usw.) spezialisierte Ingenieurbüros und Fachingenieure bieten hierzu ihre Dienstleistungen an, auch die Aufzugsanbieter können Sie beraten und Ihnen ein Angebot machen, das Sie dann individuell mit denen der Wettbewerber vergleichen können.

Je genauer die Anforderungen und Leistungen in Ausschreibungen beschrieben sind, desto geringer sind die Möglichkeiten der Firmen, minderwertige Qualität zu liefern. Nachträge und spätere Streitigkeiten lassen sich durch «gute Leistungsverzeichnisse» weitgehend verhindern.

Neutrale Ausschreibungstexte sind auch dem «Standardleistungsbuch für das Bauwesen (StLB) Leistungsbereich 069 – Aufzüge» zu entnehmen (Ausgabe Oktober 1989). Leider sind hier nicht immer alle aktuellen Entwicklungen, neuen Produkte und Trends zeitnah berücksichtigt.

Die Ausschreibung von Sonderausstattungen, Hochleistungsaufzügen, Panoramaaufzügen, verglasten Aufzügen, Sonderfunktionen in der Steuerung, Schnittstellendefinition zur Gebäudeleittechnik usw. bedarf einer Vielzahl von Freitexten, was die Anwendung des StLB 069 einschränkt und deutlich erschwert. Im StLB 069 – Ausgabe Oktober 1989 – fehlen einige Anforderungen aus der ab dem 1.7.1999 für Neuanlagen verbindlichen gültigen Aufzugsverordnung (Zwölfte Verordnung zum Produktsicherheitsgesetz, 12. ProdSV vom 17.6.1998, zuletzt geändert am 8.11.2011). Es sind auch Textbausteine enthalten, die nicht mehr zutreffen bzw. ungültig sind. Eine Überarbeitung des Standardleistungsbuches und Einarbeitung der aktuellen Regelwerke und Vorschriften ist im Gange.

6.2 Aufzugsfachplaner

Aufzugsfirmen bieten vermehrt auch Planung und Beratung an. Pläne für Standardaufzüge können teilweise über das Internet abgerufen werden bzw. werden nach Eingabe einiger Anlagenkenndaten erstellt. Diese Planungen und Beratungen basieren jedoch meistens auf firmen- oder produktspezifischen Lösungen.

Eine unabhängige Planung und Beratung bieten auf Aufzüge und Fördertechnik spezialisierte, beratende Ingenieure an.

Ein guter Aufzugsplaner

❏ sieht Aufzüge, Fahrtreppen und Fahrsteige immer in Zusammenhang mit der Verkehrserschließung und Gebäudelogistik,
❏ hat gute Branchen- und Produktkenntnisse,
❏ kennt die einschlägigen Vorschriften und Normen,
❏ plant unabhängig von Aufzugsfirmen,
❏ klärt die Schnittstellen zu anderen Gewerken,
❏ erteilt sofort oder zeitnah kompetente Auskunft,
❏ weist ausreichende Erfahrung bei der Planung und Abwicklung nach,
❏ kann Referenzprojekte vorweisen,
❏ wird von den Aufzugsfirmen respektiert,
❏ begleitet das Projekt bis zur mängelfreien Übergabe an den Kunden.

Aufzugsplanungen werden auch von größeren Elektro- bzw. Haustechnik-Planungsbüros durchgeführt.

6.3 Verkehrserschließung und Gebäudelogistik

Aufzüge müssen wie Fahrtreppen und Fahrsteige immer in Verbindung mit der Verkehrserschließung und der Logistik im Gebäude gesehen werden. Kein höheres Gebäude würde ohne Aufzüge funktionieren. Aufzüge sind die vertikalen Hauptverkehrsadern. Ständige Engpässe und wiederholte Störungen der Vertikalerschließung führen zu Problemen mit Benutzern, Mitarbeitern und Mietern.

Der Personenverkehr innerhalb von Gebäuden wechselt während des Tagesverlaufes und ist von unterschiedlicher Art und Dauer. Morgendlicher Füllverkehr ins Gebäude, wechselnder Zwischengeschossverkehr im Tagesverlauf, mittäglicher Gegenverkehr zu und von den Casinos und Verköstigungsräumen sowie Entleerungsverkehr am Nachmittag – jede Änderung im Nutzerverhalten stellt andere Anforderungen an Aufzüge.

Sonderfahrten für Materialtransporte, Hol- und Bringdienste, Handwerker, Gebäudereinigung, Abfallentsorgung usw., um nur einige zu nennen, überlagern oftmals zusätzlich den Personenverkehr.

Jedes Gebäude ist individuell. Es bedarf einer intensiven Einarbeitung in die Planung und einer genauen Kenntnis der Grundrisse, Verkehrswege und Räumlichkeiten, um die zu erwartenden Verkehrsströme von Personen und Material zu ermitteln.

Mit Hilfe von Förderleistungsberechungen können, eine genaue Kenntnis des Gebäudes vorausgesetzt, Anzahl, Größe und Geschwindigkeiten der erforderlichen Aufzüge ermittelt und die verkehrsgünstig optimale Anordnung festgelegt werden.

6.3.1 Auslegung und Bemessung von Aufzügen

Die Grundfläche der Fahrkörbe ist nach der Allgemeinen Ausführungsverordnung zur Landesbauordnung (LBOAVO) so zu bemessen, dass **für je 20 auf Aufzüge angewiesene Personen ein Platz zur Verfügung steht.** Fahrkörbe zur Aufnahme einer Krankentrage müssen eine nutzbare Grundfläche von mindestens 1,10 m × 2,10 m haben. Eventuell erforderliche Feuerwehraufzüge bestimmt die zuständige Landesbauordnung.

Bei nicht zu hohen Wohngebäuden ist mit den Anforderungen der Bauordnungen zugleich eine ausreichende Kapazität zur Beförderung der Bewohner gegeben. Für Wohngebäude bis zu 20 Vollgeschossen hat die Fédération Européenne de la Manutention (FEM) eine Empfehlung für die Auslegung von Aufzügen herausgegeben, mit der der Förderstrom ausreichend groß und die mittlere Wartezeit zufrieden stellend klein ist (siehe Bilder 6.1 bis 6.3).

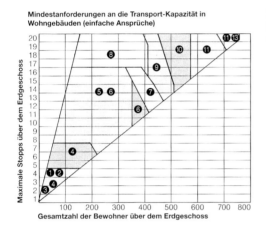

Bild 6.1
Planung von Aufzügen für einfache Ansprüche [Q.1]

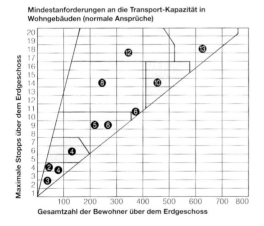

Bild 6.2
Planung von Aufzügen für mittlere Ansprüche [Q.1]

Bild 6.3
Planung von Aufzügen für gehobene
Ansprüche [Q.1]

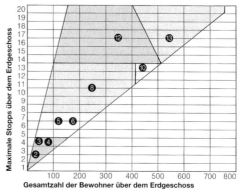

Mindestanforderungen an die Transport-Kapazität in
gehobener Wohnlage mit Büroflächen wie z. B. Arztpraxen

In höheren Gebäuden und in Büro- und Verwaltungsgebäuden ist die Berechnung des erreichbaren Förderstromes und der mittleren Wartezeit bei dem Füllen des Gebäudes erforderlich, um zu überprüfen, ob die üblichen Grenzwerte erreicht werden.

Bei sehr hohen Gebäuden muss zur Beförderung eine Vielzahl von Aufzügen eingesetzt werden. Diese Aufzüge werden in Untergruppen zusammengefasst, die jeweils nur einen Teil der Geschosse erreichen können. Dadurch wird die Anzahl der Stopps beschränkt und der Förderstrom wird vergrößert.

6.3.2 Verkehrsanalyse und Förderleistungsberechnung

Eine gute Verkehrsinfrastruktur in einem Gebäude erfordert eine leistungsfähige vertikale und horizontale Erschließung.

Die optimale Anzahl und Anordnung von Aufzügen, Fahrtreppen und Fahrsteigen in einem Gebäude oder Bauwerk kann durch eine Verkehrsuntersuchung des geplanten oder bestehenden Gebäudes, des zu erwartenden oder vorhandenen Personen- und Materialflusses sowie unter Berücksichtigung der Anforderungen und Bedürfnisse von Bauherr, Betreiber und Benutzer über eine Förderleistungsberechnung ermittelt werden.

Dabei sind Ankunftszeiten öffentlicher Verkehrmittel ebenso zu berücksichtigen wie firmen- und gebäudespezifische Anforderungen, Besonderheiten und Gewohnheiten der Nutzer.

Aufzüge gelten als richtig und ausreichend bemessen, wenn

❑ die Wartezeiten vor den Aufzügen angemessen kurz sind,
❑ sich keine Warteschlangen bilden,

242

- ❏ die Fahrzeit zur Zielhaltestelle nicht zu lange dauert,
- ❏ die Tür- und Fahrkorbabmessungen ausreichend bemessen sind,
- ❏ im Fahrkorb ausreichend Platz ohne Körperkontakt vorhanden ist,
- ❏ ein Optimum an Aufzügen in Anzahl bei geringem Raumbedarf vorhanden ist und
- ❏ bei Ausfall eines Aufzuges (z.B. durch Wartung, Störung oder auch Sonderfahrten) die restlichen Aufzüge das Verkehrsaufkommen noch ausreichend abwickeln können, ohne dass die Gebäudelogistik empfindlich gestört wird.

Die für ein Gebäude erforderliche Förderleistung wird heutzutage mit Hilfe von Computerprogrammen berechnet und simuliert. Aufbereitung und Eingabe der Daten und Parameter erfordern ein hohes Maß an Wissen und Erfahrung im Personen- und Materialfluss unterschiedlicher Gebäudenutzungen sowie dem Benutzerverhalten.

Die Aussagekraft derartiger Berechnungen und Simulationen ist abhängig von der Qualität der Eingabedaten, d.h., auch die spätere Nutzung des Gebäudes muss in der Planungsphase möglichst exakt definiert werden.

6.3.3 Einzelaufzüge im Gebäude

Bild 6.4 zeigt einige grundsätzlich Anordnungsmöglichkeiten des Aufzuges im Gebäude, die je nach Planung und Gebäudestruktur gewählt werden können für die Anordnung als Einzelaufzug.

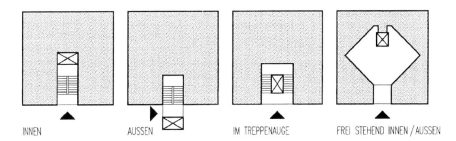

INNEN   AUSSEN   IM TREPPENAUGE   FREI STEHEND INNEN / AUSSEN

Bild 6.4   Anordnungsmöglichkeiten für Aufzüge im Gebäude [9]

6.3.4 Gruppenanordnungen

Aufzüge einer Gruppe sollten möglichst nahe beieinander liegen, damit der Fahrgast leicht erkennen kann, welcher der Aufzüge anhalten und in die gewünschte Richtung weiterfahren wird. Nebeneinander sollten allerdings höchstens vier Aufzüge angeordnet sein. Falls mehr Aufzüge in einer Gruppe zusammengefasst sind, sollten sie besser gegenüberliegend oder in U-Form angeordnet sein. [11]

Bei sehr hohen Gebäuden mit mehreren Aufzugsgruppen sollten die Aufzugsgruppen mit den Zugangsflächen vor ihren Fahrschachtzugängen voneinander getrennt sein. Die Zugangsflächen sollten jeweils mindestens so groß sein wie die Schachtquerschnitte und nicht zugleich dem Durchgangsverkehr dienen. [11]

6.3.5 Aufzugsdimensionierung

Die Grundfläche der Kabinen ist an die Nennlast gebunden. Die maximale Fahrkorbnutzfläche ist nach EN 81 angegeben (Bild 6.5). Mit der maximal zulässigen Nutzfläche soll die Überladung der Kabine vermieden werden. Für Hydraulikaufzüge und Aufzüge zur Beförderung von Kraftfahrzeugen sind nach EN 81 größere Fahrkorbnutzflächen zugelassen. Die lichte Höhe der Kabine und des Kabineneingangs muss mindestens 2000 mm betragen.

Bild 6.5 Nennlasttabelle [Q.29]

Nennlast (Masse)	Größte Nutzfläche des Fahrkorbes	Nennlast (Masse)	Größte Nutzfläche des Fahrkorbes
kg	m²	kg	m²
100[1]	0,37	900	2,20
180[2]	0,58	975	2,35
225	0,70	1 000	2,40
300	0,90	1 050	2,50
375	1,10	1 125	2,65
400	1,17	1 200	2,80
450	1,30	1 250	2,90
525	1,45	1 275	2,95
600	1,60	1 350	3,10
630	1,66	1 425	3,25
675	1,75	1 500	3,40
750	1,90	1 600	3,56
800	2,00	2 000	4,20
825	2,05	2 500[3]	5,00

[1] Minimum für einen 1-Personen-Aufzug
[2] Minimum für einen 2-Personen-Aufzug
[3] Bei mehr als 2 500 kg sind je 100 kg 0,16 m² hinzuzufügen.
Für Zwischenwerte der Nennlast kann die Nutzfläche linear interpoliert werden.

244

Die Anzahl der Personen muss dem kleineren Wert aus

❑ entweder der Formel (Nennlast / 75), wobei das Ergebnis auf die nächst-kleinere ganze Zahl abgerundet wird,
❑ oder den Werten aus der EN 81 (Bild 6.6)

entsprechen.

Anzahl der Personen	Minimale Nutzfläche im Fahrkorb m²	Anzahl der Personen	Minimale Nutzfläche im Fahrkorb m²
1	0,28	11	1,87
2	0,49	12	2,01
3	0,60	13	2,15
4	0,79	14	2,29
5	0,98	15	2,43
6	1,17	16	2,57
7	1,31	17	2,71
8	1,45	18	2,85
9	1,59	19	2,99
10	1,73	20	3,13
Bei mehr als 20 Personen muss je Person eine Fläche von 0,115 m2 zusätzlich zur Verfügung stehen.			

Bild 6.6
Personenzahl und minimale Nutzfläche nach EN 81 [Q.29]

6.3.6 Dokumentation

Im Zusammenhang mit dem Übergang der Vorschriften von den TRAs zu den EN-81-Normen wurde auch die Forderung nach einer Betriebsanleitung gestellt. Das Vorhandensein und der Inhalt werden im Rahmen des Inverkehrbringens überprüft, sie ist damit ein Bestandteil des Lieferumfangs des Aufzuges und ergänzt die bisherigen Anmeldeunterlagen.

Die *Bestandteile* der Dokumentation sind (Musterauszug befindet sich im Anhang):

❑ Betriebsanleitung,
❑ Anzeigeunterlagen für die Anlage (Aufzugbuch),
❑ Anmeldeunterlagen für die Aufzugsbehörde (nationales Recht).

Bei Lieferung von Aufzugskomponenten muss der Lieferant eine entsprechende Betriebsanleitung zu den gelieferten Komponenten bereitstellen, deren Inhalt vom Montagebetrieb bei der Erstellung der Betriebsanleitung für die Gesamtanlage berücksichtigt werden muss.

Bei Sicherheitsbauteilen gehören die Baumusterprüfbescheinigung und die Konformitätserklärung ergänzend zur Betriebsanleitung des Herstellers mit zum Lieferumfang der Dokumentation. Hier müssen auch sicherheitsrelevante Bauteile, die nach Vorschrift keine Sicherheitsbauteile sind, berücksichtigt werden, damit der Fachmann bei Inbetriebnahme und Wartung diese Komponenten fachgerecht verwenden und prüfen kann.

Zur Definition des Inhaltes der Betriebsanleitung wurde im Rahmen einer Arbeitsgruppe in der ELA eine «Guideline» erarbeitet, in der der Umfang und Inhalt beschrieben wurde, der in einer Betriebsanleitung mindestens enthalten sein muss.

Die Betriebsanleitung muss anlagenbezogen erstellt werden. Die Betriebsanleitung sollte jederzeit an der Anlage verfügbar sein. Die Betriebsanleitung ist die Dokumentation gegenüber dem Endkunden, diese muss vom Montagebetrieb erstellt und dem Endkunden und Betreiber in Landessprache übergeben werden. Bei einem Betreiberwechsel verbleibt die Betriebsanleitung an der Anlage bzw. muss dem neuen Betreiber übergeben werden. Veränderungen an der Anlage (Prüfungen, Umbauten und der Tausch einzelner Baugruppen) müssen in der Dokumentation ergänzt werden.

Für die Gliederung und den Inhalt der Betriebsanleitung wurde in der Guideline nachfolgender Vorschlag gemacht:

❑ Empfangsbestätigung und Urheberrechtshinweis
❑ CE-Konformitätserklärung
❑ Datenblatt der Anlage
❑ Bedienungsanleitung
❑ Angaben zur Personenbefreiung
❑ Hinweise zur Inbetriebnahme und Wartung
❑ Liste der Sicherheitsbauteile mit Baumusterprüfbescheinigung
❑ Wartungsanweisungen der Sicherheitsbauteile nach EN 81-1 bzw. EN 81-2 sowie sicherheitsrelevanten Bauteile
❑ Projektierungszeichnung
❑ Stromlaufpläne und Betriebsmittellisten
❑ Anlagen zu Zusatzkomponenten

Für die Gliederung und den Inhalt des Aufzugsbuches gilt folgender Vorschlag:

❑ Prüfbuch zum Nachweis der Umbauten und regelmäßigen Prüfungen
❑ Technische Beschreibung der Anlage nach EN 81-1 bzw. EN 81-2
❑ Technische Berechnungen der Anlage nach EN 81-1 bzw. EN 81-2
❑ Anlagezeichnung
❑ Stromlaufpläne
❑ Bestätigung über vorgenommene Gefahrenanalyse
❑ Datenblätter zur Gefahrenanalyse
❑ Baumusterprüfbescheinigungen zu den Sicherheitsbauteilen

Für die Anmeldeunterlagen bei die Aufsichtsbehörde (nationales Recht) sind folgende Unterlagen einzureichen:

- ❏ Anmeldung nach § 15 Betriebssicherheitsverordnung,
- ❏ Gefährdungsbeurteilung nach BetrSichV § 3,
- ❏ technische Beschreibung nach EN 81–1 bzw. EN 81–2.

6.3.7 Inverkehrbringen von Aufzügen

Das Inverkehrbringen ist der Zeitpunkt, zu dem der Montagebetrieb den Aufzug dem Benutzer erstmals zur Verfügung stellt. Dokumentiert wird das Inverkehrbringen, wenn die Konformitätserklärung ausgestellt und das CE-Zeichen im Fahrkorb angebracht ist. In Deutschland wird unterschieden zwischen dem Inverkehrbringen und Inbetriebnahme, bei der nach nationalem Recht eine zusätzliche Prüfung durch eine ZÜS (zugelassene Überwachungsstelle) durchgeführt werden muss.

Wichtig ist hierbei auch, dass das Umfeld der Aufzugsanlage im Gebäude mit betrachtet werden muss, das bedeutet z. B., auch die Zugangswege und die Notrufaufschaltung müssen entsprechend hergestellt sein. Diese bauseitigen Mängel werden bei der Abnahme durch die ZÜS dokumentiert und müssen vor einer Inbetriebnahme des Aufzuges beseitigt werden.

Je nach Art der Aufzugsanlage und Grad der Zertifizierung des Montagebetriebs kann das Konformitätsbewertungsverfahren unterschiedlich durchgeführt werden. Dies wurde in Kapitel 5 ausführlich beschrieben.

6.3.8 Aufzug als Geräuschquelle im Gebäude

Damit es im Gebäude zu möglichst geringen Beeinträchtigungen durch Lärm kommt, wurden Grenzwerte definiert, die im Triebwerksraum, im Schacht, vor den Schachttüren und in angrenzenden Räumen eingehalten werden müssen. Dabei ist zu beachten, dass für die Gesamtbetrachtung neben dem Aufzug und seinen Komponenten auch die Gebäudestruktur – Lage des Aufzuges im Gebäude, die Gebäudetechnik und die Bauausführung – einen Einfluss auf den Lärm im Gebäude haben.

Akustik ist die Lehre vom Schall und seiner Ausbreitung im Sinne von Entstehung und Erzeugung. Das Wort «Akustik» wurde abgeleitet von dem griechischen Wort *akuein* = hören.

Akustik befasst sich also mit der Beeinflussung und Analyse von Schall, mit der Wechselwirkung von Schall mit Materialien und der Wahrnehmung von Schall durch das Gehör und seine Wirkung auf Mensch und Tier.

Schall ist definiert als jede vom Gehör wahrnehmbare Druckänderung und beschreibt rein objektiv einen physikalischen Vorgang. Demgegenüber ist Lärm die zusätzliche, subjektive Wertung der Belästigung durch Schall mit der Wertung der Schädigung und führt hin zum Lärmschutz, auch im Sinne des Arbeitsschutzes.

Geräusch ist hörbarer und störender Schall, falls das Geräusch nicht zweckbestimmt erzeugt wird, z.B. in Form musikalischer Darbietungen. Geräusche in diesem Sinne sind nicht mit Wertungen verbunden, vielmehr wird die Lärmbelästigung je nach Verursacher unterschiedlich empfunden.

Schallschutz bedeutet die Einhaltung zulässiger Geräuschemissionswerte, in unserem Fall am Aufzug durch Luft- und Körperschalldämmung, insbesondere aber durch körper- und luftschalldämmende Aufstellung. Der Lärmschutz am Arbeitsplatz ist in Gesetzen, Richtlinien und Arbeitsabkommen geregelt und führt hin zur Lärmminderung.

Der von Menschen empfundene Schalldruck p erstreckt sich über mehrere Zehnerdekaden. Die absoluten Schalldrücke sind relativ klein und werden in µPa (= Mikropascal) angegeben.

(Definitionen: 1 Pa = 1 N/m² oder 1 Pa = 10^{-5} bar)

Der **Schalldruckpegel L** wird in **Dezibel dB** gemessen. Er basiert auf dem Verhältnis einer gemessenen Größe zu einem Bezugspegel (Hörschwelle). Die Dezibel-Skala ist logarithmisch aufgebaut, in diesem Fall mit dem 20-fachen dekadischer Logarithmus. Daher bedeutet eine Zunahme von 6 dB eine Verdoppelung des Schalldruckpegels.

Bild 6.7   Ermittlung des Schalldruckpegels [34]

Schalldruck p in pPa	Schalldruckpegel L_p in dB
20	0
200	20
2000	40
20 000	60
200 000	80
2 000 000	100
20 000 000	120
200 000 000	140

Schalldruckpegel

$$L_p = 20 \cdot \lg \frac{P}{P_0} \, \text{dB}$$

$$P_0 = 20 \, \mu\text{Pa} = 2 \cdot 10^{-5}$$

Hörschwelle

Die Bewertung des Schalldrucks in Bezug auf die Auswirkung auf das menschliche Gehör erfolgt in der sog. **A-Bewertung in dB(A)**, die aus der subjektiven Ein-

248

flussgröße des Lautstärkepegels auf das menschliche Gehör erfolgte. Die A-Bewertung ist in den Messgeräten eingeprägt und kann beim Messen eingestellt werden. Für die messtechnische Erfassung ist außerdem die Zeitkonstante beim Messvorgang wichtig. Beim Aufzug erfolgt die Erfassung in dem Modus «slow» oder «fast» (L_{AF} mit der Zeitkonstanten 125 ms).Gelegentlich wird auch der Modus «Impuls» beim Messvorgang eingestellt.

Die Lautstärke oder auch Lautheit ist eine subjektiv empfundene Größe im Rahmen der Psychoakustik. Der **Lautstärkepegel** wird in **Phon** angegeben und stellt also die Größe der Lautstärkeempfindung dar, die bei der Beurteilung und Bewertung durch verschiedene Personen zu recht unterschiedlichen Beurteilungen führen kann.

Wichtige Begriffe im Zusammenhang mit der **technischen Bewertung** sind:

❑ **Luftschall**, dieser stellt Schwingungen im hörbaren Bereich von 16 Hz bis 16 000 Hz in Gasen und damit insbesondere der Luft dar;
❑ **Körperschall**, dieser stellt Schwingungen in festen Körpern, z.B. in Metallen und Mauerwerk dar;
❑ **Infraschall** sind die Schwingungen unterhalb der unteren Hörgrenze, <16 Hz;
❑ **Ultraschall** sind die Schwingungen oberhalb der oberen Hörgrenze, >16 000 Hz.

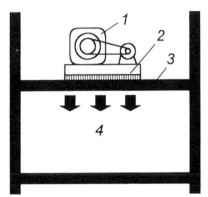

Bild 6.8
Prinzip der Schallübertragung [Q.34]

Die Maschine (1) erzeugt mechanische Schwingungen. Diese werden über den Grundrahmen (2) und die Lagerung in die Stahlbetondecke (3) übertragen. Die Stahlbetondecke überträgt die Schwingungen als Körperschall. In dem darunter liegenden Raum werden die Schwingungen als Luftschall abgestrahlt.

Eine große Bedeutung in der technischen Akustik hat die **Schwingungsdämmung**. In Bild 6.9 ist zwischen dem Grundrahmen der Maschine bzw. der Aufzugsmaschine und der Stahlbetonsockel eine Schwingungsdämmung eingebracht, die die Übertragung des Körperschalls verhindern oder zumindest stark reduzieren soll.

Übliche Materialien für die Schwingungsdämmung sind Kork, Gummi und Elastomere, aber auch Stahlfedern. Zur Lösung von Geräuschdämmungsproblemen steht eine Vielzahl verschiedener Komponenten zur Schwingungsdämmung zur Verfügung, die auf den jeweiligen Anwendungsfall optimal angepasst sind.

Bei der Erarbeitung von Maßnahmen zur Geräusch- bzw. Schwingungsdämmung sind einige wichtige Planungsgrundsätze zu beachten. Die Körperschalldämmung soll – wann immer möglich – an der Geräusch- bzw. Schallquelle angeordnet werden. Körperschall verursachende Maschinen, also z.B. das Triebwerk des Aufzuges, müssen durch das Dämm-Material vollständig vom Baukörper abgetrennt sein. Als Dämm-Materialien kommen ausschließlich Materialien in Frage, die unter normalen Bedingungen elastische Eigenschaften haben. Zwischen Körperschallerzeugern und Baukörper dürfen nicht einmal punktuelle Verbindungen durch Nägel, Schrauben, Dübel usw. entstehen.

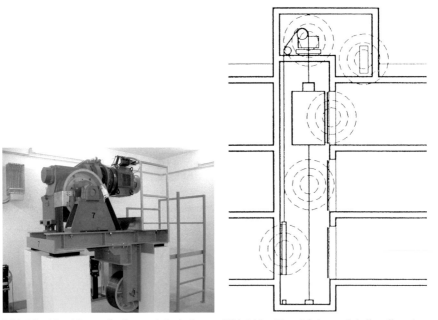

Bild 6.9   Maschinenaufstellung mit Isolation [Q.2]

Bild 6.10   Die wichtigsten Schallquellen eines Aufzuges

Schalltechnische Anforderungen
Die Anforderungen an den zulässigen Schalldruckpegel in schutzbedürftigen Räumen sind in **DIN 4109** festgelegt. Folgende Schalldruckpegel dürfen nicht überschritten werden:

❑ in Wohn- und Schlafräumen 30 dB(A),
❑ in Unterrichts- und Arbeitsräumen 35 dB(A).

In der **VDI 4100** wird zusätzlich nach Schallschutzstufen (SSt) unterschieden.

Diese Werte gelten für die SSt I. Die Werte für die anderen Schallschutzstufen lauten: SSt II: 30 dB(A), in Zukunft evtl. 27 dB(A), und SSt III: 25 dB(A), in Zukunft evtl. 24 dB(A).

Konkrete Ausführungshinweise für Aufzüge sind in VDI 2566

- ❑ Blatt 1 – Aufzugsanlagen mit Triebwerksraum
- ❑ Blatt 2 – Aufzugsanlagen ohne Triebwerksraum

enthalten.

Hinweis: Die VDI 2566 Blatt 1 befindet sich zur Zeit in der Überprüfung und wird voraussichtlich ohne technische Änderungen weiter übernommen werden. Die VDI 2566 Teil 2 (Aufzüge ohne Triebwerksraum) steht danach zur Überarbeitung an. Es ist geplant, in dem Zusammenhang beide Teile zu überarbeiten und als gemeinsame Neuausgabe zu veröffentlichen.

Schallschutz an Aufzugsanlagen

Die wichtigsten Schallquellen eines Aufzuges sind:

- ❑ das Triebwerk (Motor, Getriebe, Hydraulikaggregat, Steuerblock),
- ❑ die Betriebsbremse (vor allem beim Einfallen),
- ❑ die Fahrkorb- und Schachttüren (Antrieb, Türblätter, Schließvorgang),
- ❑ die Führungen (am Fahrkorb, am Gegengewicht),
- ❑ die Seile (Ablauf an Treibscheibe, Umlenkrollen, Seilschlagen usw.),
- ❑ die Steuerung (mit Frequenzumrichter, Schütze, Bremswiderstand usw.),
- ❑ der Geschwindigkeitsbegrenzer mit Fangseilen,
- ❑ die Geräusche durch Luftdruckunterschiede (bei schnellen Aufzügen).

Sehr wichtig ist auch die räumliche Anordnung im Gebäude, vor allem in Bezug auf die schutzbedürftigen Räume. In VDI 2566 sind entsprechende Vorgaben enthalten, die bei der Planung des Gebäudes und der Aufzugsanlage unbedingt eingehalten werden müssen.

Erhöhter Schallschutz an Aufzugsanlagen

Damit soll die Schallschutzstufe SSt III nach **VDI 4100**, also 25 dB(A), in besonders schutzbedürftigen Räumen erreicht werden.

Erforderlich ist dabei eine elastische Lagerung des Aufzugstriebwerkes nach EL 3 oder EL 4 gemäß **VDI 2566**. Vorteilhaft ist auch die Unterbringung des Aufzugstriebwerkes in einem separaten Triebwerksraum im UG des Gebäudes. Natürlich wird heute davon ausgegangen, dass die Triebwerke für derartig hohe Anforderungen an das Geräuschverhalten getriebelos ausgeführt sind. Zwischen dem Triebwerksraum und dem Schacht sollten nur unbedingt technisch bedingte Spalte zugelassen werden.

Es wird auch eine schwingungsisolierte Befestigung der Führungsschienen mit sicherheitstechnisch bedingter Notführeigenschaft vorgeschlagen. Die Schachttüren sollten gemäß **DIN 18 091** mit doppelwandigen Türblättern ausgeführt und die Schließkante als Labyrinth ausgebildet sein. Es sollen nur hochwertige, frequenzgeregelte Türantriebe eingesetzt werden. Auf besonders hochwertige, äußerst geräuscharme Laufeigenschaften der Schacht- und Fahrkorbtüren muss geachtet werden. Die Türverriegelungen müssen bezüglich ihrer Bewegung kontrolliert aufgelegt werden.

Die Fahrkorbwände sind in gut gedämmter Ausführung mit vorgehängten Paneelen zu gestalten. Auch die Fahrkorbtür sollte doppelwandig ausgeführt sein. Rollengerüste und Umlenkrollen sind geräuschisoliert aufzuhängen. Die Seilrollen sollten nur in schwerer Ausführung (z.B. Grauguss) für höchste Laufruhe ausgewählt werden und die Seile mit dicht liegenden Litzen gefertigt sein.

Als besondere **bauliche Maßnahmen** werden empfohlen:

❑ Schachtwände >580 kg/m^2,
❑ Schachtvorderwand Beton mit geringen Rohbaumaßen,
❑ Schachtrauchabzug ggf. geschlossen.

Der beschriebene erhöhte Schallschutz muss in der Ausschreibung ausdrücklich verlangt werden. Die beschriebenen Maßnahmen sind als Hinweise für die technische Realisierung zu verstehen.

6.4 Brandschutz

Verhalten im Brand- und Katastrophenfall

Nach den vorliegenden Statistiken sind 95 % aller Brandtoten sog. Rauchtote. Bei den weiteren Betrachtungen zum Brandschutz muss diesem Umstand besondere Bedeutung zugeordnet werden.

Nach § 14 der Musterbauordnung MBO sind bauliche Anlagen so anzuordnen, zu errichten, zu ändern und instand zu halten, dass der Entstehung eines Brandes und der Ausbreitung von Feuer und Rauch (Brandausbreitung) vorgebeugt wird und bei einem Brand die Rettung von Menschen und Tieren sowie wirksame Löscharbeiten möglich sind. Hieraus ergeben sich die Schutzziele: Bauliche Anlagen müssen so angeordnet, errichtet und instand gehalten werden, dass im Brandfall insbesondere die Rettung von Menschen – also auch die, die Aufzüge benutzen – möglich ist.

In der Planungsphase ist das **Brandschutzkonzept** als Teil der Baugenehmigung zu prüfen und dem Gebäudelebenszyklus anzupassen. Die weitere Umsetzung des Brandschutzkonzeptes erfolgt durch die Fachplanung. Verantwortlich für die Erfüllung der Forderungen des Brandschutzkonzeptes sind alle Baubeteiligten, also auch die Aufzugbauer.

Im Weiteren soll nur der Brandschutz im Zusammenhang mit Aufzügen behandelt werden. Dabei stehen sieben Gesichtspunkte im Vordergrund:

- ❑ Anordnung und Projektierung der Aufzüge im Gebäude (Gebäudestruktur),
- ❑ Brandfrüherkennung und Erfassung des Brandherdes (Gebäudeausrüstung),
- ❑ bauliche Ausführung der den Aufzug umschließenden Gebäudeteile,
- ❑ sichere Entrauchung des Schachtes,
- ❑ Feuerwiderstandsfähigkeit von Aufzugskomponenten, insbesondere der Fahrschachttüren,
- ❑ sichere Notstromversorgung,
- ❑ Gebäudemanagement; Evakuierungsplan, Evakuierungsmaßnahmen und Evakuierungsmöglichkeiten.

Nach § 39 der MBO müssen die Fahrschächte der Aufzüge zu lüften sein und eine Öffnung zur Rauchableitung mit einem freien Querschnitt von mind. 2,5% der Fahrschachtgrundfläche, mindestens jedoch 0,1 m², haben.

Nach der Energieeinsparverordnung EnEV sind zu errichtende Gebäude aber so auszuführen, dass die wärmeübertragende Umfassungsfläche luftundurchlässig entsprechend dem Stand der Technik abgedichtet ist. Für die Aufzugsschachtentrauchung und -entlüftung bedeutet dieses, dass die angebrachten Öffnungen eigentlich **verschlossen** werden müssten. Die Forderungen nach Rauchabzug und Entlüftung bleiben aber trotzdem bestehen.

Das **Verhalten des Aufzuges** im Brand- und Katastrophenfall wird mit den entsprechenden Steuerungsfunktionen festgelegt, die in DIN EN 81-73 und VDI 6017 beschrieben sind. Hierbei ist aber wichtig, dass das z.Zt. geltende, länderspezifische Vorschriften- und Regelwerk eingehalten werden muss, da der Brandschutz zum Baurecht gehört und dieses wiederum Landesrecht ist. Bei den Feuerwehraufzügen ist die europäische Norm DIN EN 81-72 zu beachten. Es gilt aber dasselbe wie bei dem Verhalten des Aufzuges im Brandfall: Es muss das länderspezifische Vorschriften- und Regelwerk eingehalten werden und außerdem sind die Vorgaben der örtlichen Feuerwehren zu beachten.

Sehr intensiv wird seit dem Anschlag auf das New Yorker World Trade Center (WTC) am 11. September 2001 die Frage der **Evakuierung im Katastrophenfall** mit Hilfe der Aufzüge diskutiert. Das Ergebnis ist bisher nicht besonders befriedigend. Lediglich die prCEN/TR 81-76 geht ein wenig in diese Richtung.

Anordnung und Projektierung der Aufzüge im Gebäude

Es muss davon ausgegangen werden, dass ein Brand oder ein anderer katastrophaler Zustand innerhalb des Gebäudes nie flächendeckend in einem Stockwerk oder gar im ganzen Gebäude auftritt. Bei der Projektierung der Aufzüge sollte diesem Umstand unbedingt Rechnung getragen werden.

Beispielsweise sind Aufzugsgruppen möglichst verteilt bezogen auf den Gebäudegrundriss angeordnet zu werden, und vor den Aufzügen müssen ausreichend große Schutzräume als Fluchtorte vorhanden sein [29].

6.5 Barrierefreies Bauen

Zugänglichkeit für Personen mit eingeschränkter Mobilität

In den technischen Baubestimmungen der Länder ist geregelt, in welchen Gebäuden Aufzüge eingebaut werden müssen. Die Anforderungen an die Zugänglichkeit durch behinderte Personen sind speziell in den **Landesbauordnungen** festgelegt. Die **Musterbauordnung** von 2002, die in den meisten Bundesländern umgesetzt ist, fordert in § 39, dass in Gebäuden mit einer Höhe von mehr als 13 m Aufzüge in ausreichender Zahl vorhanden sein müssen und mindestens ein Aufzug u.a. Rollstühle aufnehmen können muss.

§ 50 legt die Anforderungen für barrierefreies Bauen fest, wonach in Gebäuden mit mehr als 2 Wohnungen mindestens die Wohnungen eines Geschosses barrierefrei erreichbar sein müssen. Darüber hinaus müssen **Gebäudeteile in öffentlich zugänglichen Einrichtungen, die dem allgemeinen Besucherverkehr dienen**, für Menschen mit Behinderungen, alten Menschen und Personen mit Kleinkindern barrierefrei erreichbar sein.

Diese sehr allgemeinen Anforderungen an die behindertengerechte Ausführung der Aufzüge können für § 39 und § 50 unterschiedlich ausgelegt werden. Nach § 39 kann es als ausreichend betrachtet werden, wenn der Aufzug über die Ausrüstungen verfügt, die für einen Benutzer im Rollstuhl erforderlich sind (z.B. Größe des Fahrkorbes und Türbreite). Dagegen müsste der Aufzug nach § 50 auch für Benutzer mit anderen Behinderungen ausgeführt sein und damit alle Anforderungen an einen behindertengerechten Aufzug erfüllen.

Als **technische Ausführungsregel für barrierefreies Bauen** ist in den meisten Technischen Baubestimmungen der Länder noch auf die DIN 18 024 und die DIN 18 025 hingewiesen.

Die DIN 18 024 und die DIN 18 025 sind also noch immer die gültigen Regelungen für barrierefreies Bauen und Wohnen. Es ist in nächster Zeit geplant, diese beiden Normen in die neue Norm DIN 18 040 zu übernehmen.

Im Entwurf der DIN 18 040 ist seit längerer Zeit vorgesehen, hinsichtlich der Aufzüge nur noch auf die DIN EN 81-70 hinzuweisen und eine Fahrkorbgröße von mindestens dem Typ 2 (entspricht einer Traglast von 630 kg) sowie eine Türbreite von mindestens 900 mm zu fordern. Alle anderen Anforderungen bezüglich der Aufzüge müssen dann der DIN EN 81-70 entsprechen.

Die konsolidierte Fassung der DIN EN 81-70 ist im September 2005 erschienen und kann als Stand der Technik für die behindertengerechte Ausführung eines Aufzuges in Europa betrachtet werden. Die Norm EN 81-70 wurde als harmonisierte Norm unter der Aufzugsrichtlinie bekannt gegeben und ist damit verbindlich in den Ländern der EU anzuwenden.

Im nationalen Vorwort der DIN EN 81-70 ist darauf hingewiesen, dass Festlegungen für Aufzüge aus der DIN 18 024 und der DIN 18 025 in diese Norm übernommen sind. Dies bedeutet, dass die Anforderungen an Aufzüge in der DIN 18 024 und der DIN 18 025 durch die DIN EN 81-70 abgelöst wurden und damit die geplanten Änderungen durch die DIN 18 040 vorweggenommen sind. Grundsätzlich haben europäische Regelungen Vorrang vor nationalen Regelungen, die nach einer festgelegten Übergangszeit zurückgezogen werden müssen. Da ein Zurückziehen der DIN 18 024 und der DIN 18 025 aufgrund der Abdeckung auch anderer Bereiche außer Aufzüge derzeit nicht möglich ist, wurde der Ersatzvermerk in das nationale Vorwort der DIN EN 81-70 aufgenommen.

Solange jedoch die DIN 18 040 noch nicht verabschiedet und veröffentlicht ist und damit die Mindestgröße des Fahrkorbes und die Mindestbreite der Türen festgelegt sind, ergibt sich für diese Mindestanforderungen eine Grauzone. Da jedoch in dem Entwurf der DIN 18 040 die gleichen Mindestanforderungen vorgesehen sind, wie sie auch in der DIN 18 024 und der DIN 18 025 enthalten waren, können diese Werte sinngemäß in der Zwischenzeit bis zur Veröffentlichung der DIN 18 040 weiter verwendet werden.

Im Rahmen der o.g. Regelungen können 3 verschiedene Arten von Aufzügen für die Benutzung durch Personen mit Behinderungen definiert werden:

Behindertengerechter Aufzug

Dieser Aufzug muss dann eingesetzt werden, wenn die technischen Baubestimmungen der Länder einen barrierefreien Zugang mittels eines Aufzuges verlangen. Der Aufzug muss in allen Punkten den Mindestanforderungen der zukünftigen DIN 18 040 sowie der DIN EN 81-70 entsprechen. Für Wohnhäuser könnte überlegt werden, ob im Einzelfall auf bestimmte Funktionen verzichtet werden kann (z.B. Sprachansage), die vielleicht nie benötigt werden und im Bedarfsfall einfach nachgerüstet werden könnten.

In öffentlichen Gebäuden muss der Aufzug generell in allen Punkten der EN 81-70 entsprechen. In besonderen Gebäuden wie etwa speziellen Heimen für Behinderte muss bei der Planung des Aufzuges darüber hinaus abgestimmt werden, ob der Aufzug mit zusätzlichen Einrichtungen versehen werden sollte (z.B. Kommunikationshilfe nach 5.4.4.3 c) und weitere Einrichtungen nach Anhang G).

Ein Weglassen oder Hinzufügen einzelner Elemente muss im Gespräch zwischen Monatagebetrieb und Bauherren im Hinblick auf die zu erwartende bestimmungsgemäße Nutzung abgestimmt werden.

Rollstuhlgerechter Aufzug

Wenn die technischen Baubestimmungen nur fordern, dass der Aufzug für die Benutzung mit Rollstühlen geeignet sein muss, kann auf einige Ausstattungsdetails nach DIN EN 81-70 verzichtet werden. Er sollte jedoch mindestens die folgenden Anforderungen erfüllen:

❑ Fahrkorbgröße Typ 2,
❑ Türbreite 900 mm,
❑ Haltegenauigkeit,

- ❑ Türüberwachung z.B. durch Lichtgitter,
- ❑ Handlauf im Fahrkorb,
- ❑ Spiegel an Rückwand,
- ❑ verlängerte Offenhaltezeit der Türen,
- ❑ Anordnung der Befehlsgeber und Anzeigen.

Aufzug für Personen mit eingeschränkter Beweglichkeit
(bedingt behindertengerechter Aufzug)
Es empfiehlt sich, grundsätzlich alle Aufzüge für die Benutzung durch Personen mit eingeschränkter Beweglichkeit auszuführen. Eine Einschränkung in der Beweglichkeit kann nahezu alle Benutzer eines Aufzuges betreffen, die im Alter, durch Gebrechen oder Krankheiten dauerhaft oder auch nur temporär in ihrer Mobilität eingeschränkt sind. Dieser Aufzug sollte weitgehend den Mindestanforderungen des rollstuhlgerechten Aufzuges entsprechen.

In besonderen Fällen könnte jedoch bei beschränkten Schachtabmessungen auch ein **kleinerer Fahrkorb (Typ 1)** mit einer **Türbreite 800** mm eingesetzt werden, der ebenfalls noch mit vielen Rollstuhltypen benutzt werden kann.

6.6 Explosionsschutz

Einsatz von Aufzügen in explosionsgefährdeten Bereichen
Explosionen sind durch extrem kurze Zeitabläufe sowie die Gefahr von Explosionsübertragungen innerhalb von Anlagen gekennzeichnet. Ist die Zündung von explosionsfähigen Stoffen einmal erfolgt, dann kann durch manuelle Eingriffe eine Schädigung von Personen und Anlagen nicht mehr verhindert werden. Der Explosionsschutz zählt deshalb zu den besonders sicherheitsrelevanten Aufgaben, die schon in der Planung berücksichtigt werden müssen. Ein einwandfreier Zustand der Anlage muss daher auch nach der Übergabe vom Betreiber sichergestellt und regelmäßig überprüft werden.

Nach der Richtlinie 94/9/EG (auch als ATEX 100a oder ATEX 95 bezeichnet), die in Deutschland in der 11. GPSGV (Explosionsschutzverordnung) umgesetzt ist, müssen alle Aufzüge sowie bestimmte Aufzugsbaugruppen, die ab 1. Juli 2003 in Verkehr gebracht werden, den Anforderungen der Richtlinie entsprechen. Im Gegensatz zu früheren Regelungen müssen nun auch nicht-elektrische Betriebsmittel einer Konformitätsbewertung unterzogen und dabei alle potentiellen Zündquellen untersucht werden. Für den Betrieb bestehender Aufzugsanlagen gilt die Richtlinie 1999/92/EG (auch ATEX 118a oder ATEX 137 genannt), die in der Betriebssicherheitsverordnung umgesetzt ist.

Aufzüge werden in der Regel nur in den **Zonen 1 und 2** (explosionsfähige Gasatmosphäre) oder in den **Zonen 21 und 22** (explosionsfähige Staubatmosphäre) eingesetzt, in denen gelegentlich (1, 21) oder normalerweise nicht oder aber nur kurzzeitig (2, 22) mit dem Auftreten einer explosionsfähigen Atmosphäre gerechnet werden muss. Die Einteilung der explosionsgefährdeten Bereiche in Zonen muss vom Betreiber der überwachungsbedürftigen Anlage erfolgen.

Tabelle 6.1 Konformitätsbewertungsverfahren nach Richtlinie 94/9/EG bei Geräten und Komponenten [35]

Zone	Geräte-Kategorie	Baumusterprüfung		Qualitätssicherung		EG-Konformitätserklärung
		elektr.	mech.	elektr.	mech.	
0, 20	1	NB III/IX	NB III/IX	NB IV/V	NB IV/V	H
1, 21	2	NB III/IX	–	NB VI/VII	H VIII[1)	H
2, 22	3	–	–	H VIII	H VIII	H
NB = Benannte Stelle nach 94/9/EG, H = Hersteller						
Anhang	Modul			Anhang	Modul	
III	EG-Baumusterprüfung durch NB			VII	Qualitätssicherung Produkt	
IV	Qualitätssicherung Produktion			VIII	Interne Fertigungskontrolle	
V	Prüfung Produkte			IX	Einzelprüfung durch NB	
VI	Konformität mit der Bauart					
1) Dokumentation, inklusive Risikobewertung muss vom H bei NB hinterlegt werden						

Der Triebwerksraum wird in den meisten Fällen durch eine Wand vom Rollenraum und dem Schacht getrennt und die Treibscheibenwelle durch diese Wand mit einem engen Spalt hindurchgeführt. Diese Ausführung wird in der Aufzugsindustrie auch als «Teil-Ex-Ausführung» bezeichnet, da sich nur ein Teil des Triebwerkes in einem explosionsgefährdeten Bereich befindet. Der Hauptteil des Triebwerkes und die Steuerung befinden sich in einem Triebwerksraum, in dem im Normalbetrieb keine explosionsfähige Atmosphäre auftreten kann. In diesen Fällen muss der Betreiber die geeigneten Maßnahmen ergreifen, um den Triebwerksraum zu belüften und/oder mit Überdruck zu versehen, so dass die Bildung einer gefährlichen explosionsfähigen Atmosphäre im Triebwerksraum wirksam verhindert wird. In seltenen Fällen muss der Triebwerksraum zum Einsatz in den Zonen 1 oder 2 geeignet explosionsgeschützt ausgeführt sein. Diese Ausführung wird auch «Voll-Ex-Ausführung» genannt.

Gemäß den Ausführungen der ATEX-Leitlinien (Ausgabe 2000) sowie entsprechenden Interpretationen des Ständigen Ausschuss zur Richtlinie 94/9/EG kann eine Aufzugsanlage entweder als Baugruppe (Assembly) oder als Installation betrachtet werden.

Wird der Aufzug als Gerätekombination betrachtet, ist der Montagebetrieb dafür verantwortlich, dass eine Risikobewertung für die gesamte Aufzugsanlage durchgeführt und eine Betriebsanleitung erstellt wird. Sofern Geräte und Komponenten mit eigener Konformitätsbewertung verwendet werden, kann der Montagebetrieb die Konformität dieser Geräte und Komponenten unterstellen und die Risikobewertung auf die zusätzlichen Zündgefahren beschränken, die von Bauteilen ohne eigene Konformitätsbewertung ausgehen und/oder durch die Kombination der einzelnen Bauteile entstehen.

Für einen Aufzug, dessen Bereiche sich teilweise oder vollständig in den Zonen 1, 2, 21 oder 22 befinden, kommen für das Inverkehrbringen als Gerätekombination nach Richtlinie 94/9/EG die folgenden Verfahren in Frage:

❑ das Verfahren der Baumusterprüfung nach Anhang III in Verbindung mit dem Verfahren der Konformität mit der Bauart gemäß Anhang VI oder dem Verfahren der Qualitätssicherung der Produkte gemäß Anhang VIII oder
❑ die EG-Einzelprüfung nach Anhang IX.

Da es sich bei Aufzügen in explosionsgefährdeten Bereichen meist um individuelle Ausführungen handelt, dürfte es kaum möglich sein, diese vollständig in eine EG-Baumusterprüfung zu fassen, so dass in der Regel die EG-Einzelprüfung zum Einsatz kommen wird. In diesem Fall könnte die Einzelprüfung nach Richtlinie 94/9/EG (ATEX) zeitgleich mit einer Einzelprüfung nach Richtlinie 95/16/EG (Aufzugsrichtlinie) erfolgen, so dass der Aufzug nach beiden Richtlinien zum gleichen Zeitpunkt in Verkehr gebracht wird. Es müssen allerdings 2 unterschiedliche benannte Stellen nach Richtlinie 94/9/EG und nach Richtlinie 95/16/EG eingeschaltet werden.

In der EG-Konformitätserklärung des Aufzuges muss gleichzeitig die Konformität mit der Richtlinie 95/16/EG und mit der Richtlinie 94/9/EG sowie zusätzlicher relevanter EG-Richtlinien erklärt werden.

Die Kennzeichnung des Aufzuges auf dem Typenschild im Fahrkorb muss neben dem CE-Kennzeichen und der Nummer der benannten Stelle nach Richtlinie 95/16/EG zusätzlich die Nummer der benannten Stelle nach Richtlinie 94/9/EG, die im Rahmen der Konformitätsbewertung eingeschaltet war, das EX-Zeichen, die Gerätegruppe, die Gerätekategorie (eventuell mehrere, wenn sich der Aufzug aus Geräten und Komponenten mit unterschiedlichen Kategorien zusammensetzt) und die Angabe G für Gas und/oder D für Staub enthalten.

Beispiel für einen Aufzug, der teilweise in den Zonen 1 und 2 betrieben werden soll und Geräte/Komponenten der Gerätekategorien 2 und 3 enthält:

CE 1234/ 5678
⟨Ex⟩ II 2/3 G
1234: Nummer der benannten Stelle nach Aufzugsrichtlinie
5678: Nummer der benannten Stelle nach Ex-Richtlinie

Da diese Kennzeichnung in der Regel nicht alle detaillierten Eigenschaften des Explosionsschutzes der einzelnen Geräte/Komponenten des Aufzuges wiedergeben kann, müssen in der Dokumentation des Aufzuges die verwendeten Geräte/Komponenten mit ihren Kennzeichnungen aufgelistet und den gegebenenfalls unterschiedlichen Zonen des Aufzuges zugeordnet sein. In der Betriebsanleitung des Aufzuges sind ergänzend zu den Inhalten, die nach Aufzugsrichtlinie gefordert sind, auch die geforderten Inhalte der Ex-Richtlinie zu berücksichtigen.

Nach Abschluss des Inverkehrbringens muss der Aufzug hinsichtlich des Explosionsschutzes zusätzlich nach BetrSichV § 14 (1) von einer zugelassenen Überwachungsstelle abgenommen werden, bevor er betrieben werden darf.

Ein Aufzug kann gleichfalls als Anlage/Installation betrachtet werden, wenn die Herstellung mit zündgefährlichen Teilen erfolgt, für die jeweils eine Konformität gemäß Richtlinie 94/9/EG unterstellt werden kann und somit keine umfassende aus den verwendeten Teilen und deren Kombinationen resultierende Zündgefahrbewertung zur Beherrschung der potentiellen Zündquellen erforderlich ist. Das Inverkehrbringen findet statt, wenn die Geräte und Komponenten von einem oder mehreren Herstellern an den Montagebetrieb geliefert sind.

Der Montagebetrieb installiert diese Geräte und Komponenten nach den Betriebsanleitungen der Lieferanten unter Berücksichtigung der Umgebungsbedingungen und ergänzt zusätzliche Bauteile, die für die Funktion und Ausstattung des Aufzuges erforderlich sind. Diese zusätzlichen Bauteile dürfen allerdings keine eigenen relevanten Zündquellen haben. Der Montagebetrieb erstellt mit dem Betreiber eine Risikobewertung, in der die zusätzlichen Gefahren infolge der Kombination der Bauteile (Wechselwirkungen) untersucht werden, und ergänzt die Betriebsanleitung des Aufzuges mit allgemeinen und übergreifenden Hinweisen zum Explosionsschutz, die nicht in den Betriebsanleitungen der Geräte und Komponenten enthalten sind.

Die Aufzugsbaugruppen werden als Geräte betrachtet, wenn sie nach Richtlinie 94/9/EG eine autonome Funktion erfüllen und eigene potentielle Zündquellen aufweisen. Als Geräte können beispielsweise Antriebsmaschinen (oder einzeln Motoren, Getriebe, Bremsen), Schachttüren, Fahrkorbtüren, Geschwindigkeitsbegrenzer, Beleuchtungen, Anzeigen, Schalter usw. angesehen werden.

Baugruppen oder Bauteile, die keine autonome Funktion erfüllen, aber für den sicheren Betrieb von Aufzugsanlagen in explosionsgefährdeten Bereichen erforderlich sind, können als Komponenten in Sinne der Richtlinie 94/9/EG betrachtet werden. Die Konformitätsbewertungsverfahren von Geräten und Komponenten sind gleich, so dass diese Differenzierung außer der unterschiedlichen Kennzeichnung in der Praxis nicht von großer Bedeutung ist.

Einen Sonderfall stellt die **Fangvorrichtung** dar. Bei einem Aufzug kann das Ansprechen der Fangvorrichtung als seltene Störung betrachtet werden, sofern durch konstruktive Maßnahmen sowie durch regelmäßige Wartung sichergestellt ist, dass ein ungewolltes Einrücken weitgehend verhindert ist. Unter dieser Voraussetzung kann diese Zündquelle als potentielle Zündgefahr in den Zonen 1 und 2 als nicht relevant betrachtet werden. Die Fangvorrichtung müsste deshalb beim Inverkehrbringen nicht als Gerät oder Komponente betrachtet werden. Bei Prüfungen der Fangvorrichtung müssen allerdings Vorkehrungen getroffen werden, damit zu diesem Zeitpunkt keine explosionsfähige Atmosphäre vorhanden ist. Diese Betrachtung muss gegebenenfalls in der Risikobewertung des Aufzuges angestellt werden.

Abhängig davon, ob ein Gerät oder eine Komponente elektrische Bauteile enthält, kommen unterschiedliche Konformitätsbewertungsverfahren gemäß Tabelle

6.1 zum Einsatz. Enthält eine überwiegend mechanische Baugruppe (z.B. Schacht-tür) elektrische Bauteile wie etwa Schalter, besteht die Möglichkeit, die Baugruppe als mechanisches Betriebsmittel zu betrachten, wenn die elektrischen Bauteile bei der Konformitätsbewertung des Betriebsmittels ausgenommen werden und keine sicherheitsrelevante Wechselwirkung zu berücksichtigen ist. Dies hat auch den Vorteil, dass als Ersatzteil für das elektrische Betriebsmittel ein anderes Fabrikat eingesetzt werden kann, ohne dass die ursprüngliche Konformitätsbewertung der Baugruppe ihre Gültigkeit verliert.

Falls jedoch ein defektes Gerät oder eine defekte Komponente beim Hersteller instand gesetzt und wieder eingebaut wird, gilt die Richtlinie 94/9/EG nicht. Wenn Ersatzteile, die der o.g. Definition eines Gerätes oder einer Komponente entspre-chen, in Verkehr gebracht werden, müssen sie den Anforderungen der Richtlinie 94/9/EG entsprechen.

6.7 Elektromagnetische Verträglichkeit (EMV)

Elektrische und elektronische Einrichtungen, Geräte und Systeme, die nicht sinus-förmige Signale erzeugen oder übertragen, verursachen **elektromagnetische Stö-rungen.** Elektrische und elektronische Einrichtungen, Geräte und Systeme wurden im Laufe der letzten Jahrzehnte durch die Entwicklung neuer Halbleitertechnolo-gien immer leistungsfähiger und schneller. Sie erzeugen durch hohe Taktfrequenzen und große Flankensteilheiten Störungen, die den Grundstörpegel der elektroma-gnetischen Umwelt weiter anheben. Andererseits werden die Geräte mit immer geringeren Versorgungsspannungen störanfälliger. Im Aufzugbau sind die Fre-quenzumrichter mit moderner Leistungselektronik die Hauptverursacher von elek-tromagnetischen Störungen.

Die passive elektromagnetische Verträglichkeit, die elektromagnetische **Störfes-tigkeit,** ist die Fähigkeit einer elektrischen Einrichtung, in ihrer elektromagne-tischen Umgebung zufrieden stellend zu funktionieren. Elektromagnetische Stör-größen aus der elektromagnetischen Umwelt können auf Geräte und Anlagen ein-wirken und Störungen und Beeinträchtigungen der Funktion hervorrufen. Die Grö-ße der **Störimmunität** der Geräte und Anlagen ist deshalb von großer Bedeutung.

Die aktive elektromagnetische Verträglichkeit, die elektromagnetische **Störaus-sendung,** ist die Fähigkeit einer elektrischen Einrichtung, ihre Umgebung, zu der auch andere elektromagnetische Einrichtungen gehören, nicht unzulässig zu beein-flussen. Beim Betreiben von Geräten und Anlagen entstehen elektromagnetische Störgrößen, die an die Umgebung abgegeben werden. Es ist das Ziel der Entwick-ler und Hersteller, die **Störemission** so klein als möglich zu halten.

Regeln und Normen für die elektromagnetische Verträglichkeit, EMV
Die Umsetzung der europäischen EMV-Richtlinie 2004/108/EG in nationales Recht erfolgte durch das EMV-Gesetz in der überarbeiteten Fassung von 2004. Es

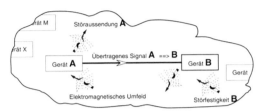

Bild 6.11
Störfestigkeit und Störaussendung von
elektronischen Geräten [36] [Q.32]

umfasst allgemeine Angaben, um die Koexistenz aller elektromagnetischen Teilnehmer in einem bestimmten Umfeld zu sichern. Konkrete Angaben zu Phänomenen, Messungen und Grenzwerten sind in den EMV-Normen angegeben. Die Produktfamiliennormen für Aufzüge und Fahrtreppen sind die DIN EN 12 015 – Störaussendung und die DIN EN 12 016 – Störfestigkeit.

Kopplungsarten von elektromagnetischen Störungen

Die Einwirkung von elektromagnetischen Störungen auf ein elektronisches Gerät erfolgt durch unterschiedliche Kopplungsmechanismen. Man unterscheidet zwischen galvanischer, induktiver, kapazitiver Kopplung und Strahlungskopplung.

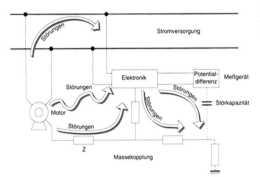

Bild 6.12
Kopplungsverhalten von elektromagnetischen Störungen [36] [Q.32]

Bei der **galvanischen** Kopplung teilen sich mehrere Verbraucher einen gemeinsamen Rückleiter. Eine Stromänderung auf einem Verbraucher ruft einen Spannungsabfall auf dem gemeinsamen Leiter hervor und überträgt so die Störung auf die anderen Verbraucher. Es ist deshalb dringend zu empfehlen, dass jeder Hinleiter, auf dem störende Stromänderungen auftreten können, einen eigenen Rückleiter hat.

Leistungskreise, durch die hohe Ströme fließen (**hohes** d_i/d_t), induzieren durch Magnetfelder symmetrische Störfelder in benachbarten Stromkreisen, die **induktiv** eingekoppelt werden können. Zur Verbesserung müssen die Leiterschleifen gering gehalten und die Leitungen kurz und verdrillt verlegt werden.

Durch schnelle Spannungsänderungen (**hohes** d_u/d_t) entstehen auf benachbarten Leitungen Störungen, die **kapazitiv** eingekoppelt werden können. Empfindliche

Leitungen sollten nicht neben störende verlegt werden, sondern neben Bezugs-potentialflächen. Außerdem sollten die Leitungen nicht parallel verlegt sein, son-dern senkrecht zueinander, also gekreuzt.

Das elektromagnetische Feld, das einen Leiter umgibt, löst sich ab einer be-stimmten Frequenz von diesem, der Leiter wird zur Antenne und die Störungen werden durch **Strahlung** eingekoppelt. Abhilfe erfolgt durch geschirmte Kabel und geschirmte Gehäuse und durch Vergrößerung der Entfernung.

Auswirkung und Abhilfemaßnahmen

Die Auswirkungen der elektromagnetischen Störaussendung auf die Aufzugsanla-ge sind vor allem Störungen in der Steuerung, Störungen der Steuersignale auf den Steuerleitungen, in den Bussystemen des Aufzuges, z.B. im CAN-Bus oder dem DCP-Bus zwischen Steuerung und Umrichter, und Störung der Messsignale, z.B. des Impulsgebers als Istwertrückführung der Antriebsregelung. Es kann dadurch zu schlechtem Fahrkomfort oder Fahrtabbrüchen kommen.

Außerhalb der Aufzugsanlage können die elektromagnetischen Störaussen-dungen u.a. auch von der Aufzugsteuerung zu erheblichen Störungen von Mobil-funktelefonen, Radio- und Fernsehgeräten, IT-Anlagen (PC usw.) und medizi-nischen Einrichtungen und Geräten führen.

Die wichtigsten Abhilfemaßnahmen zur Vermeidung von elektromagnetischen Störungen sind:

❑ die Abschirmung von Kabeln und Leitungen zur Vermeidung von Störaussen-dung, z.B. beim Motorkabel und zur Vermeidung von Störeinstrahlung, z.B. bei den Leitungen zum Impulsgeber der Antriebsregelung und den Leitungen der Bussysteme. Die Schirmauflagen an den Leitungsanschlüssen müssen im-mer großflächig sein.
❑ Die Abstände von parallel verlaufenden, störbehafteten Kabeln und Leitungen müssen ausreichend groß sein, je nach Kategorie der Störintensität.
❑ Der Einsatz von Netzfiltern vor den Frequenzumrichtern der Antriebe und Funkentstörfiltern in der Steuerung ist erforderlich.
❑ Die Verwendung von Induktivitäten und Ferritringen an Netzzuleitungen, wie sie z.B. bei den Netzzuleitungen von Laptops üblich sind, ist zu empfehlen.
❑ Massebänder zur Verbindung von Schaltschrankmontageplatten, Schalt-schrankteilen (Gehäuse, Türen) und anderen metallenen Teilen.

Durch den konsequenten Einsatz aller geeigneter Maßnahmen zur Erreichung ei-ner hohen elektromagnetischen Verträglichkeit lassen sich mögliche Störungen der Anlagen und Geräte vermeiden. Bei der Umsetzung und Ausführung der Schutz-maßnahmen sind aber höchste Sorgfalt und ein konsequentes Vorgehen erforder-lich.

Die Störungssuche und Fehlerbeseitigung an Anlagen und Geräten, die durch elektromagnetische Störungen in ihrer normalen Betriebsfunktion beeinträchtigt

262

sind, gestaltet sich immer sehr aufwendig und erfordert darüber hinaus ein aufwendiges Messequipment.

6.8 Blitzschutz

Blitze sind elektrische Entladungen zwischen Wolken und Erde oder zwischen den Wolken; sie sind Bestandteil eines Gewitters. Gewitter entstehen häufig an warmen Sommertagen. Starke Aufwinde tragen feuchtwarme Luft in kältere Höhen. Hier können nun Eiskristalle und Wassertropfen aufeinander treffen und sich elektrisch mit entgegengesetzter Polarität aufladen. Die Eiskristalle laden sich positiv auf, wogegen die fallenden Wassertropfen negativ aufgeladen werden.

Im unteren Bereich von Gewitterwolken konzentriert sich somit eine negative Ladung, während sich die regennasse Erdoberfläche positiv auflädt. In diesem elektrischen Spannungsfeld kann sich dann ein Leitblitz aufbauen. An höheren Stellen der Erdoberfläche, z.B. an Bäumen, Kirchtürmen, hohen Gebäuden, entsteht eine Fangladung. Diese verbindet sich mit dem Leitblitz zu einem Luftkanal aus elektrisch leitenden Luftmolekülen, durch den der eigentliche Blitz in Form einer energiereichen Entladung verläuft. Durch die enorme Hitze der Blitzentladung dehnt sich der Luftkanal schlagartig aus, was zu starken Schallwellen führt, die in Form des Donners wahrgenommen werden.

Der **Blitzschutz** umfasst nun die Gesamtheit aller Maßnahmen außerhalb, an und in der zu schützenden Anlage gegen schädliche Auswirkungen von Blitzeinschlägen auf bauliche Anlagen. Der Blitz kann direkt oder indirekt durch sein starkes elektromagnetisches Feld in elektrische Leitungen eingekoppelt werden und damit in das Innere von Gebäuden und deren Anlagen eindringen. Als Schutz vor Zerstörungen dient ein vollständiges Blitzschutzsystem, das aus einem inneren und äußeren Blitzschutz besteht.

Der äußere Blitzschutz ist als grobmaschiger faradayscher Käfig aufgebaut und soll Schutz bieten vor direkten Blitzeinschlägen. Bestandteile des äußeren Blitzschutzes sind die Fangeinrichtung an der Begrenzung des Gebäudes, die Ableitungsanlage, die den Blitzstrom von der Fangeinrichtung zur Erdungsanlage weiterleiten soll, und die Erdungsanlage, die den Blitzstrom in den Erdboden ableiten muss. Von großer Bedeutung, insbesondere im Zusammenhang mit den Aufzügen, ist die fachgerechte Ausführung der Erdungsmaßnahmen.

Unter dem inneren Blitzschutz versteht man die Gesamtheit aller Maßnahmen gegen die Auswirkungen des Blitzstromes und der Blitzspannung auf die elektrische Installation und elektrische und elektronische Anlagen und Geräte. Er umfasst also im Wesentlichen die Erdungs- und Potentialausgleichsmaßnahmen, magnetische Schirmungen und den Einbau von Überspannungsschutzgeräten.

Zwischen dem äußeren und inneren Blitzschutz muss ein ausreichender Abstand bestehen, insbesondere um Lichtbögen zu metallischen, geerdeten Gebäudeteilen zu vermeiden.

Der innere Blitzschutz ist gemäß DIN EN 61 643 (VDE 0675 Teil 6) in einem Dreistufenkonzept aufgebaut. Überspannungsschutzgeräte der Stufe 1 stellen einen Grobschutz der elektrischen Anlage am Hauseintritt dar. Die Stufe 2 greift in den Unterverteilungen des Hauses und schützt das nachgeschaltete, elektrische Verteilungsnetz vor Spannungsspitzen. Die Stufe 3 ist direkt den elektrischen und elektronischen Geräten zugeordnet und direkt in den Steckdosen oder Endgeräten angebracht.

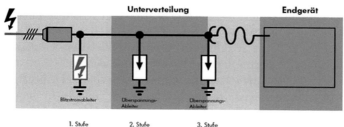

Bild 6.13
Dreistufenkonzept des inneren Blitzschutzes [Q.13]

Als wichtigste Maßnahmen des Blitzschutzes bei Aufzugsanlagen müssen die Führungsschienen mit dem Hauptpotentialausgleich verbunden werden. Alle anderen metallischen Teile (Maschinen, Maschinenrahmen, Rohrleitungen, Schaltschränke usw.) sind mit den Führungsschienen verbunden. Somit wird eine zentrale Erdung zum Hauptpotentialausgleich erzielt. Das Schutzleiterpotential muss in der gesamten Anlage gleich dem Erdpotential sein. Dies wird erreicht, wenn die Netzzuleitung zur Aufzugsanlage als TN-S-System ausgeführt ist (Schutzleiter PE getrennt von Neutralleiter N). Auf dem PE dürfen dabei keine Ausgleichsströme fließen. Der Querschnitt des PE muss gleich dem größten Querschnitt eines Leiters sein. Bei den eingesetzten Überspannungsschutzeinrichtungen ist auf eine gute metallische Verbindung zum Potentialausgleich zu achten. Die Anschlüsse zum Potentialausgleich sind kurz zu halten.

6.9   Platzbedarf im Gebäude

Architektur und Aufzugstechnik sind eng miteinander verbunden. Man kann sogar noch einen Schritt weitergehen und feststellen, dass die Aufzugstechnik ein prägendes Element für die architektonische Entwicklung ist.

Bild 6.14
Mercedes-Benz-Museum Stuttgart
[Q.1]

Aufzüge sind heute ein wichtiges, stilbildendes Element für die architektonische Gestaltung des Gebäudes innen und außen. Der Aufzug und seine Technik werden sichtbar gemacht. Die Gestaltung des Fahrkorbes muss dabei zum architektonischen Konzept des Gebäudes passen.

Bild 6.15
Modernes Bürogebäude mit teilverglastem
Aufzug [Q.6]

Erst mit Aufzügen war es möglich, in Hochhäusern eine effiziente, vertikale Erschließung des Gebäudes im Innern zu erreichen. Heute ist es darüber hinaus üblich, die Nutzung der Aufzugtechnik als gliederndes Architekturelement zu betrachten und unabhängig von der Gebäudeart anzuwenden. Mit repräsentativen Aufzügen erreicht man die sofortige Wahrnehmung der Qualität des gesamten Gebäudes.

Bei kleineren bzw. niedrigeren Gebäuden dienen die Aufzüge vor allem der Wertsteigerung des Gebäudes und zur Erreichung der erforderlichen Barrierefreiheit.

Bild 6.16
Historisches Gebäude, mit modernem Design
renoviert [Q.6]

Aufzüge erschließen ein Gebäude auch als autarke, wirtschaftliche Einheit, z.B. als Bürogebäude, als Fabrikationsgebäude oder als Kranken- und Pflegehaus im Zwischenstockverkehr. Erst mit Aufzügen ist es möglich, die Besucher- und Warenströme in derartigen Gebäuden richtig zu lenken.

Der wichtigste Ansatz für die richtige Anordnung der Aufzüge im Gebäude ist die **rasche Hinführung der Gebäudenutzer zum Aufzug**. Ähnlich wie die Treppe als alternatives, jedoch in gewissem Maße beschränktes Element zur Bewältigung des Vertikaltransportes im Gebäude muss auch der Aufzug leicht erkennbar sein. Er darf auf keinen Fall verborgen in einem Nebenteil des Gebäudes angeordnet sein. Dies führt hin zu der Erkenntnis, dass bezüglich der Aufzugssituation im Gebäude eine formale, architektonische Durchgestaltung der Aufzugsanordnung und ihres Umfeldes im Gebäude erforderlich ist.

Ein wichtiges Planungsziel für Architekten und Aufzugbauer ist dabei, dass Aufzugskabinen und Aufzugsschächte möglichst offen sind und ein stetiger Sichtkontakt gewährleistet ist. Damit wird erreicht, dass der so wichtige soziale Kontakt erhalten bleibt.

Bei kleineren Gebäuden ist es üblich, Treppe und Aufzug architektonisch miteinander zu verbinden. Je höher die Gebäude sind, umso mehr wird die Treppe nur noch zum Fluchtweg und ist so angeordnet, dass sie nicht mehr sofort zu erkennen ist.

Bild 6.17   Modernisierung und Wertsteigerung durch Nachrüstung einer Aufzugsanlage [Q.1]

Bei Hochhäusern sind die Aufzüge üblicherweise als statisch selbstständiger Gebäudeteil im sog. **Hochhauskern** angeordnet. Dieser nimmt auch Funktionsteile wie Toiletten, Belüftung und Klimatisierung und den separaten Schacht für die technischen Versorgungseinrichtungen auf. Während der Bauphase des Hochhauses wird der Hochhauskern als erstes errichtet. Die Aufzüge werden dabei auch als Bauaufzüge zur raschen und unkomplizierten Errichtung des Gebäudes benutzt.

Unter dem Eindruck von **Katastrophenfällen**, wie Bränden oder Terrorangriffen, wird auch überlegt, wie die Aufzüge für eine möglicherweise erforderlich Evakuierung des Gebäudes eingesetzt werden können. Einer der diskutierten Lösungsansätze geht davon aus, dass die Aufzüge nicht mehr in einem Hochhauskern zentral angeordnet sein sollten, sondern vielmehr über den Grundriss des Gebäudes hinweg verteilt. Dabei geht man von der Überlegung aus, dass z. B. ein Brand niemals auf der gesamten Grundfläche eines Stockwerkes gleichzeitig entsteht. Solange der Brand nur einen Teil des Stockwerkes erfasst hat, können die verteilt angeordneten Aufzüge weiterbetrieben werden.

Eine große Bedeutung haben die **Vorräume** vor den Aufzügen. Aus technischer Sicht wird dabei den sozialen Aspekten zu wenig Aufmerksamkeit gewidmet, im Vordergrund stehen vielmehr Nutzung und Sicherheit, z. B. in Bezug auf die Brandbekämpfung. Hier muss der Architekt wegweisend eingreifen und eine anregende und angenehme Umgebung schaffen.

Wie nicht anders zu erwarten, stehen auch bei der Aufzugsanwendung in Gebäuden die **wirtschaftlichen Aspekte** im Vordergrund. Es ist ein Gebot an Planer und Architekten, die erforderlichen Flächen und Volumina für die Verkehrserschließung eines Gebäudes einerseits zu minimieren, gleichzeitig aber die Verkehrsabwicklung zu optimieren. Die Erhöhung der nutzbaren Geschossflächen führt zu einer wirtschaftlicheren Nutzung des Gebäudes. Durch neuere Konzepte, wie z.B. die TWIN-Technologie [17], ist es möglich, die vertikalen Verkehrsflächen im Gebäude zu minimieren.

Bild 6.18
Glasaufzug im Glasschacht im öffentlichen Bereich [Q.1]

Bild 6.19   Dreiergruppe Panoramaaufzüge [Q.1]

Eine besondere Bedeutung hat aus architektonischer Sicht die **Transparenz** bei den Aufzügen. Übliche, geschlossene Aufzugskabinen mit ihrem kleinen Raum schneiden bei der Benutzung des Aufzuges völlig von der Außenwelt ab. Transparente «Glasaufzüge» dagegen schaffen Sicherheit und Kontrolle. Sie lassen sich umfassend in das architektonische Konzept des Gebäudes einbringen.

Angenehmes Licht und frische Luft in der Aufzugskabine erzeugen Wohlbefinden beim Aufzugsbenutzer. Moderne LED-Technologien und angepasste Temperierung und evtl. Kühlung und Heizung bis hin zu einer klimatisierten Aufzugskabine sind entsprechende Maßnahmen. Die Fahrt in einer Aufzugskabine kann auch zur Kommunikation anregen. Ein bildschirmgestütztes Liftinformationssystem kann dazu beitragen.

Transparente Aufzugskabinen sind schon seit längerem ein bedeutendes Stilelement der Gebäudearchitektur. Darüber hinaus bieten sie dem Aufzugbenutzer aber auch zusätzliche Sicherheit. Vandalismus und Gewaltanwendungen werden eingedämmt. Sie sind auch behindertengerechter und verhindern Platzangst. Allerdings ist zu bedenken, dass evtl. Höhenangst bei den Aufzugbenutzern auftreten kann.

In vielen Fällen werden transparente Aufzugskabinen auch benutzt, um zusätzlichen Fahrspaß zu bieten, und stellen einen besonderen Anziehungspunkt für das Gebäude dar. Bei Fassaden- oder Atriumaufzügen wird die Aufzugsfahrt geradezu zum Vergnügen. Wichtig dabei ist allerdings, dass die transparente Kabine und der gesamte verglaste Fahrschacht gut belüftet und klimatisiert ist. Beim Stand unter Sonneneinstrahlung ohne derartige konstruktive Maßnahmen werden bereits nach 30 Minuten unerträglich hohe Temperaturen und Sauerstoffmangel erreicht. Die Parkposition des transparenten Aufzuges muss immer in einer geschützten Haltestelle erfolgen.

Der Platzbedarf im Gebäude ist abhängig von dem gewählten Aufzugsystem. Am Beispiel eines Seilaufzuges mit Triebwerksraum sind in den Bildern 6.20 und 6.21 die Hauptabmessungen angegeben, die sich in Abhängigkeit von den Parametern Nennlast Q, Nenngeschwindigkeit v und Kabinenhöhe KH entsprechend ändern können.

Der Platzbedarf für den Schachtquerschnitt ergibt sich aus der Fahrkorbgröße, der Türensituation und der Lage des Gegengewichtes.

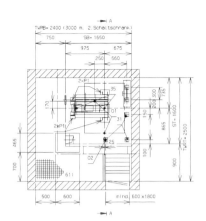

Bild 6.20
Planungsabmessungen Grundrisse [Q.1]

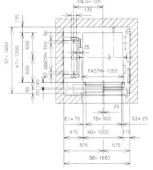

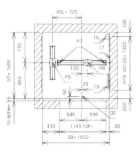

Bild 6.21   Planungsabmessungen Höhenschnitt [Q.1]

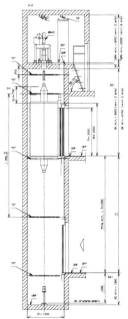

6.10 Anlagenbeurteilung

Für die Qualität einer Aufzugsanlage sind unterschiedliche Parameter und Randbedingungen entscheidend. Großen Einfluss haben dabei die Planung, die Auswahl der Systeme bzw. Komponenten, die konstruktive Ausführung und am Ende auch die Montage und Einstellung der Anlage.

Wie in vielen anderen Bereichen am Bau wird auch bei der Montage von Aufzugsanlagen häufig auf **Subunternehmen** zurückgegriffen, die durch ihre Erfahrung und Flexibilität die **Rohmontage** der Aufzugsanlage übernehmen. Die Endmontage, die Einstellung und Prüfung des Gesamtsystems wird dann in aller Regel vom **Montagebetrieb** durchgeführt, der Vertragspartner des Kunden ist und die Anlage an den Kunden übergibt.

In vielen Fällen ist es nur durch diese Arbeitsteilung und die Nutzung von externen Kapazitäten möglich, die oft sich im Projektverlauf ändernden Termine für die termingerechte Endübergabe an den Kunden einhalten zu können.

Bei einer derartigen Arbeitsteilung ist es wichtig, die Schnittstellen abzustimmen, die Vertragspartner eingehend zu schulen und auch die Montagequalität im Vorfeld zu definieren. Nach Abschluss der Rohmontage sollte die mängelfreie Ausführung geprüft und in einem Übergabeprotokoll dokumentiert werden.

Grundsätzlich kann eine Aufzugsanlage zum einen **aus der Betreiber- und Nutzersicht** und zum anderen unter **rein technischen Gesichtspunkten** beurteilt werden.

Die Qualität und Güte der Aufzüge wird **aus Sicht des Betreibers und der Nutzer** vorrangig anhand folgender Kriterien bewertet:

- Benutzerfreundlichkeit,
- Sicherheitstechnik,
- Energiebedarf,
- Fahrqualität (Fahrkurven),
- Verkehrsabwicklung,
- Geräuschverhalten,
- Verfügbarkeit,
- Störungen,
- Instandhaltungskonzept und Instandhaltungskosten,
- Gesamteindruck und Erhaltungszustand der Aufzugsanlage.

Benutzerfreundlichkeit

Die Benutzung eines Aufzuges muss leicht verständlich sein, d. h., er muss intuitiv zu bedienen sein. Die Bedienelemente und Anzeigen müssen eindeutig erkennbar sein.

In den technischen Baubestimmungen der Länder ist geregelt, in welchen Gebäuden Aufzüge eingebaut werden müssen. Die Anforderungen an die Zugänglichkeit durch behinderte Personen sind speziell in den Landesbauordnungen festgelegt. Darin wird u. a. gefordert, dass in Gebäuden mit einer Höhe von mehr als 13 m Aufzüge in ausreichender Zahl vorhanden sein müssen und mindestens ein Aufzug Rollstühle aufnehmen können muss. Des Weiteren wird gefordert, dass in Gebäuden mit mehr als 2 Wohnungen mindestens die Wohnungen eines Geschosses barrierefrei erreichbar sein müssen.

Darüber hinaus müssen Gebäudeteile in öffentlich zugänglichen Einrichtungen, die dem allgemeinen Besucherverkehr dienen, für Menschen mit Behinderungen, alten Menschen und Personen mit Kleinkindern barrierefrei erreichbar sein.

Diese sehr allgemeinen Anforderungen an die behindertengerechte Ausführung der Aufzüge können aber unterschiedlich ausgelegt werden. Es kann beispielsweise als ausreichend betrachtet werden, wenn der Aufzug über die Ausrüstungen verfügt, die für einen Benutzer im Rollstuhl erforderlich sind (z. B. Größe Fahrkorb und Türbreite).

Bei einer erweiterten, behindertengerechten Ausführung der Aufzüge dagegen müsste der Aufzug auch für Benutzer mit anderen Behinderungen ausgeführt sein und damit alle Anforderungen an einen behindertengerechten Aufzug erfüllen.

Sicherheitstechnische Bewertung

Die sicherheitstechnische Bewertung verlangt eine Überprüfung der Anlage im Hinblick auf die allgemeine Sicherheit, den Zustand der elektrischen Einrichtungen und den Brandschutz.

Die Überwachung und Prüfung erfolgt nach dem geltenden Regelwerk. Danach sind nach Bild 6.22 über die gesamte Anlage des Aufzuges folgende Maßnahmen durchzuführen:

- ❑ Prüfung vor Inbetriebnahme (§ 14 Abs. 1 BetrSichV)
- ❑ Wiederkehrende Prüfung (Hauptprüfung nach § 15 Abs. 13 Satz 1 bzw. Abs.14 Satz 1 BetrSichV)
- ❑ Wiederkehrende Prüfung (Zwischenprüfung nach § 15 Abs.13 Satz 2 bzw. Abs.14 Satz 2 BetrSichV)
- ❑ Prüfung nach einer Änderung (§ 14 Abs. 2 BetrSichV in Verbindung mit TRBS 1121)
- ❑ Prüfung nach einer wesentlichen Veränderung (§ 14 Abs 1 BetrSichV in Verbindung mit TRBS 1121)
- ❑ Angeordnete außerordentliche Prüfung (§ 16 BetrSichV)
- ❑ Dokumentation (§§ 19, 20 BetrSichV)

In Abschnitt 6.3.6 wurden der Umfang und die Inhalte der Anlagendokumentation beschrieben; es handelt sich um Betriebsanleitung und Wartungsheft, die an der Anlage vorhanden sein müssen.

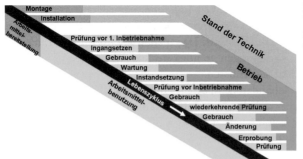

Bild 6.22
Überwachung und Prüfung nach Betriebssicherheitsverordnung [Q.8]

Die Verpflichtungen des Betreibers sind in §§ 12 bis 18 der BetrSichV beschrieben. Im Einzelnen zählen dazu folgende Aufgaben:

❑ Meldung an Aufsichtsbehörde mit Prüffristen,
❑ ordnungsgemäßen Zustand erhalten und überwachen,
❑ notwendige Instandsetzungs- oder Wartungsarbeiten unverzüglich vornehmen und erforderliche Sicherheitsmaßnahmen treffen.

Die regelmäßige elektrische Überprüfung der Anlage auf Einhaltung der gesetzlichen Anforderungen erfolgt nach TRBS 1201 Teil 4. Diese besagt:
Die TRBS 1201 Teil 4 Prüfung von Aufzugsanlagen verlangt u. a. die regelmäßige Vorlage eines Nachweises über den ordnungsgemäßen Zustand der elektrischen Anlage. Die dafür notwendige Prüfung erfolgt nach BGV A3 vor der ersten Inbetriebnahme, nach einer Änderung oder Instandsetzung, vor der Wiederinbetriebnahme und in festen Zeitabständen. Es sollen Mängel an elektrischen Bauteilen, die Gefahren für Menschen, Tiere und Sachwerte bergen, rechtzeitig erkannt werden.

Brandschutz

Bei der Beurteilung des Brandschutzes stehen folgende Gesichtspunkte im Vordergrund:

❑ Anordnung und Projektierung der Aufzüge im Gebäude (Gebäudestruktur),
❑ Brandfrüherkennung und Erfassung des Brandherdes (Gebäudeausrüstung),
❑ bauliche Ausführung der den Aufzug umschließenden Gebäudeteile,
❑ sichere Entrauchung des Schachtes,
❑ Feuerwiderstandsfähigkeit von Aufzugskomponenten, insbesondere der Fahrschachttüren,
❑ sichere Notstromversorgung,
❑ Gebäudemanagement; Evakuierungsplan, Evakuierungsmaßnahmen und Evakuierungsmöglichkeiten.

Energiebedarf

Die VDI 4707 Teil 1 «Aufzüge Energieeffizienz» beschreibt eine Beurteilung und Kennzeichnung des Energiebedarfs von Aufzugsanlagen nach einheitlichen Kriterien. Ähnlich wie bei der Energie-Einsparverordnung EnEV für Gebäude soll für Aufzüge ein einheitlicher Energiepass ausgestellt werden. In der Richtlinie VDI 4707 Teil 2 wird der Energiebedarf von Aufzugskomponenten in Bezug genommen und ein rechnerisches Verfahren zur Ermittlung des Energiebedarfs bei Fahrt vorgegeben.

Der gesamte Energieverbrauch von Aufzügen ergibt sich aus dem Stillstandsenergieverbrauch (Stand-by-Verbrauch) und dem Energieverbrauch während der Fahrt (dynamischer Verbrauch). Der Energieverbrauch im Stillstand ist bei Anlagen mit geringer Nutzung der deutlich größere Anteil (bis zu 80%). Demgegenüber ist der Energieverbrauch während der Fahrt bei Anlagen mit hoher Nutzung der größere Anteil (60% bis 80%).

Die Richtlinie wurde in der Sitzung im Dezember 2011 verabschiedet und wird nach redaktioneller Bearbeitung voraussichtlich im Juni 2012 als Entwurf veröffentlicht.

Fahrqualität der Aufzüge und ihre Fahrkurven

Ein weiteres Merkmal der Güte von Aufzügen sind die Fahrkurven und die Fahrdynamik. Sie können mittels moderner Messtechnik periodisch wie permanent gemessen werden. Anhand der Fahrkurven lässt sich der Materialverbrauch erkennen und damit eine vorbeugende Instandsetzung planen und budgetieren. Darüber hinaus zeigen die Messergebnisse den Zustand der Anlagen und damit die Abweichungen von dem ursprünglichen bzw. zuletzt gemessenen Zustand auf. Es ist zu empfehlen, den Zustand der Aufzüge und ihre Fahrkurven jährlich zu messen, dokumentieren und mittels Diagnose als ergänzende – kostenlose – Wartungsleistung auswerten zu lassen.

Berechnung und Bewertung der Verkehrsabwicklung

Verkehrsberechnung

Verkehrsberechnungen basieren auf der Bestimmung der Rundfahrtzeit eines Aufzuges bei reinem Verteilverkehr (Füllen des Gebäudes, Personen werden auf die Obergeschosse verteilt).

Diese Verkehrsart ist die einzige, bei der sich die Rundfahrtzeit einwandfrei mit Hilfe der Wahrscheinlichkeitstheorie berechnen lässt (kein Einfluss der Steuerung).

Aufzugs- und Gebäudedaten für eine Verkehrsberechnung sind:

❑ Anzahl Einsteige- und Aussteigehalte,
❑ Gebäudebelegung bzw. Belegung pro Stockwerk,
❑ Haltestellendistanzen,
❑ Ein- und Aussteigezeit pro Person,

- Türöffnungs- und Türschließzeit,
- Antriebsparameter,
- Grenzwerte für Intervall T_{AV} und Förderleistung HC5.

Wichtige Bewertungsgrößen

- TAHQ = Theoretische Fahrzeit
  Die theoretische Fahrzeit in Sekunden zwischen den Endhaltestellen mit Nenngeschwindigkeit ohne Berücksichtigung der Beschleunigungs- und Abbremsverluste. Hiermit erfolgt die Ermittlung der benötigten Mindestnenngeschwindigkeit.
  Eine Empfehlung lautet:
  – max. 20 s hohe Ansprüche,
  – max. 25 s mittlere Ansprüche,
  – max. 32 s geringe Ansprüche.

  Der Anspruch an die Verkehrsabwicklung bestimmt die Nenngeschwindigkeit!
  – Rundfahrtzeit ist die Zeit zwischen 2 Starts der gleichen Kabine im Haupthalt,
  – Abfahrtsintervall T_{AV},
  – mittlerer Zeitabstand zwischen dem Wegfahren der Kabinen in der Haupthaltestelle.
- T_{AV} = Rundfahrtzeit T_{AR}/Anzahl Aufzüge in der Gruppe
  Eine Empfehlung lautet:
  – max. 25 s hohe Ansprüche,
  – max. 32 s mittlere Ansprüche,
  – max. 40 s geringe Ansprüche
  bestimmt die Anzahl der Aufzüge in der Gruppe.

Beispiel: T_{AR} = 120 s: 1 Aufzug T_{AV} = 120 s, 4 Aufzüge T_{AV} = 30 s

Fahrkorbfüllgrad
Anzahl der Personen in %, die tatsächlich in einem Fahrkorb maximiert transportiert werden. Die Festlegung des maximalen Füllgrades ist eine wichtige Berechnungsgrundlage.

Förderleistung (HC5 %)
Die 5 Minuten Förderleistung ist der Prozentsatz von sämtlichen Personen in allen Obergeschossen, die in 5 Minuten befördert werden können. Grundlegende Festlegung als Qualitätsmerkmal der Fördertechnik in Abhängigkeit der Gebäudeart und Nutzung; sie bestimmt die Tragfähigkeit!

Wartezeit

Zeit zwischen Drücken des Ruftasters und dem Betreten der Kabine als qualitatives Merkmal!

Mittlere Wartezeit

Zeit von der Abgabe des Rufes in einer Etage bis zum dortigen Eintreffen der Aufzugsanlage; sie stellt die Zeit dar, die durchschnittlich vor dem Aufzug gewartet werden muss.

Mittlere Zielzeit/Zeit bis zum Zielort

Die mittlere Zielzeit enthält die Rufabgabe, die Wartezeit, die Fahrzeit sowie die Aussteigezeiten. Stellt also die Zeit dar, die durchschnittlich von der Rufabgabe bis zum Wiederverlassen des Aufzuges inklusive aller Zwischenstopps vergeht und ist ebenfalls ein wichtiges, qualitatives Merkmal.

Mittlere Reisezeit

Die mittlere Zielzeit umfasst die reine Reisezeit in der Kabine inklusive aller Zwischenstopps.

Warteschlange

Bei Simulationen ein qualitatives und quantitatives Merkmal.

Geräuschverhalten

Darunter versteht man schalltechnische Anforderungen an eine Aufzugsanlage in Bezug auf die Nutzung in einem Gebäude, wobei dabei auch die schalltechnischen Aspekte des Gebäudes eine Rolle spielen.

Anforderungen an den zulässigen Schalldruckpegel in schutzbedürftigen Räumen gem. DIN 4109. Folgende Schalldruckpegel dürfen dabei nicht überschritten werden:

- ❏ in Wohn- und Schlafräumen 30 dB(A),
- ❏ in Unterrichts- und Arbeitsräumen 35 dB(A).

Wichtige Ausführungshinweise für Aufzüge sind in der VDI 2566 beschrieben:

- ❏ Blatt 1 – Aufzugsanlagen mit Triebwerksraum,
- ❏ Blatt 2 – Aufzugsanlagen ohne Triebwerksraum.

Um einen nachhaltigen Schallschutz zu gewährleisten, müssen die Planungshinweise in den relevanten Normen und Vorschriften beachtet werden. Vor der Installation des Aufzuges ist es durchaus sinnvoll, die Umsetzung der Planungsvorgaben zu prüfen. Die Installation und Wartung der Aufzuganlage haben wesentlichen Einfluss auf die im Betrieb auftretenden Schallemissionen. Der in den angrenzenden Räumen auftretende Luftschallpegel wird bereits in der Planungsphase durch die Festlegung des Aufzugtyps weitgehend festgelegt. Die Auswahl der einzelnen Aufzugskomponenten hat erheblichen Einfluss auf die Geräuschemissionen der Anlage. Die Einhaltung des geforderten Schallschutzes ist mit einem gewissen Aufwand verbunden. Deshalb sollte dieser beim Inverkehrbringen überprüft und, falls notwendig, auch eingefordert werden.

Geräuschmessungen an der Anlage können die Situation dokumentieren. Bei Modernisierungen ist zu empfehlen, jeweils eine Messung vor und nach dem Umbau durchzuführen, damit ein objektiver Vergleich möglich ist.

Verfügbarkeit und Störungen

Die Verfügbarkeit und die Störungsziffer eines Aufzuges sind weitere Merkmale für die Güte des Aufzuges im Betrieb. Gewünscht wird ein mängelfreier Aufzug mit einem hohen Lebenszyklus.

Der Verfügbarkeitsgrad eines Aufzuges kann sowohl vom Errichter wie vom Servicebetrieb mit dem Bauherren und Betreiber bereits bei der Planung, vor allem aber bei der Übergabe festgelegt werden.

Die Störungen einer Aufzugsanlage – ausgenommen Vandalismus und missbräuchliche Benutzung – sind abhängig von der Qualität der eingebauten Komponenten, ihrer Abstimmung, der Montage und dem Instandhaltungskonzept.

In Abstimmung mit Planer, Betreiber und Hersteller können Kennwerte für die Verfügbarkeit und die Störungen pro Jahr vereinbart werden.

Sollte eine abweichende Verfügbarkeit und Störungsanzahl festzustellen sein, so sollte eine Nachbesserung der Leistungskomponenten vorgenommen werden.

Instandhaltungskonzept und Instandhaltungskosten
Das Instandhaltungskonzept, bereits bei Planung zu konzipieren und vor Übergabe an den Bauherren mit dem zukünftigen Betreiber abzuschließen, ist der wesentliche Faktor für die Gesamtkosten einer Aufzugsanlage. Dabei zeigt sich bei näherer Betrachtung, dass eine umfängliche, genau zu definierende Instandhaltung eine kostengünstigere Instandhaltung bedeuten kann als eine Minimalwartung mit geringen Wartungskosten.

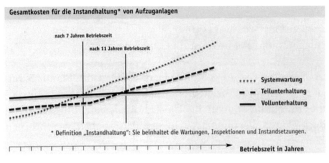

Bild 6.23
Beispielhafte Instandhaltungsmaßnahmen mit Wirkung und Verlauf der Instandhaltungskosten [Q.22]

278

Für die Instandhaltung werden i.d.R. drei Konzepte angeboten:

❑ Instandhaltungsvertrag als Systemwartung mit Minimalpflege als Funktionswartung,
❑ Instandhaltungsvertrag als Teilunterhaltung bzw. mit Teilwartung, d.h. eine mit einschließendem geringen, aber definierten Ersatz verbrauchter Bauteile,
❑ Instandhaltungsvertrag als Vollunterhaltung mit Vollwartung, d.h. einem einschließenden und umfänglichen Ersatz regelmäßig zu ersetzender Bauteile.

Nach Feststellungen von namhaften Aufzugsherstellern lassen sich dabei die Kostenverläufe wie folgt bewerten:

❑ Das Instandhaltungskonzept als Systemwartung mit dem einfachen Pflegevertrag wird nach 11 Jahren das teuerste,
❑ das Instandhaltungskonzept mit der Teilunterhaltung liegt, wie erwartet, in der Mitte,
❑ die Vollunterhaltung ist nach 11 Jahren das preisgünstigste und wirtschaftlichste Instandhaltungskonzept.

Gesamteindruck und Erhaltungszustand der Aufzugsanlage

Darunter versteht man den subjektiven Eindruck im Hinblick auf Vandalismus und Sauberkeit der Anlage.

Bei der Beurteilung von Schutzmaßnahmen gegen **Vandalismus** sind drei Kategorien in der Norm beschrieben, bei deren Vorhandensein entsprechende Schutzmaßnahmen zu berücksichtigen sind. Für eine Beurteilung muss der Kunde und Betreiber entsprechende Informationen geben.

In der *Kategorie 0* wird von einer seltenen und nur leichten, mutwilligen Zerstörungsgefahr ausgegangen, die in jedem Gebäude auftreten kann. Für diese Kategorie sind daher keine besonderen Anforderungen gestellt.

Bei Aufzügen der *Kategorie 1* ist die unbeobachtete, allgemeine Öffentlichkeit berücksichtigt, bei der es gelegentlich zu gemäßigtem Vandalismus kommen kann. Für diese Kategorie sind zusätzliche Anforderungen zu erfüllen, um einen ausreichenden Schutz zu erreichen.

Bei Aufzügen der *Kategorie 2* wird von schwerem Vandalismus ausgegangen, weshalb der Aufzug wesentlich robuster ausgeführt sein muss. Diese Gefahr ist bei Aufzügen im öffentlichen Raum und in Brennpunktbereichen zu berücksichtigen.

Aus rein technischer Sicht kann an der fertigen Anlage dann mit den nachfolgend beschriebenen Untersuchungen die technische Beurteilung durchgeführt werden. Wenn Mängel festgestellt werden, kann es notwendig sein, einige weitergehende Untersuchungen durchzuführen.

An der Anlage sollten dazu die technischen Daten der Anlage aufgenommen werden, und mit einigen Fotos sollte die Situation vor Ort dokumentiert werden, damit für die spätere Auswertung und Beurteilung alle notwendigen Informationen vorhanden sind.

Auf der einen Seite können bei der Begehung an der Anlage einige subjektive Eindrücke aufgenommen werden, wie:

❏ Montagequalität,
❏ Einstellungen (Bremsen, Türen, Frequenzumrichter, Türantrieb usw.),
❏ Sauberkeit der Anlage,
❏ Durchführung von Wartungs- und Servicearbeiten,
❏ subjektive Beurteilung der Fahrt,
❏ Prüfen der Seile und des Seilverschleißes,
❏ Prüfen der Türen beim Öffnen und Schließen, Messung der Türlaufzeiten,
❏ Ausführung der Isolation zwischen Antrieb und Gebäude.

Auf Basis der normativen Vorgaben können folgende Messungen durchgeführt werden:

❏ Messung des Geräuschverhaltens im Triebwerksraum und Schacht, im Fahrkorb, vor den Türen und in angrenzenden Räumen,
❏ Überprüfung der Masse von Fahrkorb und Gegengewicht gemäß der Auslegung,
❏ Messung der Seilspannung,
❏ Messung der Fahrkurve,
❏ Messung der Fahrgüte,
❏ Schwingungsmessungen an einzelnen Komponenten.

Bild 6.24
System LiftPCmobile-Diagnose [Q.23]

Eine objektive Beurteilungsmethode ist die Messung mit einem Diagnosesystem, wie z.B. dem System LiftPC der Firma Henning. Dabei wird ein 3D-Beschleunigungsaufnehmer im Fahrkorb auf den Boden gestellt, und über eine Referenzfahrt werden die Schwingungen aufgezeichnet. Die Auswertung kann dann Aussagen über mögliche Probleme und Mängel aufzeigen.

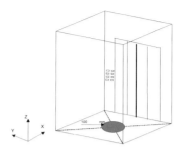

Bild 6.25
Positionierung des Messwürfels im Fahrkorb [Q.23]

Die Durchführung der Messung ist mit einem PC einfach möglich und kann von einem Servicemonteur oder Meister durchgeführt werden. Die Auswertung der Messergebnisse und deren Beurteilung erfordern dagegen einige Erfahrungen und sollte von entsprechend geschulten Mitarbeitern erfolgen, damit dann die entsprechenden Maßnahmen geplant werden können. Mit dem System kann aber auch gezielt an einzelnen Komponenten gemessen werden, damit mögliche Fehlerquellen näher analysiert werden können.

Mit der Messung der Seilspannung an den einzelnen Seilen kann festgestellt werden, ob die Seilspannung in allen Seilen gleichmäßig eingestellt ist; damit können der Seilverschleiß und der Verschleiß an der Treibscheibe reduziert werden. Gleichzeitig kann so das tatsächliche Fahrkorbgewicht ermittelt und zusammen mit der Masse des Gegengewichtes mit der Berechnung verglichen werden.

Mit diesen Ergebnissen kann dann gemeinsam mit der Montagefirma des Aufzuges mit den Architekten, den Fachplanern und Bauakustikern das Ergebnis gewertet und nach möglichen Maßnahmen zur Verbesserungen gesucht werden. Wichtig ist hierbei immer, dass alle an Planung und Ausführung beteiligten Gewerke mit eingebunden werden, da nur selten die Ursache bei einem Gewerk zu finden ist.

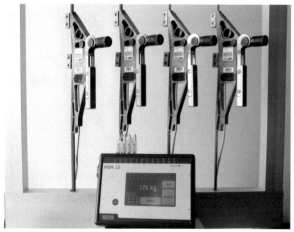

Bild 6.26
Seilspannung [Q.23]

282

7 Prüfung und Betrieb von Aufzügen

Aufzüge als überwachungspflichtige Anlagen unterliegen in Deutschland einer Prüfpflicht. Für die Erstabnahme nach der Installation des Aufzuges und den Betrieb des Aufzuges gelten entsprechende Vorschriften, die in den Kapiteln 5 und 6 bereits beschrieben wurden. Insbesondere müssen hierbei auch die Pflichten des Betreibers der Anlage betrachtet werden.

7.1 Baustellenbetrieb

Bei größeren Umbauten und Sanierungen in bestehenden Gebäuden ist oftmals die Nutzung einer vorhandenen Aufzugsanlage für den vertikalen Transport von Handwerkern und für den Materialtransport erforderlich.

Man sollte sich bewusst sein, welche Konsequenzen dies für die Aufzugsanlage haben kann und welche Maßnahmen im Vorfeld möglich sind:

Für den Fahrkorb-Innenbereich inkl. Fahrkorbdecke kann vom Schreiner eine Holzverkleidung aus Spanplatten angefertigt werden. Das Belegen der Rückseite mit Filz verhindert, dass empfindliche Oberflächen beschädigt werden. Für die Bedien-, Anzeige- und Beleuchtungselemente müssen Aussparungen vorgesehen werden. Die Kanten des Türeinzugs, die gegen Anrempeln besonders gefährdet sind, können verstärkt ausgeführt bzw. mit einem Kantenschutzprofil versehen werden. An den Stockwerken kann an den Türlaibungen ebenfalls eine entsprechende Holzverkleidung angebracht werden.

Funktionsbedingt können die Türblätter des Fahrkorbes und an den Zugängen nicht wirksam geschützt werden. In diesem Bereich können Kratzer und Dellen auftreten!

Während des Baubetriebs kann durch einen höheren Reinigungsaufwand, vor allen im Bereich der Türschwellen, Lichtgitter usw., eine zu große Störungsanfälligkeit vermieden werden.

Der Aufzugsschacht weist funktionsbedingt Spalte im Türenbereich auf, durch die der Baustaub aufgrund der Kaminwirkung der Schachtentlüftung vermehrt angezogen wird.

Nach Abschluss der Maßnahme ist oftmals eine erhöhte Störungshäufigkeit an der Aufzugsanlage festzustellen, die durch Verschmutzung entsteht. Eine gründliche Reinigung des Schachtes und des Fahrkorbes im Anschluss an die Baumaßnahme, die nur durch die Aufzugsfirma durchgeführt werden kann, sollte vorgesehen werden.

Gelegentlich werden auch Türschwellenprofile, die meist nicht für einen rauen Baubetrieb ausgelegt sind, durch die große Punktbelastung der Rollen von Transportfahrzeugen verbogen bzw. beschädigt. Ein Austausch einzelner Schwellenprofile kann erforderlich werden.

Falls ein Aufzug für den Baubetrieb genutzt werden muss, sollte man sich rechtzeitig die erforderlichen Schutzmaßnahmen überlegen und auch die anfallenden Kosten inklusive Reinigung berücksichtigen. Eine entsprechende Planung und Kenntnis der Problematik kann helfen, größere Überraschungen während und nach der Baumaßnahme zu verhindern.

7.2   Abnahmeprüfung

Textauszug aus der Aufzugsverordnung (AufzV) § 9 Abnahmeprüfung

(1) Aufzugsanlagen dürfen nach ihrer Errichtung oder wesentlichen Änderung erst in Betrieb genommen werden, wenn der Sachverständige aufgrund einer Prüfung (Abnahmeprüfung) festgestellt hat, dass sie entsprechend den Anforderungen dieser Verordnung errichtet oder geändert worden sind, und hierfür eine Bescheinigung erteilt hat. Werden vom Sachverständigen Mängel festgestellt, die bei einem in Betrieb genommenen Aufzug nicht dazu führen würden, dass er außer Betrieb gesetzt werden müsste, erteilt der Sachverständige die Bescheinigung und bezeichnet in ihr die innerhalb einer bestimmten Frist zu beseitigenden Mängel.

(2) Bei der Abnahmeprüfung ist insbesondere zu prüfen, ob folgende Bauteile nach Bauart und Ausführung den nachstehend aufgeführten Anforderungen entsprechen:

1. Türverschlüsse von Fahrschachttüren mit mehr als 1,2 m Öffnungshöhe dürfen auch im Dauerbetrieb keine Minderung ihrer Zuverlässigkeit, insbesondere durch Abnutzung, erleiden.
2. Sperrfangvorrichtungen müssen das zum sicheren Abfangen des Lastaufnahmemittels oder Gegengewichtes erforderliche Arbeitsvermögen aufweisen. Bremsfangvorrichtungen müssen auch unter den im Betrieb veränderlichen Reibungsverhältnissen die zum Abfangen erforderliche Bremskraft aufweisen.
3. Geschwindigkeitsbegrenzer müssen eine ausreichende Empfindlichkeit, Ansprechgenauigkeit und Klemmwirkung besitzen und auch im Dauerbetrieb die Fangvorrichtung spätestens bei Erreichen der Auslösegeschwindigkeit sicher einrücken.
4. Energieverzehrende Puffer und energiespeichernde Puffer mit Rücklaufdämpfung müssen das Lastaufnahmemittel und das Gegengewicht beim Aufsetzen ohne gefährliche Verzögerung zum Stillstand bringen.
5. Elektronische Bauteile von elektrischen Sicherheitsschaltungen müssen gegen Fehler und Bauelementausfälle geschützt ausgeführt sein.

(3) Die Prüfung nach Absatz 2 entfällt bei Bauteilen, für die ein Abdruck der Bescheinigung nach § 17 Abs. 2 und die Bescheinigung des Herstellers vorgelegt werden, dass das Bauteil mit dem in der Bescheinigung nach § 17 Abs.2 beschriebenen Bauteil übereinstimmt.

(4) ... (auf den Text wird verzichtet, da er nur für Aufzüge auf Schiffen gilt) ...

(5) Hat der Sachverständige im Fall des Absatzes 1 festgestellt, dass die Aufzugsanlage den dort bezeichneten Anforderungen nicht entspricht, so entscheidet die zuständige Behörde auf Antrag dessen, der die Aufzugsanlage in Betrieb nehmen will.

7.3 Wiederkehrende Prüfung

Textauszug aus der Aufzugsverordnung (AufzV) nach § 10 Hauptprüfung

(1) Aufzugsanlagen unterliegen wiederkehrenden Hauptprüfungen durch den Sachverständigen. Die Hauptprüfung erstreckt sich darauf, ob die Anlage den Vorschriften dieser Verordnung entspricht und ob sie ordnungsgemäß betrieben werden kann.

(2) Die Hauptprüfung ist nach Ablauf von zwei Jahren seit Abschluss der Abnahmeprüfung oder der letzten Hauptprüfung durchzuführen.

(3) Abweichend von Abs. 2 beträgt die Frist:

ein Jahr bei Bauaufzügen mit Personenbeförderung und bei Fassadenaufzügen, vier Jahre bei ausschließlich der Güterbeförderung dienenden Aufzugsanlagen, deren Tragfähigkeit höchstens 1000 kg beträgt.

(4) Die Fristen nach Abs. 2 und 3 laufen auch, wenn die Anlage nicht betrieben wird. Der Hauptprüfung bedarf es nicht, wenn die Anlage vor Ablauf der Frist außer Betrieb gesetzt und dies dem Sachverständigen mitgeteilt ist.

(5) Findet vor Ablauf der Frist eine Prüfung statt, die der Hauptprüfung in vollem Umfang entspricht, so beginnen die Fristen nach Abs. 2 und 3 mit Abschluss dieser Prüfung.

(6) Die Aufsichtsbehörde kann die Fristen nach Abs. 2 und 3 im Einzelfall
– verlängern, soweit die Sicherheit auf andere Weise gewährleistet ist,
– verkürzen, soweit es der Schutz der Beschäftigten oder Dritter erfordert.

§ 11 Zwischenprüfung

(1) Zwischen der Abnahmeprüfung und der ersten Hauptprüfung sowie zwischen den Hauptprüfungen unterliegen die Aufzugsanlagen einer nicht angekündigten Zwischenprüfung durch den Sachverständigen. Hierbei wird geprüft, ob die Anlage ordnungsgemäß betrieben werden kann und sich die Tragmittel in ordnungsgemäßen Zustand befinden.

§ 10 Abs. 4 Satz 2 gilt entsprechend.

(2) Absatz 1 gilt nicht für Bauaufzüge mit Personenbeförderung und für Fassadenaufzüge.

7.4 Sonderprüfungen

Textauszug aus der Aufzugsverordnung (AufzV)

§ 12 Prüfung nach Schadensfällen

Nach Bruch von Bauteilen, der zu unbeabsichtigten Aufzugsbewegungen führen kann, nach Absturz von Lastaufnahmemitteln oder Gegengewichten, nach Versagen von Türsicherungen sowie nach einem Brand im Fahrschacht oder Triebwerksraum ist die Aufzugsanlage außer Betrieb zu setzen. Die Anlage darf erst wieder in Betrieb genommen werden, nachdem der Sachverständige die Anlage oder die betroffenen Anlageteile auf ordnungsmäßigen Zustand geprüft und über das Ergebnis der Prüfung eine Bescheinigung erteilt hat. Bei einer Aufzugsanlage auf einem Seeschiff, das sich in einem Hafen außerhalb des Geltungsbereiches dieser Verordnung befindet, kann die zuständige Behörde Ausnahmen von der Vorschrift des Satzes 2 zulassen.

§ 13 Angeordnete Prüfung

Die Aufsichtsbehörde kann bei Schadensfällen oder aus sonstigem besonderen Anlass im Einzelfall außerordentliche Prüfungen anordnen.

§ 14 Hauptprüfung vor Wiederinbetriebnahme

Eine Aufzugsanlage, die außer Betrieb gesetzt und bei der seit der letzten Hauptprüfung oder einer Prüfung, die der Hauptprüfung in vollem Umfang entsprochen hat, die Frist nach § 10 Abs. 2 oder 3 verstrichen ist, darf erst wieder in Betrieb genommen werden, wenn der Sachverständige eine Hauptprüfung durchgeführt hat.

7.5 Betreiberpflichten

Für den Betrieb einer Aufzugsanlage sind nach Aufzugsverordnung (AufzV) § 19 für den Betreiber Pflichten aufgeführt:

Die Aufzugsanlage ist ordnungsgemäß zu betreiben und in betriebssicherem Zustand zu erhalten, insbesondere in erforderlichem Umfang von einer sachkundigen Person warten und instand setzen zu lassen.

Die Wartungszugänge und Notzugänge zum Fahrschacht sowie die Zugänge zum Triebwerk und den zugehörigen Schalteinrichtungen sind unter Verschluss zu halten.

Mit der Anlage zu befördernde Lasten sind so zu sichern, dass eine Gefährdung mitfahrender Personen und eine Beschädigung der Anlage vermieden werden.

In der Nähe des Triebwerkes muss eine Anweisung über den ordnungsgemäßen Betrieb der Anlage angebracht werden.

Wenn der Aufzug außer Betrieb gesetzt wird, muss dies an der Aufzugsanlage durch Hinweisschilder an den Fahrschachttüren angezeigt werden.

Die Fahrschachtzugänge außer Betrieb gesetzter Personen-Umlaufaufzüge (sog. Paternoster) müssen sicher abgesperrt werden.

Die Aufzugsanlage ist außer Betrieb zu setzen, wenn sie Mängel aufweist, durch die Beschäftigte oder Dritte gefährdet werden. Fahrschachtzugänge mit schadhaften Türen oder mit schadhaften Türverschlüssen sind gegen Zutritt zu sichern.

Außerdem sind in TRBS 3121 (bisher TRA 007) für den Betrieb der Aufzugsanlagen weitergehende Bestimmungen für den Aufzugsbetreiber und den Aufzugswärter aufgeführt.

7.5.1 Aufzugswärter/Eingewiesene Person

In der Verordnung über Aufzugsanlagen (Aufzugsverordnung – AufzV) § 20 Aufzugswärter sind die Pflichten und Aufgaben eines Aufzugswärters aufgeführt.

Textauszug aus § 20 Aufzugswärter

(1) Wer eine Aufzugsanlage betreibt, in der Personen befördert werden dürfen, hat mindestens einen Aufzugswärter zu bestellen und diesen anzuweisen,
– die Anlage zu beaufsichtigen,
– Mängel, die sich an der Anlage zeigen, bestimmten Personen zu melden,
– eine Weiterbenutzung der Anlage zu verhindern, wenn durch Mängel an ihr Beschäftigte oder Dritte gefährdet werden,
– einzugreifen, wenn Personen durch Betriebsstörungen im Fahrkorb eingeschlossen sind.

Er hat dafür Sorge zu tragen, dass ein Aufzugswärter jederzeit leicht zu erreichen ist, solange die Anlage zur Benutzung bereitsteht.

(2) Zum Aufzugswärter darf nur bestellt werden, wer das 18. Lebensjahr vollendet und in einer Prüfung durch den Sachverständigen die für seine Aufgaben erforderliche Sachkunde nachgewiesen hat. Bescheinigungen über die Prüfungen sind am Betriebsort der Anlage aufzubewahren.

(3) Die Aufsichtsbehörde kann anordnen, dass ein Aufzugswärter, der nicht die erforderliche Sachkunde hat oder der wiederholt den Vorschriften dieser Verordnung zuwiderhandelt oder sich sonst als unzuverlässig erwiesen hat, nicht weiter als Aufzugswärter beschäftigt werden darf.

7.5.2 Aufzugsnotruf

Der Betreiber einer Aufzugsanlage hat die Verpflichtung, bei einer Störung des Aufzuges mit einer eingeschlossenen Person eine rasche Personenbefreiung sicherzustellen.

Die bisherigen Vorschriften, wonach im Fahrkorb eine Notruftaste zur Aktivierung eines akustischen Signals (Hupe im Schacht) ausreicht, um auf eingesperrte Personen aufmerksam zu machen, ist ab 01.07.1999 für neu errichtete Aufzüge nicht mehr zulässig.

Für jeden Aufzug muss mindestens ein Aufzugswärter vom Sachverständigen (ZÜS) zur Befreiung von Personen eingewiesen sein. Ein Aufzugswärter muss jederzeit erreichbar sein, wenn der Aufzug betrieben wird.

Seit 1990 kann die Aufzugswärterfunktion bezüglich der Personenbefreiung durch ein technisches System, unter Einhaltung bestimmter Vorgaben, ersetzt werden.

Neue Aufzüge müssen im Fahrkorb eine Sprechanlage zur Kommunikation mit einer ständig besetzten Stelle (Notrufzentrale) aufweisen.

Viele Aufzugsfirmen bieten Systeme zur Kommunikation mit einer ständig besetzten Stelle (Notrufzentrale) an und nehmen als Dienstleistung dem Aufzugsbetreiber die Verantwortung für die Personenbefreiung ab. Dazu wird die Sprechstelle im Fahrkorb an ein Notrufwählsystem angeschlossen, das bei Betätigen der Notruftaste im Fahrkorb über ein Telefonsystem automatisch Kontakt mit der Notrufzentrale der Aufzugsfirma herstellt. Dort wird ein eingehender Notruf automatisch identifiziert und am Bildschirm mit allen Aufzugsdaten angezeigt. Über die Sprechverbindung wird Kontakt mit der eingeschlossenen Person aufgenommen. Eine Personenbefreiung wird von der Notrufzentrale umgehend eingeleitet. Entsprechend einem gemeinsam mit dem Betreiber aufgestellten Alarmplan kann entweder das betreibereigene Personal oder der Störungsdienst der Aufzugsfirma informiert werden. Die Personenbefreiung wird von der Notrufzentrale vom Eingang des Notrufes bis zur Personenbefreiung verfolgt und dokumentiert.

Nach TRBS 2181 (bisher TRA 106) soll die Zeit von der Notrufabgabe bis zum Eintreffen des Hilfeleistenden eine halbe Stunde nicht überschreiten.

Fernnotrufsysteme stellen eine Personenbefreiung rund um die Uhr sicher und verlagern die Verantwortung für die Personenbefreiung auf den Dienstleister.

8 Service und Wartung

Unter Service und Wartung versteht man alle Maßnahmen, die nach Vorgabe des Herstellers oder der Aufsichtbehörden während der Lebensdauer der Anlage durchgeführt werden müssen.

8.1 Verschleiß und Lebensdauer

Jede technische Anlage unterliegt durch die Benutzung einem Verschleiß und einer normalen Alterung. Damit der Aufzug sicher, zuverlässig und verschleißarm und energieeffizient funktioniert, müssen entsprechende Wartungsarbeiten ausgeführt werden. Diese Arbeiten dürfen an Aufzügen nur durch fachkundiges Personal ausgeführt werden.

8.2 Wartung

Im Rahmen der regelmäßigen Wartungen werden Funktionsprüfungen, Nachstellarbeiten durchgeführt und Verschleißteile werden bei Bedarf ausgetauscht.

8.2.1 Wartungspflicht

Die Aufzugsrichtlinie 95/16/EG bestimmt, dass Aufzüge und Sicherheitsbauteile konstruktiv so beschaffen sein müssen, dass sie bei sachgemäßem Einbau, **sachgemäßer Wartung** und bestimmungsgemäßer Verwendung die Sicherheit und die Gesundheit von Personen sowie die Sicherheit von Gütern nicht gefährden.

In der Verordnung über Aufzugsanlagen (Aufzugsverordnung – AufzV) § 19 Betrieb ist die Wartung von Aufzügen vorgeschrieben.

Textauszug aus: § 19 Betrieb
Wer eine Aufzugsanlage betreibt, hat die Anlage ordnungsgemäß zu betreiben und in betriebssicherem Zustand zu erhalten, insbesondere in dem erforderlichen Umfang von einer sachkundigen Person warten und instand setzen zu lassen.

Eine Mindestanzahl oder ein Umfang der Wartungen ist nicht festgelegt.

Die Wartungen sind durch sachkundige Personen durchzuführen. Im Regelfall sind dies Wartungsmonteure von Aufzugs- oder Wartungsfirmen. In besonderen Fällen verfügt der Betreiber über eigenes, entsprechend ausgebildetes und geschultes Personal.

8.2.2 Wartungsverträge

Von den Aufzugs- und Aufzugswartungsfirmen werden Wartungsverträge mit unterschiedlichem Leistungsumfang angeboten.

Grundsätzlich lassen sich Wartungsleistungen in 3 Kategorien einteilen:

Vollwartung

Ein Aufzugsfachbetrieb übernimmt die Wartung einschließlich Störungsbeseitigung zu vorher festgelegten Kosten. Die Zeitintervalle werden oftmals von den Firmen nach Bedarf festgelegt. Reparaturen und Ersatzteile sind bei bestimmungsgemäßer Nutzung mit dem Wartungspreis abgegolten. Ausgenommen sind dabei Schäden durch Vandalismus, höhere Gewalt oder unsachgemäße Nutzung.

Wartung einschließlich Störungsbeseitigung

Ein Aufzugsfachbetrieb übernimmt die Wartung (Überprüfen und Schmieren) einschließlich Störungsbeseitigung in vorgegebenen Zeitintervallen zu festgelegten Kosten. Reparaturen oder Ersatzteile werden gesondert verrechnet. Kleinteile bis zu einem bestimmten Betrag sind oftmals kostenfrei enthalten.

Wartung

Ein Aufzugsfachbetrieb übernimmt die Wartung (Überprüfen und Schmieren) in vorgegebenen Zeitintervallen. Störungsbeseitigung, Reparaturen und Ersatzteile werden gesondert verrechnet.

Ein **neutraler Vergleich** von angebotenen Wartungskosten mehrerer Firmen setzt unter anderem eine Analyse und Bewertung der einzelnen Leistungen voraus, wobei folgende Leistungen betrachtet werden sollten:

❑ Angabe der Wartungsintervalle,
❑ Angabe der vertraglich vereinbarten Reaktionszeiten,
❑ Verfügbarkeit von Wartungspersonal,
❑ Angaben zur Verfügbarkeit des Aufzuges,
❑ Angaben zur Verfügbarkeit des Servicepersonals,
❑ Angaben der Beschaffungsmöglichkeit von Ersatzteilen.

Eine Firma, die aufgrund ihres Standortes einen längeren Anreiseweg zur Anlage hat, kann kurze Reaktionszeiten nur schlecht zusichern und einhalten.

8.3   Reparaturen

Als Reparatur eines Aufzuges ist generell die «Wiederherstellung der Funktionsfähigkeit» zu verstehen. Dies kann ohne Einsatz von neuen Komponenten, beispielsweise durch das Nachjustieren von Riegelkontakten im Zuge der Störungsbeseitigung, erfolgen. Der Einbau von Ersatzteilen wegen Defekt oder Verschleiß gilt ebenfalls als Reparatur.

Die Vorschriften grenzen dabei entsprechend der TRBS 1121 (bisher TRA 006) bestimmte Änderungen ab, die als «Wesentliche Änderungen» die Sicherheit einer Anlage beeinträchtigen können. Ein Aufzug darf nach einer wesentlichen Änderung nur nach Prüfung durch einen Sachverständigen wieder in Betrieb genommen werden.

Die TRBS 1121 unterscheidet dabei zwei Begriffe:

❑ *«Erneuerung»* als Auswechslung von Teilen gegen solche gleicher Ausführung.
❑ *«Änderung»* als Nichtwiederherstellung des bisherigen Zustandes oder Auswechslung von Teilen gegen solche anderer Ausführung;

Nicht als wesentliche Änderungen gelten Erneuerungen, wobei jeweils baugleiche Komponenten zum Einsatz kommen müssen. Dies kann nachfolgende Bauteile betreffen und damit eine Erneuerung

❑ der Tragmittel,
❑ des Getriebes oder der Gearless,
❑ der Treibscheiben,
❑ der Seiltrommeln,
❑ der Kettenräder,
❑ der Bremse,
❑ der Bremsbeläge,
❑ von Teilen des hydraulischen Systems,
❑ des Antriebsmotors,
❑ von Türflügeln oder -blättern, Führungen, Antrieb,
❑ von Führungsschienen,
❑ von Teilen des Fahrkorbes,
❑ von Schützen, Relais oder ihrer Spulen, Befehlsschaltern oder Kontakten,
❑ der Geschwindigkeitsbegrenzer,
❑ der Fangvorrichtung,
❑ des Puffers

sein zur Wiederherstellung der ursprünglichen Einstellung nach einer Teilreparatur.

8.4 Störungen

Allgemein versteht man unter einer technischen Störung eine kurzzeitige, ständige oder zeitabhängige Beeinflussung eines Systems, evtl. auch in Wechselwirkung mit anderen Systemen, die zu einer Abweichung vom Normalbetrieb führen.

An einer Aufzugsanlage können unterschiedliche Gründe zu einer Störung führen:

❏ Verschleiß einzelner Komponenten durch die Nutzung,
❏ Manipulation, Beschädigung z.B. durch Vandalismus,
❏ Fehlfunktion aufgrund unzureichender Wartung,
❏ Umwelteinflüsse.

Da das Auftreten von Störungen aus den oben genannten Ursachen nicht ausgeschlossen werden kann, muss dafür Sorge getragen werden, dass es zu keinen gefährlichen Zuständen für Benutzer und Wartungspersonal kommen kann.

Für den Fall, dass eine Störung auftritt, muss sichergestellt sein, dass eingeschlossene Personen über Notruf Hilfe rufen können, dass bestimmte Störungen über technische Fernwartungstools erkannt und evtl. über Fernwartung behoben werden können. Alle auftretenden Fehler werden protokolliert, so dass evtl. auch durch präventive Maßnahmen ein Anlagenausfall verhindert werden kann.

8.4.1 Dokumentation von Störungen

Bei gutachterlichen Tätigkeiten aufgrund von häufigen Ausfällen oder Betriebsstörungen an Aufzugsanlagen ist vermehrt festzustellen, dass hinsichtlich Störungshäufigkeit die Informationen und Aussagen von Aufzugsbenutzer bzw. Betreiber und von Seiten der betroffenen Aufzugsfirma deutlich voneinander abweichen. Während beispielsweise bei einem Ortstermin der Aufzugsbenutzer von täglichem Stillstand an einer Aufzugsanlage berichtet wird, sind der Wartungsfirma nur wenige Störungen in der letzten Woche bekannt. Untersucht man den Informationsfluss genauer, werden oftmals Lücken in der Kette vom Nutzer zur zuständigen Serviceabteilung der Wartungsfirma deutlich.

Als hilfreich für beide Parteien hat sich erwiesen, häufige Aufzugsstörungen mit Datum und Uhrzeit schriftlich zu dokumentieren.

Dabei sollten die Aufzugsbezeichnung, falls mehrere Aufzüge im Gebäude vorhanden sind, Ereignis/Mangel (möglichst detailliert), Name des Meldenden (für eventuelle Rückfragen) sowie die durchgeführten Maßnahmen protokolliert werden.

Ein *Beispiel* dazu könnte wie folgt aussehen:
31.08.02 – 15:45 Uhr – Aufzug A1 – Der Aufzug fährt im 4.OG nicht los. Die Tür war halb geöffnet. – Hr. Mustermann – Störungsdienst um 15:50 Uhr telefonisch informiert.

Sinnvoll ist es, diese Ereignislisten chronologisch zu führen und mit den entsprechenden Belegen der Wartungsfirmen (Arbeitszettel, Rechnungen usw.) zu komplettieren.

Oftmals helfen derartige Dokumentationen, die z.B. handschriftlich in vorbereitete Formblätter eingetragen werden können, durch die detaillierten Störungsmeldungen auch der Aufzugsfirma bei der Lokalisierung und Beseitigung der Störungsursache. Auf jeden Fall wird sichergestellt, dass die Informationen nicht verloren gehen und keine unnötigen Diskussionen über Häufigkeit von Störungen zwischen Aufzugsnutzer und Hersteller entstehen. Kommt es zum Streit zwischen Betreiber und Aufzugsfirma, sind diese Aufzeichnungen zur nachträglichen Rekonstruktion der Situation sehr hilfreich.

Moderne Steuerungen dokumentieren die in einem Zeitraum aufgetretenen Störungen in einem Fehlerstapel, so dass die Informationen systembezogen vorliegen.

8.4.2 Unfallmeldung

Gemäß § 18 der Betriebssicherheitsverordnung (BetrSichV) muss der Betreiber einer Aufzugsanlage jeden **Unfall**, bei dem ein Mensch getötet oder verletzt wurde, und jeden **Schadensfall**, bei dem Bauteile oder sicherheitstechnische Einrichtungen versagt haben oder beschädigt wurden, der zuständigen Behörde unverzüglich anzeigen.

Die zuständige Behörde kann vom Betreiber verlangen, dass dieser das angezeigte Ereignis durch eine **ZÜS sicherheitstechnisch beurteilen** lässt. Damit soll geklärt werden, worauf sich das angezeigte Ereignis, also der Unfall oder der Schadensfall, zurückführen lässt. Dabei soll auch festgestellt werden, ob sich die überwachungsbedürftige Anlage in einem nicht ordnungsgemäßen Zustand befand und ob nach Behebung eines möglichen Mangels eine weitere Gefährdung nicht mehr besteht. Es soll auch dargestellt werden, ob grundsätzlich neue Erkenntnisse gewonnen werden konnten oder ob weitergehende, zusätzliche Schutzvorkehrungen erforderlich sind.

Beim VdTÜV werden Unfall- und Schadensanzeigen systematisch gesammelt und in einer **bewerteten Statistik** erfasst. Die von zugelassenen Überwachungsstellen (ZÜS) durchgeführten Untersuchungen werden an die VdTÜV gemeldet. Darüber hinaus erfolgt eine zusätzliche Auswertung von bekannt gewordenen Pressemeldungen. Auch Informationen des DAfA und von den Berufsgenossenschaften werden einbezogen. Die Statistik wird vom VdTÜV ständig aktualisiert, fortgeschrieben und veröffentlicht.

Im Erfassungszeitraum der Statistik von vier Jahren in den Jahren 2005 bis 2008 waren 23 **tödliche Unfälle** zu beklagen, wovon 6 erwachsene Benutzer und 2 Kinder betroffen waren. Glücklicherweise erlitt nur 1 behinderter Rollstuhlfahrer tödliche Verletzungen. Hingegen waren 10 Monteure von Unfällen mit tödlichem Ausgang betroffen.

In demselben Zeitraum von vier Jahren ereigneten sich 121 **Unfälle, die schwere Verletzungen nach sich zogen**, aber nicht zu einem tödlichen Ausgang führten. Hiervon betroffen waren 75 erwachsene Aufzugsbenutzer und 13 Kinder. 5 behinderte Aufzugbenutzer waren ebenfalls von Unfällen mit Verletzungen betroffen. Im Gegensatz zu den tödlich verlaufenen Unfällen waren bei den Unfällen mit Verletzungen die Gruppe der Monteure nur relativ gering mit 12 Betroffenen vertreten. Dies kann auch daher rühren, dass die Meldung von Arbeitsunfällen auf anderem Wege erfolgt und damit von der Unfallstatistik nicht direkt erfasst wird.

Als dritte Gruppe werden von der Statistik **Schäden und gefährliche Betriebszustände** ermittelt, die nicht zu einem Unfall mit tödlichen oder schweren Verletzungen geführt haben. Es wurden 28 Schäden und 34 gefährliche Betriebszustände erfasst.

Die häufigsten *Unfallursachen* sind:

❑ Stürzen beim Betreten oder Verlassen des Fahrkorbes durch nicht bündige Stellung des Fahrkorbes. Diese Unfallursache ist mit mehr als 30% ein eindeutiger Unfall-Schwerpunkt;

❑ schließende bzw. öffnende Türen mit den Auswirkungen Quetschen, Scheren, Stoßen und Einklemmen; gewaltsames Öffnen der Türen;

❑ technische Fehler, z.B. mechanische, elektrische oder hydraulische Fehler, hervorgerufen durch Verschleiß, Alterung oder Korrosion;

❑ menschliches Fehlverhalten, z.B. durch Manipulation, Überlastung und Missbrauch (auch mutwillige Zerstörung im Sinne von Vandalismus und unsachgemäßer Benutzung);

❑ Nichtbeachten von Anweisungen;

❑ unsachgemäße Montage und Wartung.

Eine intensive Wartungs- und Serviceleistung und die regelmäßigen Prüfungen der Aufzugsanlagen durch die zugelassenen Überwachungsstellen bewirken eine hohen Sicherheitsstandard und eine sehr gute Qualität der Aufzugsanlagen. Bei den Prüfungen der ZÜS waren 93% der Anlagen ohne oder mit nur ganz geringen Mängeln vorgefunden worden. Nur weniger als 0,4% der Aufzugsanlagen hatten gefährliche Mängel, die sofort behoben werden mussten.

Die Meldung von Unfällen, die Erfassung in einer aussagefähigen Statistik und die umfangreiche Bewertung ermöglichen eine technische Verbesserung der Aufzugskomponenten und Aufzugsanlagen. Ein wichtiger Aspekt ergibt sich auch in der Erhöhung der Bediener- und Benutzerfreundlichkeit. Trotz der erwähnten Unfälle ist der Aufzug nach wie vor eines der sichersten Transportmittel – verglichen mit den anderen, bekannten Verkehrs- und Transportmitteln auf Straßen, Schienen oder in der Luft.

8.5 Modernisierungsaspekte

8.5.1 Anpassung an den Stand der Technik

Der Deutsche Ausschuss für Aufzüge (DAfA) hat in einem sogenannten «**Umbaukatalog**» die Anforderungen für Umbauten und Modernisierung von Aufzugsanlagen im März 2000 veröffentlicht. Der Katalog ist ein Leitfaden zur Anpassung bestehender Anlagen an den «Stand der Technik» im Rahmen von Umbauten.

Der Umbaukatalog gilt für Personen- und Lastenaufzüge, die nach der Aufzugsverordnung (AufzV) betrieben werden. Verbleiben nur die Führungsschienen einschließlich ihrer Befestigungen an einer bestehenden Anlage, so fällt die Umbaumaßnahme als «wesentliche Änderung» in den Bereich einer Neuanlage, und es ist die Aufzugsrichtlinie anzuwenden.

Der Umbaukatalog nennt zu den jeweiligen Umbaumaßnahmen anzuwendende Normen auch unter Berücksichtigung des vorhandenen Bestandschutzes. Der Inhalt des Umbaukataloges wurde weitestgehend in die TRBS 1121 überführt, weitere Informationen siehe auch im DAfA-Dokument 64. Die Anforderungen im Umbaukatalog basieren auf dem geltenden Stand der Technik nach DIN EN 81-1/2. Andere technische Lösungen können angewendet werden, für die ein gleichwertiges Sicherheitsniveau anhand von Gefahrenanalysen nachgewiesen und mit dem Sachverständigen abgestimmt wird.

Mit der DIN EN 81-1/2 A3 wurden wesentliche Sicherheitsanforderungen normativ umgesetzt, die zum 1.1.2012 für alle Neuanlagen verpflichtend erfüllt werden müssen, die ab diesem Termin in Verkehr gebracht werden.

Mit den Forderungen in der TRBS 1121, die im DAfA im November 2011 verabschiedet wurde, werden diese Sicherheitsanforderungen auch für bestehende Aufzüge verbindlich gefordert, die durch Reparatur- und Modernisierungsmaßnahmen verändert werden.

8.5.2 Erhöhung der Förderleistung

Im Laufe der Zeit ergeben sich häufig Änderungen in der Nutzung des Gebäudes. Beispielhaft sind nachfolgend einige Einflusskriterien genannt, die die Nutzung beeinflussen:

- ❑ Veränderung der Gebäudebelegung (Personenzahl),
- ❑ Veränderung z. B. der Unternehmen, die in einem Gebäude eingemietet sind (von ursprünglich nur einem Unternehmen zu vielen Einzelunternehmen),
- ❑ Veränderung der Besucher in einem Gebäude (von zuvor nur betriebsinternen Besuchern zu öffentlichen Besuchern und Kunden),

- Benutzung des Gebäudes von älteren oder behinderten Menschen,
- Veränderung der Arbeits- bzw. Besuchszeiten
  (von zuvor festen Arbeitszeiten zu gleitenden Arbeitszeiten).

Die oben beispielhaft aufgeführten Einflusskriterien wirken sich auch auf die Nutzung der Aufzüge aus. Daraus kann sich ergeben, dass die ursprünglich geplanten Anlagen nicht mehr ausreichend dimensioniert sind bzw. in ihrer Förderleistung nicht den neuen Anforderungen genügen.

Nachträglich können in einem Gebäude nur unter größtem Aufwand die Kabinengrundfläche oder die Anzahl der Aufzüge erhöht werden. Die Förderleistung kann aber mit vertretbarem Aufwand z.B. mit der Zielauswahlsteuerung erhöht werden.

Einen weiteren Effekt kann die Mehrfachausnutzung von Aufzugsschächten bringen. Hier können zwei Kabinen in einem Schacht eingesetzt werden.

8.5.3   Verschönerungsmaßnahmen

Bodenbeläge in Fahrkörben

Welche Bodenbeläge dürfen oder sollen im Aufzug vorgesehen werden?

Die Sicherheitsregeln DIN EN 81 fordern für den **Fahrkorbboden** eine genügende **mechanische Festigkeit**. Er muss den Kräften und Lasten widerstehen können, denen er während des normalen Aufzugsbetriebes, beim Einrücken der Fangvorrichtung oder beim Aufsetzen auf die Puffer ausgesetzt ist. Weiter wird gefordert, dass der Fußboden nicht aus Werkstoffen bestehen darf, die durch ihre leichte **Entflammbarkeit** oder durch die durch sie entstehende Art und Menge von Gasen und Rauch gefährlich werden können.

Neben gestalterischen Gesichtspunkten ist in erster Linie die Aufzugsnutzung zu beachten:

Ein Lastenaufzug, der mit Handgabelhubwagen und ähnlichen Transportfahrzeugen befahren wird, benötigt einen robusten, unempfindlichen Boden, der für hohe Punktlasten ausgelegt ist. Dies sind meist dicke, rutschfeste **Bleche mit Riffel-, Tränen- oder Noppenmuster aus verzinktem oder nichtrostendem Stahl** oder bei geringeren Belastungen aus **Aluminium**.

Bei Personenaufzügen dominieren oftmals architektonische Gesichtspunkte. Im Standardbereich werden unterschiedlichste **Kunststoffbeläge** in vielen farblichen Ausführungen angeboten. Der Belag sollte durchgehend gefärbt sein, dass selbst bei einer kleinen Beschädigung kein anderer Farbton zum Vorschein kommt. Die Beläge sind ebenfalls mit Noppen oder in glatter Ausführung erhältlich. Auf eine nicht oder schwer entflammbare sowie rutschfeste Ausführung ist zu achten. Gleiches gilt für **Teppichbodenbeläge**, die ebenfalls oft eingesetzt werden. Teppichbodenbeläge in Fahrkörben wirken oftmals schalldämpfend.

Aufzugsanlagen mit gehobenem Standard und Glasaufzüge werden meist mit

Stein- oder **Fliesenböden** ausgeführt. Ein Steinboden benötigt je nach Art und Format mehrere Zentimeter Aufbauhöhe, was in der Fahrkorbboden- und Türschwellenkonstruktion berücksichtigt werden muss. Das hohe Eigengewicht ist in der Fahrkorbkonstruktion, bei Seilaufzügen in der Dimensionierung der Tragseile und des Gegengewichtes sowie im Antrieb zu berücksichtigen. Die Bodenkonstruktion muss verwindungssteif ausgeführt sein, um beim Einrücken der Fangvorrichtung mit anschließend auftretender Stoßbelastung durch den Nothalt eine Rissbildung des Steinbelages zu verhindern. Fahrkörbe mit Steinbelägen haben durch die größere Masse meist ein besseres Fahrverhalten.

Lässt die Aufzugskonstruktion keine Gewichtserhöhung zu, wie sie bei Steinbelägen auftritt, besteht die Möglichkeit, einen **Steinboden in Leichtbauweise** einzubauen. Bei dieser Ausführung wird eine dünne Steinplatte auf einer Alu-Unterkonstruktion in Sandwichbauweise aufgebracht. Das Gewicht pro Quadratmeter ist deutlich geringer bei gleicher Materialoberfläche. Für Transporte mit Radlasten ist die Ausführung in Leichtbauweise wenig geeignet.

Spiegel in Aufzügen
Die Verwendung von Spiegelelementen in Fahrkörben ist unter mehreren Gesichtspunkten zu empfehlen.

Optische Vergrößerung des Fahrkorbes
Großflächige Spiegel, an einer Rückwand oder Seitenwand des Fahrkorbes angebracht, bewirken eine deutliche optische Vergrößerung des Raumes. Dies wirkt der Platzangst vieler Aufzugsbenutzer entgegen. Der Vergrößerungseffekt von beengten Fahrkörben durch einen Spiegel ist bei kleinen Kabinen enorm.

Orientierung für Rollstuhlfahrer
Die Normen DIN 18 024 und DIN 18 025 (Barrierefreies Bauen) schreiben einen Spiegel an der Fahrkorb-Rückwand vor, damit sich ein Rollstuhlfahrer beim Verlassen des Fahrkorbes rückwärtsfahrend über den Spiegel orientieren kann.

Reduzierung von Vandalismus
Erfahrungen zeigen, dass selbst in vandalismusgefährdeten Aufzügen durch einen Spiegel im Fahrkorb Beschädigungen oder Verschmutzungen des Fahrkorbes deutlich reduziert werden. Dies mag daran liegen, dass eine einzelne Person sich bei der Fahrt im Spiegel betrachtet oder sich durch das eigene Spiegelbild beobachtet fühlt.

Sicherheitsaspekte – keine toten Winkel
Durch Spiegel in Fahrkörben kann der Fahrkorb-Innenbereich vor dem Zusteigen eingesehen werden. Bei Aufzügen in Parkhäusern ist dies ein wichtiger Sicherheitsaspekt.

Hinweise:
Spiegel sollten durch einen Handlauf gegen Anrempeln geschützt werden. Eine halbhohe Ausführung des Spiegels im Bereich oberhalb des Handlaufes bis zur Fahrkorbdecke ist üblich.

Werden großflächige Spiegel über die gesamte Fahrkorbhöhe ausgeführt, ist eine Teilung des Spiegels in Handlaufhöhe empfehlenswert. Zum einen ist die Fuge zur Befestigung für den Handlauf sinnvoll, zum anderen muss bei Beschädigungen des Spiegels, die erfahrungsgemäß häufiger im unteren Bereich durch Transporte auftreten, nur ein Spiegelteil getauscht werden.

Als Spiegelmaterial kann hochpolierter Edelstahl verwendet werden. Dieser ist jedoch kratzempfindlicher als Glas. Glasspiegel aus Sicherheitsglas, in klarer oder getönter Ausführung, sind besser geeignet.

Durch Streifen, Ornamente oder Bilder, die in die Spiegeloberfläche geätzt oder geschliffen werden können, lassen sich zusätzliche gestalterische Effekte erzielen.

Gegenüberliegend angeordnete Spiegel, die das Spiegelbild unendlich wiedergeben, sind ein Gag, jedoch wirken sie unruhig und können bei der Orientierung verwirren.

An Fahrkorbdecken angebrachte Spiegel sind mit Vorsicht einzusetzen. Das Spiegelbild stellt zwar «die Welt auf den Kopf», jedoch ist es nicht jedem Aufzugsbenutzer angenehm, anderen Personen das «lichte Haar» zu offenbaren. Der Spiegeleffekt kann durch Einsicht in sonst verborgene Blickwinkel unerwünscht sein.

Fahrkorbbeleuchtung

Das Regelwerk DIN EN 81 schreibt für den Fahrkorb eine fest installierte elektrische Beleuchtung vor, die auf dem Fußboden und an den Befehlsgebern eine Beleuchtungsstärke von mindestens 50 Lux sicherstellt bzw. 100 Lux bei Aufzügen im öffentlichen Bereich.

Bei Verwendung von Glühlampen sind mindestens zwei parallel zu schalten, damit bei Ausfall eines Leuchtmittels noch immer die zweite Glühlampe funktioniert.

Welche Arten der Fahrkorbbeleuchtung werden eingesetzt?
Die in der Vorschrift speziell genannte Verwendung von mindestens zwei Glühlampen ist praktisch nur noch bei älteren Aufzügen zu finden.

Das Fahren in hell beleuchteten Fahrkörben wird als angenehmer als in dunkleren Fahrkörben empfunden. Hell beleuchtete Fahrkörbe sind weniger vandalismusgefährdet.

Als Leuchtmittel mit einer langen Lebensdauer haben sich **Langfeldleuchten** sowie **Energiesparlampen** etabliert. Bei Personenaufzügen sind diese in verschiedenen Ausführungen als indirekte Beleuchtung oder direkte Beleuchtung in Form von Wannenleuchten oder Leuchtdecken als abgehängte Glasdecken erhältlich.

Es werden auch **hinterleuchtete Blechdecken** mit Ausstanzungen und hinterlegter Milchglasscheibe in unterschiedlichsten Formen, z.B. als «Sternenhimmel», angeboten.

Seit einigen Jahren sind **Halogenbeleuchtungen** in verschiedensten Ausführungen modern und in vielen Aufzugsanlagen angewandt. Zu beachten ist dabei, dass die Lebensdauer der im Normalfall dauernd eingeschalteten Fahrkorbbeleuchtung deutlich niedriger ist als bei Langfeld- oder Energiesparleuchten. Außerdem erzeugen die nach unten strahlenden Spots Wärmestrahlung, was bei großen Personen, die unter den Spots stehen, als unangenehm empfunden wird. Halogenspots müssen grundsätzlich mit einem Berührungsschutz des Leuchtmittels ausgeführt sein.

Aufgrund der Energieeinsparmöglichkeiten und um den hohen Anteil des Stand-by-Verbrauches zu reduzieren, empfiehlt es sich, vorhandene Halogenspots durch LED-Spots zu ersetzen. Hierbei muss geprüft werden, ob die Ansteuerung mit ausgetauscht werden muss.

Zu berücksichtigen ist bei der Auswahl der Fahrkorbbeleuchtung auch der **Wechsel der Leuchtmittel**. Ist das Leuchtmittel leicht zugänglich und für den Privatgebrauch geeignet, wird es häufig entwendet. Zum Auswechseln defekter Leuchtmittel sollte aus Kostengründen die Aufzugsfirma nicht zwingend erforderlich sein. Das Leuchtmittel sollte von einer Person (Hausmeister oder Haustechniker) vom Fahrkorbinneren aus gefahrlos gewechselt werden können.

Hinweis

Die DIN EN 81 erlaubt bei Aufzügen mit selbsttätig kraftbetätigten Türen (automatischen Schiebetüren) ein Abschalten des Fahrkorblichtes, wenn kein Fahrbefehl vorliegt und der Aufzug mit geschlossenen Türen in einer Haltestelle parkt. Da die meisten Aufzüge ständig betriebsbereit sein müssen und nicht abgeschaltet werden, besteht bei der Beleuchtung ein nicht zu unterschätzendes **Energieeinsparpotential**, das genutzt werden sollte.

Die Möglichkeit der Abschaltung des Kabinenlichtes im Stand-by sollte mit betrachtet werden, hierzu gibt es einfache Zusatzgeräte wie den Lightwatcher her Firma Henning. Es handelt sich dabei um einen Sensor, der auf Erschütterung reagiert und damit sehr feinfühlig reagiert, wenn im Fahrkorb eine Bewegung erfolgt.

8.6 Arbeits- und Gesundheitsschutz

Es gilt der **Grundsatz**: Eine Aufzugsanlage muss einmal für die **Benutzer**, aber auch für alle Personen, die an der Anlage geplante oder unplanmäßige **Arbeiten** durchführen müssen, **sicher** sein.

Beim **Arbeitsschutz** an Aufzügen geht es um die **Gesundheit** der Beschäftigten, die den Aufzug zur Erledigung ihrer Arbeiten benötigen (im Sinne von Benutzern), und auch um das Montage- und Wartungspersonal – das Personal, das im Notfall, z. B. bei Störungen oder zur Personenbefreiung, eingreifen muss, und das Personal, das Prüfungen am Aufzug durchführen muss.

Aufzüge sind im Sinne der BetrSichV in praktisch allen Fällen sowohl Arbeitsmittel als auch überwachungsbedürftige Anlagen. Arbeitsmittel sind die Aufzüge nicht nur für Mitarbeiter eines Unternehmens, die den Aufzug zur Verrichtung ihrer üblichen Tätigkeit benutzen müssen, sondern auch für das Reinigungspersonal und den Hausmeister, die den Aufzug nur gelegentlich benutzen müssen.

Aufzüge als überwachungsbedürftige Anlage müssen einer regelmäßigen Prüfung gemäß BetrSichV unterzogen werden. Für das Montage- und Wartungspersonal ist der Aufzug Arbeitsplatz.

Wichtig für die weiteren Betrachtungen im Hinblick auf den Arbeitsschutz und die Arbeitssicherheit einerseits und den Gesundheitsschutz andererseits sind die Arbeitsstellen und die Verantwortlichkeiten. Hierzu zählen insbesondere

❑ die sog. Verkehrswege,
❑ der Triebwerksraum,
❑ der Fahrkorb,
❑ der Schacht,
❑ der Betreiber als Arbeitgeber,
❑ die Instandhaltungsunternehmen.

Verkehrswege

Zu den Verkehrswegen zählen im Arbeitsschutz alle Wege, die zum Erreichen des Arbeitsplatzes zurückzulegen sind. Gemäß einer konsequent durchgeführten **Gefährdungsbeurteilung** müssen die Verkehrswege ohne Risiko benutzt werden können. Dies gilt insbesondere auch bei Einsätzen zur Befreiung von eingeschlossenen Personen oder in anderen Notfällen.

Einen weiteren Schwerpunkt bei der Gefährdung durch die Benutzung der Verkehrswege stellt der Zugang zum Triebwerksraum über das Dach eines Gebäudes dar.

Triebwerksräume

Auch für das sichere Arbeiten im Triebwerksraum ist die durchgeführte **Gefährdungsbeurteilung** maßgebend. Schwerpunkte der Gefährdungen sind drehende Teile, die sorgfältig abgedeckt sein müssen. Bei Treibscheiben werden in den meisten Fällen nur die Einlaufstellen der Seile abgedeckt. Im Triebwerksraum, auf dem Fahrkorb und im Schacht sollte daher nur eng anliegende Arbeitskleidung verwendet werden.

Fahrkorb

Es kann als selbstverständlich vorausgesetzt werden, dass auf dem Fahrkorb ein Geländer vorhanden ist. Teile des Fahrkorbdaches, die nicht betreten werden dürfen, müssen eindeutig gekennzeichnet sein. Des Weiteren wird vorausgesetzt, dass auf dem Fahrkorb eine Steckdose und eine Handlampe vorhanden sind.

Schacht

Drei Gefährdungsbereiche sind besonders zu beachten:

- ❑ das Arbeiten in der Grube,
- ❑ das Arbeiten in Schächten mit mehreren Aufzügen,
- ❑ das Arbeiten in Schächten von triebwerksraumlosen Aufzügen (MRLs).

Einstiegshilfen durch eine seitlich am Schacht angebrachte Einstiegsleiter, Abtrennungen gegenüber dem Nachbaraufzug und bei MRLs eine ausführliche Dokumentation und Kennzeichnung durch den Hersteller des MRL sind unabdingbar.

Der Betreiber als Arbeitgeber

Der Betreiber sollte mehrere Personen in seiner Anlage bzw. in seinem Betrieb mit den Maßnahmen zur Notbefreiung unterweisen lassen und sicherstellen, dass diese regelmäßig geübt werden, z. B. im Rahmen einer Wartung durch den Mitarbeiter des Wartungsunternehmens.

Die Instandhaltungsunternehmen

Ein ganz kritischer Punkt sind die sog. «Überbrückungen durch Leiterstücke» von Teilen des Sicherheitskreises, die oftmals bei der Funktionsprüfung oder der Fehlersuche eingesetzt werden. Um beim Abschluss der Arbeiten nicht übersehen zu werden, sollten sie auf jeden Fall in einer auffälligen Farbe und Form hergestellt sein und mit einem Anhänger versehen sein, der arbeitsrelevante Kennzeichnungen enthalten sollte.

Um bei gesundheitlichen Problemen rechtzeitig eingreifen zu können, sollten sich allein arbeitende Wartungsmonteure in regelmäßigen zeitlichen Abständen bei einer vereinbarten Stelle melden (Hausmeister, Niederlassung u. Ä.). Nach Überschreiten des vereinbarten Zeitlimits ohne Verbindungserfolg sollten Notmaßnahmen eingeleitet werden.

8.7   Umweltschutz

Umweltschutz bezeichnet die Gesamtheit aller Maßnahmen zum Schutz der Umwelt mit dem Ziel der Erhaltung der Lebensgrundlagen der Menschen sowie eines funktionierenden Naturhaushaltes. Das Augenmerk des Umweltschutzes liegt dabei sowohl auf einzelnen Teilbereichen der Umwelt, wie beispielsweise Boden, Wasser, Luft, Klima, als auch auf den Wechselwirkungen zwischen ihnen.

> *Im Zentrum des heutigen Interesses in Bezug auf den Umweltschutz stehen vor allem Umweltverschmutzung und globale Erwärmung.*

Die Europäische Union hat schon frühzeitig dem Umweltschutz die höchstmögliche Priorität zugeordnet, so dass heute das hoch entwickelte EU-Umweltrecht großen Einfluss auf die nationalen Gesetzgebungen hat.

Auch die Aufzugsbranche hat sich dieses Themas mit großer Intensität angenommen. Selbst da, wo Aufzüge in umweltrelevanten EC-Richtlinien nicht ausdrücklich genannt sind, beteiligt sich unsere Branche **proaktiv** an den Maßnahmen des Umweltschutzes.

Zu den **Handlungsfeldern des Umweltschutzes**, die diese Maßnahmen betreffen, zählen vor allem der Klimaschutz und der Gewässerschutz.

Heruntergebrochen auf die einzelnen, umweltbezogenen **Aspekte**, stehen für die Aufzugsbranche die Energieeffizienz, die schonende Verwendung der Rohstoffressourcen, die Entsorgung, die Schallemissionen und die elektromagnetische Verträglichkeit im Vordergrund.

Auf alle diese Aspekte wurde ausgehend von europäischen Richtlinien im europäischen und nationalen Normen- und Regelwerk reagiert. Nachstehend sind einige wichtige und aktuelle Punkte nochmals dargestellt, im Detail wurden die Punkte auch in Kapitel 5 behandelt.

Energieeffizienz

Ausgangsbetrachtung in Bezug auf alle Maßnahmen, die die Energieeffizienz betreffen, ist das vielgenannte «Kyoto Protocol», das dramatische Reduzierungen des CO_2-Ausstoßes einfordert.

Die EU hat mit entsprechenden EC-Richtlinien (Directiven) reagiert. Diese wurden national in Deutschland in entsprechenden Gesetzen und Verordnungen umgesetzt.

Von der Europäischen Kommission wurde durch die IEEA (*Intelligent Energy Executive Agency*) das groß angelegte Projekt E4 (Energy Efficiency of Elevators and Escalators) ins Leben gerufen, an dem die ELA (*European Lift Association*) einen wesentlichen Anteil hat. Ziel des E4-Projektes ist es, das Energie-Einsparpotential in unserer Branche für die gesamte EU zu erfassen und hieraus Maßnahmen abzuleiten.

In der globalen Normung spielt die Energieeffizienz ebenfalls eine dominierende Rolle. Für 2011 werden für Aufzüge und Fahrtreppen die ersten diesbezüglichen ISO-Standards ISO 25 745-1 und ISO 25 745-2 erwartet.

Am weitesten fortgeschritten sind nationale Normungsprojekte, vor allem in der Schweiz und in Deutschland.

Die neue **VDI-Richtlinie VDI 4707** wird zusammen mit der Energieeinsparverordnung EnEV in Deutschland zukünftig maßgeblich die Aufzugstechnik beeinflussen. Vor allem beim Energieverbrauch im Stillstand (Stand-by) sind große Einsparpotentiale zu erwarten. Aber auch für den Fahrtverbrauch ermöglichen innovative Lösungen sowohl bei elektrischen Seilaufzügen als auch bei hydraulischen Aufzügen weitere Energieeinspareffekte. Die Aufzüge sollen zukünftig gemäß VDI 4707 mit einem Energiezertifikat gekennzeichnet werden. Im Teil 2 der Richtlinie wird das System Aufzug auf seine Komponenten heruntergebrochen, damit schon in der Planungsphase mit einem Prognosetool und den Herstellerangaben der Komponentenlieferanten eine Voraussage auf Klassifizierung des Aufzuges möglich ist.

Auf europäischer Ebene wird parallel zu der VDI 4707 an einer Übertragung der ISO-Standards als EN ISO 25 745-1 und EN ISO 25 745-2 in das europäische Regelwerk gearbeitet.

Schonende Verwendung von Rohstoffressourcen

Auch hier hat die EU mit entsprechenden Richtlinien reagiert. Zu nennen sind insbesondere die Öko-Design-Richtlinie ErP und die Richtlinie 2002/95/EC RoHS, *Restriction of the Use of Hazardous Substances*. Nach der RoHS werden z.B. umweltschonende Stoffe in Lötbädern bei der Herstellung von Leiterplatten u.Ä. verlangt.

Entsorgung

Hier ist u.a. die EU-Richtlinie 2002/96/EC WEEE zu nennen, die quasi ein Rückgabesystem einfordert. Es betrifft den gesamten Lebenszyklus eines Produktes. Betroffen sind auch Produkte, die nicht direkt in einen Aufzug eingebaut werden, z.B. Laptops und Handys des Wartungspersonals.

In Deutschland ist in diesem Zusammenhang das ElektroG (Elektro- und Elektronikgerätegesetz), Gesetz über das Inverkehrbringen, die Rücknahme und die umweltverträgliche Entsorgung von Elektro- und Elektronikgeräten, vom 16.3.2005 zu beachten.

Gewässerschutz

Dies betrifft vor allem hydraulische Aufzüge. Es besteht dabei die Gefahr der Leckage im Hydrauliksystem. Durch geeignete bauliche Maßnahmen muss verhindert werden, dass Hydrauliköl in das Grundwasser eindringen kann. Geeignete Schutzmaßnahmen sind Schutzrohre bei Hebern mit Erdbohrung und Triebwerksräume mit ausgebildeter Wanne und Schutzanstrich zum Auffangen von austretendem Hydrauliköl. Auch die Schachtgrube des Hydraulikaufzuges sollte mit einem Schutzanstrich geschützt sein.

9   Ausblick

Die Entwicklungen im Aufzugsmarkt sind weltweit unterschiedlich zu betrachten. Die Wachstumsmärkte liegen in der Zukunft in Asien und dem mittleren Osten. Die Entwicklung und der Bauboom in diesen Ländern bringen nicht nur in der Stückzahl große Potentiale, hier sind auch aufgrund der Förderhöhen und damit verbundenen Betriebsgeschwindigkeiten die zukünftigen Entwicklungen im High-Rise-Bereich zu sehen.

In Deutschland und Europa ist der Markt geprägt durch einen hohen Anlagenbestand, der auch aufgrund des Alters vieler Anlagen und den Ergebnissen der Anlagenprüfung nach der Betriebssicherheitsverordnung ein hohes Maß an Modernisierungs- bzw. Ersatzbedarf haben wird. In dem Zusammenhang können dann auch die Möglichkeiten genutzt werden, die Anlage durch energieeffiziente Komponenten in ihrer Wirtschaftlichkeit und vor dem Hintergrund der Ressourcenschonung zu verbessern.

Die Aufzüge im Bestand sind damit an den Stand der Technik gemäß EN 81 anzupassen.

Anlagen aus den 70er Jahren mit manuell betätigten Drehtüren als Schachtabschluss und Fahrkörben mit Trenntür werden entsprechend den möglichen Fahrkorbabmessungen aufgelastet, mit einem neuen Antrieb und einer modernen Steuerung versehen, und die Drehtüren werden durch entsprechende maschinell betätigte Schiebetüren ersetzt. Getriebe werden häufig durch energieeffiziente Gearless-Antriebe mit Frequenzumrichter ausgetauscht; hierzu werden am Markt unterschiedlichste Modernisierungslösungen angeboten. Dies kann durch den Austausch von

Bild 9.1
Teleskopierbare ModKit-Lösung mit Gearless im Triebwerksraum bis 630 kg [Q.2]

Getrieben bei Anlagen mit Triebwerksraum durch Gearless-Antriebe in 1:1- oder
2:1-Anordnung (Bild 9.2) erfolgen.

Bild 9.2
ModKit zur Umrüstung auf Gearless-Technik bis
1000 kg [Q.2]

In Bild 9.3 ist in einer Prinzipdarstellung die Umrüstung einer 1:1-Anordnung
auf eine 2:1-Anordnung mit Gearless dargestellt, wobei hier durch Einsatz von
«dünneren» Seilen und entsprechenden kleineren Seilrollendurchmessern Anordnungen möglich sind, die keine baulichen Veränderungen an den Deckendurchbrü-
chen erforderlich machen. Die 2:1-Aufhängung reduziert dabei die erforderliche Antriebsleistung und bietet damit eine wirtschaftliche Lösung.

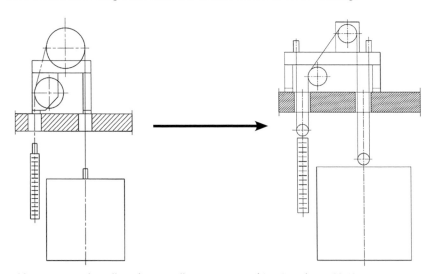

Bild 9.3   Prinzipdarstellung für Umstellung von 1:1- auf 2:1-Anordnung [Q.2]

Als eine weitere Modernisierungslösung für Aufzüge mit Getriebe, die mit
Triebwerksraum unten neben dem Schacht mit Treibscheibe im Schacht angeord-

net wurden, bieten sich Lösungen an, bei denen ein entsprechender energieeffizienter Gearless-Antrieb (Bild 9.4) eingesetzt werden kann.

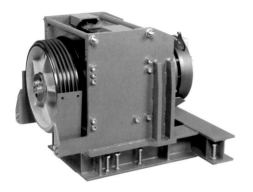

Bild 9.4
Gearless mit Treibscheibe im Schacht
[Q.2]

Offene Systeme mit am Markt frei verfügbaren Komponenten und standardisierten Schnittstellen werden zunehmend auch am Aufzugsmarkt an Bedeutung gewinnen. In dem Zusammenhang wird neben dem Markt der reinen baumustergeprüften Standardaufzüge auch der Markt für Aufzüge mit Individuallösungen weiterhin einen breiten Raum einnehmen. Hier sind die Flexibilität und Kreativität der Anbieter gefordert, damit die Kundenwünsche mit den bautechnischen Gegebenheiten und unter Berücksichtigung der Energieeffizienz nach VDI 4707 zu einem abgestimmten Gesamtkonzept umgesetzt werden können.

Im Zusammenhang mit dem Einbau eines neuen Antriebes werden häufig auch die Steuerungen ausgetauscht, da die alten Steuerungen nicht in Kombination mit den modernen frequenzgeregelten Antrieben betrieben werden können.

Diese oben beschriebenen Änderungen sind aus technischer Sicht sinnvoll.

Weitere Änderungen kann eine Neuauskleidung bzw. der komplette Austausch des Fahrkorbes und Austausch der Bedien- und Anzeigelemente sein; damit kann der gesamte Aufzug auch für die Benutzer in neuem Glanz erscheinen.

Mit speziell entwickelten Umbaulösungen können hier wirtschaftliche Lösungen angeboten werden.

Sicherheit nach EN 81-1/2: A3

Bei Neuanlagen müssen die erhöhten Anforderungen an die Anlagensicherheit nach EN 81/1:A3 bzw. EN 81/2:A3 berücksichtigt werden. Eine Regelung für bestehende Anlagen gibt es derzeit noch nicht.

Es werden aber auch hier in den kommenden Jahren im Rahmen von Sanierungen die nach dem Stand der Technik geltenden Sicherheitsanforderungen umgesetzt werden müssen.

Mit der 3. Änderung der Maschinenrichtlinie (206/42/EG) wurden folgende Punkte in der EN 81-A3 in die Ergänzung der Norm aufgenommen:

❑ verliersichere Befestigungssysteme von Schutzabdeckungen,
❑ Einschränkung des Anwendungsbereiches für Nenngeschwindigkeiten >0,15 m/s,
❑ Haltegenauigkeit,
❑ Schutzeinrichtungen gegen unbeabsichtigte Bewegungen des Fahrkorbes in den Haltestellen bei offenen Türen – UCM (*Unintended Car Movement*) – unbeabsichtigte Bewegung des Fahrkorbes von der Haltestelle weg bei geöffneter Tür.

Die Norm wurde mit einer Übergangsfrist bis zum 31.12.2011 veröffentlicht, was bedeutet, dass alle Anlagen, die nach diesem Stichtag in Verkehr gebracht werden, diese Anforderungen nach A3 erfüllen müssen.

Die ersten drei Punkte sind ohne wesentlichen Aufwand umsetzbar.

Bei dem Thema UCM müssen im Rahmen eines Gesamtkonzeptes die unterschiedlichen Fehlermöglichkeiten für das unbeabsichtigte Wegfahren aus der Haltestelle für die verschiedenen Sicherheitskomponenten betrachtet werden. Im Nachfolgenden wird auch nur auf diese Punkte eingegangen.

Schutzeinrichtung gegen unbeabsichtigte Bewegungen des Fahrkorbes von der Haltestelle weg mit offenen Türen (UCM)

Gem. DIN EN 81-1:2010-06 Kapitel 9.11 bzw. DIN EN 81-2:2010-08 Kapitel 9.13 müssen Aufzüge mit einer baumustergeprüften Schutzeinrichtung ausgestattet werden, die den Verfahrweg aufgrund einer unbeabsichtigten Bewegung des Fahrkorbes von der Haltestelle weg, bei nicht verriegelter Schachttür und nicht geschlossener Fahrkorbtür, begrenzt.

Eine unbeabsichtigte Bewegung des Fahrkorbes kann durch verschiedene Fehler im Antriebssystem entstehen. Dabei werden sowohl Fehler im elektrischen Teil der Antriebssteuerung sowie mechanische Fehler im Antrieb selbst zugrunde gelegt. Durch diese Fehler können abhängig von den Anlagedaten, vom Beladungszustand und davon, ob und in welcher Form ein Motormoment anliegt, unterschiedliche Beschleunigungen zustande kommen.

Bei der Überwachung kann man grundsätzlich verschiedene Wege gehen.

Ein Weg ist, dass sowohl in der Steuerung als auch im Frequenzumrichter die Geschwindigkeit überwacht und sobald $v > 0,2$ m/s überschritten wird, die Anlage stillgesetzt wird.

Der andere Weg ist, dass über das Zonensignal, bei Bedarf mit einer zusätzlichen kürzeren Türzone, und einer Sicherheitsschaltung das Bremssystem ausgelöst wird.

Die UCM-Erkennungseinrichtung ist eine Kombination UCM-Zone und UCM-Schaltung.

Systemabhängig muss der UCM-Ablauf gemäß Bild 9.5 bei Treibscheibenaufzügen betrachtet werden.

Antrieb	Erkennung	Auslösung	Bremsung
Gearless	UCM-Zone UCM-Schaltung	Schaltgeräte Antriebsbremse	Sicherheitsbremse des Antriebs
Getriebe	UCM-Zone UCM-Schaltung	Schaltgeräte NBS	NBS
	UCM-Zone UCM-Schaltung	Schaltgeräte, Sperreinrichtung Begrenzer	Fangvorrichtung / Bremseinrichtung

Bild 9.5   UCM-Ablauf [Q.1]

Baumustergeprüfte Schutzeinrichtungen mit einteiliger oder zweiteiliger UCM-Zone, sicherer Impulssperre des Frequenzumrichters zur schnellen Abschaltung des Antriebs und Bremsung mittels der Sicherheitsbremse bzw. ein Notbremssystem (NBS) oder Brems-/Fangvorrichtung (ausgelöst durch den Geschwindigkeitsbegrenzer) werden für Seilaufzüge realisiert. Zusätzlich kommen dabei interne Überwachungen der Sicherheitssysteme zur Anwendung.

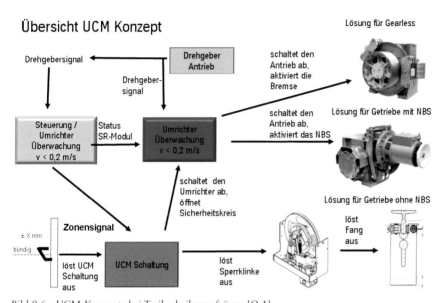

Bild 9.6   UCM-Konzepte bei Treibscheibenaufzügen [Q.1]

Hydraulikanlagen werden bei der Fahrt nach unten dadurch gestoppt, dass ein Sicherheitsventil im Hydraulikkreislauf geschlossen wird. Damit wird der Ölfluss gestoppt und die Fahrt beendet.

Eine unkontrollierte Fahrt in Aufwärtsrichtung wird gestoppt, indem die Pumpe vom Netz getrennt wird.

309

Hydraulik Anlagen

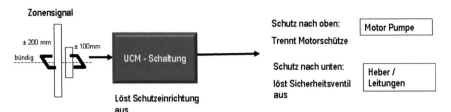

Bild 9.7   UCM-Konzepte bei Hydraulikanlagen [Q.1]

Nutzung von Aufzügen für die Evakuierung

Durch die Möglichkeit, mit behindertengerechten Aufzügen nach EN 81-70 die Zugänglichkeit der Gebäude zu verbessern, besteht die Problematik, diesen Personenkreis und weitere Personen mit temporärer eingeschränkter Mobilität im Fall von Feuer aus dem Gebäude zu evakuieren.

Generell sind heute Aufzüge für diese Nutzung nicht zugelassen – **AUFZUG IM BRANDFALL NICHT BENUTZEN** – gilt heute für Aufzüge. Nur die Feuerwehr darf die dafür vorgesehenen Aufzüge nutzen.

Mit der prCEN/TS 81-76 wird versucht, Grundanforderungen zu beschreiben, wie eine Nutzung von Aufzügen in bestimmten Betriebssituationen doch möglich ist und wie diese Betriebsfälle in Normen überführt werden können. Damit soll nach genau definierten Voraussetzungen ein überwachter Betrieb bis zum Eintreffen der Feuerwehr, die dann die Gewalt über die Aufzüge übernimmt, ermöglicht werden.

Normative Richtlinien werden auf Basis dieser Vornorm in den nächsten Jahren erarbeitet.

Energieeffizienz

Steigende Energiekosten und gesetzliche Vorgaben waren der Anstoß für die VDI 4707, in der in Abhängigkeit von der Anlagennutzung der Energiebedarf in den Betriebszuständen Fahren und Stand-by betrachtet und daraus ein Gesamtkennwert für die Energieeffizienz mit Einstufung in Energieeffizienzklassen ermittelt werden kann – ähnlich wie dies heute schon bei Haushaltsgeräten wie Kühlgeräten, Waschmaschinen und Wäschetrocknern gehandhabt wird. Auf europäischer Ebene wird das Thema in der EN ISO 25 645-1 behandelt.

Diese Normungen werden dazu führen, dass bei Neuanlagen und in der Modernisierung entsprechende Vorgaben in den Ausschreibungen enthalten sein werden. Hiermit soll nicht nur dem Umweltgedanken Rechnung getragen werden, es sollen damit auch bei den weiter steigenden Energiekosten die Nebenkosten in einem wirtschaftlich vertretbaren Rahmen gehalten werden.

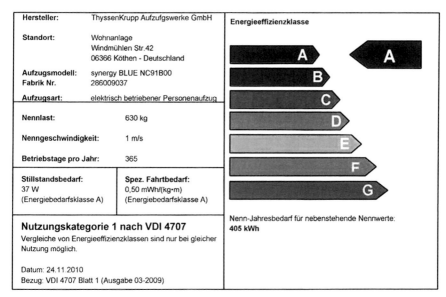

Hersteller:	ThyssenKrupp Aufzugswerke GmbH
Standort:	Wohnanlage Windmühlen Str.42 06366 Köthen - Deutschland
Aufzugsmodell: Fabrik Nr.	synergy BLUE NC91B00 286009037
Aufzugsart:	elektrisch betriebener Personenaufzug
Nennlast:	630 kg
Nenngeschwindigkeit:	1 m/s
Betriebstage pro Jahr:	365

| Stillstandsbedarf:
37 W
(Energiebedarfsklasse A) | Spez. Fahrtbedarf:
0,50 mWh/(kg·m)
(Energiebedarfsklasse A) |

Nutzungskategorie 1 nach VDI 4707
Vergleiche von Energieeffizienzklassen sind nur bei gleicher Nutzung möglich.

Datum: 24.11.2010
Bezug: VDI 4707 Blatt 1 (Ausgabe 03-2009)

Energieeffizienzklasse

A B C D E F G

Nenn-Jahresbedarf für nebenstehende Nennwerte: 405 kWh

Bild 9.8 Zertifikat Energieeffizienz nach VDI 4707 [Q.1]

Normenreihe EN 81 vor einer Überarbeitung

Die Normenreihe EN 81 ist seit ihrer Einführung durch die drei Amendements inhaltlich ergänzt worden, steht jetzt aber vor einer grundlegenden Überarbeitung. Dabei werden wesentliche inhaltliche Änderungen umgesetzt, in denen sich der Stand der Technik geändert hat, und es werden dabei auch einige redaktionelle Änderungen durchgeführt, die sich in der Gesamtstruktur wiederfinden, wie bereits in Kapitel 5 beschrieben.

Die Anforderungen an die Sicherheit für neue Aufzügen werden ständig erhöht, und gleichzeitig werden die Anlagen im Bestand aufgrund der sicherheitstechnischen Bewertung schrittweise auf das Sicherheitsniveau von neuen Aufzügen gehoben.

Auch die Entwicklungen der letzten Jahre, die den Stand der Technik beschreiben, machen eine Überarbeitung der EN 81 notwendig; dabei werden mehr als 400 Änderungspunkte berücksichtigt.

Im diesem Zusammenhang wird bei der Überarbeitung der Normenreihe EN 81 die Struktur der Norm geändert, wie bereits in Kapitel 5 beschrieben. In den Teilen 20 und 50 sind die wesentlichen technischen Inhalte enthalten.

Die beiden Teile der neuen Normenfamilie EN 81-20 und EN81-50 wurden im November 2011 im Gründruck als E DIN EN 81-20:2011-11 und E DIN EN 81-50:2011-11 veröffentlicht.

Auch wenn die Überarbeitung mit den Einsprüchen und die Übergangsfristen noch einige Jahre betragen werden, sollte sich jeder Aufzugsbauer und Komponen-

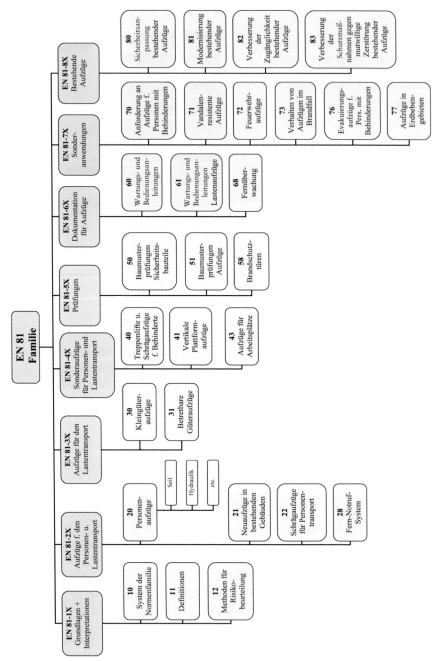

Bild 9.9   Neue Struktur der Normenreihe EN 81 [32]

tenlieferant schon heute mit den bevorstehenden Änderungen beschäftigen und seine Produkte und Planungen an diese Anforderungen anpassen.

Bild 9.9 zeigt noch einmal die neue Struktur.

Diese Normenreihe in den Teilen (Teile 20 und 50) liegt als Entwurf vor und ist im Umfrageverfahren.

Nach einer weiteren Überarbeitung mit den Anmerkungen und Kommentaren ist nicht vor 2015 nach einer Übergangsphase mit der rechtsverbindlichen Umsetzung zu rechnen. In dieser Zeit werden die Hersteller von Aufzügen und Komponenten ihre Produkte an die geänderten Anforderungen anpassen bzw. neue Komponenten und Systeme entwickeln.

Die Entwicklungen in diesen Bereichen werden die Aufzugswelt verändern.

Aktuelle Informationen aus der Welt der Aufzüge

Über diese aktuellen Entwicklungen und weitere Veränderungen werden wir Sie in dem **Online-Portal InfoClick**, das Sie mit Ihrem persönlichen Zugangscode aufrufen können, weiter informieren.

10 Prozesse und Fertigungstechnologien

Das System Aufzug umfasst eine Vielzahl von Komponenten, die mit sehr unterschiedlichen Fertigungstechnologien und Fertigungsverfahren hergestellt werden. Nur wenige große Hersteller sind heute noch weltweit in der Lage, diese verschiedenen Verfahren selber zu beherrschen und alle wesentlichen Komponenten in eigenen Werken zu fertigen.

Der Kunde erwartet hohe Qualität, abhängig von der Komponente ein ansprechendes Design, eine lange Lebensdauer, umfangreiche Dokumentation mit Kennzeichnung der Komponenten, einem guten Oberflächenschutz und auch eine robuste Verpackung.

Der Einsatz von CAD, FEM und Simulationssoftware auf der Seite der Entwicklung und Konstruktion sowie der Einsatz modernster Fertigungstechnologien auf der anderen Seite gehören heute zum Standard einer modernen Fertigung.

In allen Bereichen werden heute modernste Entwicklungs- und Fertigungstools eingesetzt, damit auftragsbezogen die speziellen Kundenwünsche erfüllt werden können.

Konfigurationstools, EDV-Systeme, Logistik, Qualitätskontrollen und der Einsatz von Messsystemen sind eine Voraussetzung für eine gleichbleibende Qualität und Kundenzufriedenheit.

Die Komplexität der Entwicklungs-, Konstruktions-, Fertigungs-, Qualitätsprozesse und das Projektmanagement für die komplexe Projektabwicklung mit den Kunden und Lieferanten sind ohne den Einsatz entsprechender Softwaresysteme heute nicht mehr denkbar.

Zertifizierungen im

❑ Qualitätsmanagement nach DIN EN ISO 9001,
❑ Umweltschutzmanagement nach ISO 14 001 und
❑ Arbeitsschutzmanagement nach ISO 18 001

sind nur einige der Voraussetzungen, um diese komplexen Anforderungen zu erfüllen. Damit kann die vom Markt geforderte Variantenvielfalt mit der notwendigen Flexibilität und den geforderten kurzen Lieferzeiten realisiert werden.

Die Fertigungsverfahren lassen sich in die Gebiete Elektronikentwicklung (Leiterplatten mit integrierten Bauteilen) über den Steuerungsbau, die Leistungselektronik und die Verkabelung mit Bussystemen auf der einen Seite und der spanenden Fertigung, dem Motorenbau, Blechbau, Schwerstahlbau und der Farbbehandlung einteilen.

Der wichtigste Erfolgsfaktor in der gesamten Kette sind die qualifizierten Mitarbeiter, die mit ihrem Einsatz und ihrem Wissen die Projekte managen und die

Prozesse optimieren, um die Produktqualität sicherzustellen und damit für die notwendige Kundenzufriedenheit zu sorgen.

Bild 10.1   Projektbesprechung [Q.2]

Investitionen wie in die nachfolgend beispielhaft genannten Technologien und Prozesse haben die Abwicklung, Fertigung und Montage verändert und damit die Wettbewerbsfähigkeit der Hersteller gesichert:

❑ Blechbearbeitung mittels Lasermaschinen, verbunden mit einem automatisierten Lager,
❑ Einsatz modernster Blechbiegetechnologien,
❑ Bearbeitungszentren für die spanenden Bearbeitung,

Bild 10.2
Schneckenräder für Getriebe [Q.1]

- ❑ Einziehmaschinen für die Motorenwicklung,
- ❑ roboterunterstützte Magnetklebung in der Antriebsfertigung,
- ❑ vernetzte Informationssysteme im Steuerungsbau und bei der Prüfung,
- ❑ 3D-Messsysteme,
- ❑ Pulverbeschichtung,
- ❑ Verpackung,
- ❑ Logistik.

Diese teilweise sehr hohe Fertigungstiefe wurde von führenden Herstellern mit Investitionen in modernste Entwicklungstools mit 3D-CAD und die entsprechende Fertigungstechnologie aufgebaut bzw. erweitert, damit man mit der erforderlichen Flexibilität auf die Anforderungen und kurzen Lieferzeiten des Marktes reagieren kann.

Die Langlebigkeit der Aufzugssysteme und deren Komponenten erfordert eine umgangreiche Ersatzteilhaltung, verbunden mit hoher Verfügbarkeit.

Die Bilder 10.3 bis 10.8 zeigen beispielhaft einige der Produktionsmethoden.

Bild 10.3
Handlingsrobotor in der Rotoren-
fertigung [Q.2]

Bild 10.4   Motorenwicklung [Q.2]

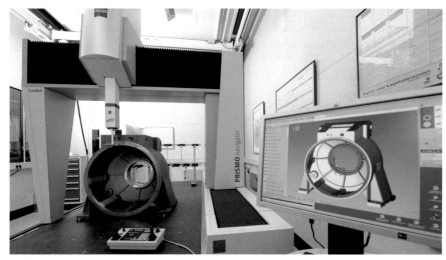

Bild 10.5   3D-Messsystem [Q.2]

Bild 10.6
Antriebsmontage [Q.2]

Bild 10.7
Blechfertigung an der Lasermaschine [Q.1]

Bild 10.8
Blechfertigung an der Lasermaschine [Q.1]

318

Formelzeichen und Abkürzungen

Formelzeichen

b	Stufenbreite bei Fahrtreppen bzw. Förderbandbreite bei Fahrsteigen
D/d	Durchmesser
$d_i/d_t/d_u$	Spannungsänderungen
f	Ausnutzungsfaktor bei Fahrtreppen und Fahrsteigen
f	Frequenz
g	Erdbeschleunigung
I	Strom
k	Nutzungsgrad bei Fahrtreppen
L, L_{AF}	Schalldruckpegel
M	Drehmoment
m_{FK}	Masse des Fahrkorbs [kg]
m_{GG}	Masse des Gegengewichts [kg]
m_{Last}	Lastkennlinie
p	Schalldruck
n	Drehzahl
n_d	Synchrondrehzahl
n_S	Schlupfdrehzahl
Q	Nennlast [kg] bei Aufzügen
Q	Förderleistung [Pers./h] bei Fahrtreppen und Fahrsteigen
T_{AR}	Rundfahrtzeit
T_{AV}	Abfahrtsintervall
v	Nenngeschwindigkeit [m/s]
Φ	Magnetischer Fluss

Abkürzungen

ASI	Austrian Standard Institute
ASM	Drehstrom-Asynchronmotor
ATEX	Atmosphère Explosive, Richtlinien Explosionsschutz
AufzV	Aufzugsverordnung
AVBEltV	Allgemeine Bedingungen für die Elektrizitätsversorgung von Tarifkunden
BauProdG	Bauproduktengesetz
BetrSichV	Betriebssicherheitsverordnung
BGG	Berufsgenossenschaftliche Grundsätze für Sicherheit und Gesundheit bei der Arbeit

BGI	Berufsgenossenschaftliche Informationen
BGV	Berufsgenossenschaftliche Vorschriften
BP	Befähigte Personen
CAD	Computer Aided Design
CAN	Computer Aided Network
CE	Communauté Européenne
CEN	Comitée Européenne de Normalisation (Europäisches Komitee für Normung)
CENELEC	Europäisches Komitee für elektrotechnische Normung
CiA	CAN in Automation
DAfA	Deutscher Ausschuss für Aufzüge
DCP	Drive Control and Position
DFÜ	Datenfernüberwachung
DIN	Deutsches Institut für Normung
E4	Energy Efficiency of Elevators and Escalators
ED	Einschaltdauer
ELA	European Lift Association
ElektroG	Elektro- und Elektronikgerätegesetz
EMV	Elektromagnetische Verträglichkeit
EMVG	EMV-Gesetz
EN	Europäische Norm
EnEV	Energieeinsparverordnung
EnEG	Energieeinspargesetz
EPB	Energy Performance of Buildings
ErP	Energy related Products
EuP	Energy using Products
EVU	Elektroversorgungsunternehmen
FEM	Fédération Européenne de la Manutention
FEM	Finite-Elemente-Berechnungen
FK	Fahrkorb
GCAP	Global Conformity Assessment Procedures
GESP	Global Essential Safety Parameters
GESR	Global Essential Safety Requirements
GG	Gegengewicht
GPSG	Geräte- und Produktsicherheitsgesetz
GPSGV	Verordnung zum Produkt- und Gerätesicherheitsgesetz
GSA	Grundsätzliche Sicherheits- und Gesundheitsanforderungen
IEC	International Electrotechnical Commission
IEEA	Intelligent Energy Executive Agency
ISO	International Organization of Standardization
IT	(frz.) Isolé Terre; Netzform von Niederspannungsnetzen, auch als 3-Leiter-Systeme bezeichnet
KMU	Kleine und mittelständische Unternehmen

LBO	Landesbauordnung
LBOAVO	Allgemeinen Ausführungsverordnung zur Landesbauordnung
LED	Light Emitting Diode
LON	Local Operating Network
MBO	Musterbauordnung
MRL	Machine Roomless
MRL	Maschinenrichtlinien
NB	Notified Bodies
NB-L	Notified Bodies for Lifts
NB-L/REC	NB-L Recommendations for Use
NBS	Notbremssystem
OKF	Oberkante Fertigfußboden
ÖN	Österreichische Normungsinstitut
PE	Schutzleiter
PES	Programmierbare elektronische Sicherheitsschaltungen
PESSRAL	Programmable Electronic Systems in Safety Related Application for Lifts; programmierbare elektronische Systeme in sicherheitsgerichteten Anwendungen für Aufzüge
PFDav	Probability of Failure of Demand)
prEN	Entwurf einer EN
PFD	Probability of Failure of Demand; Wahrscheinlichkeit des Versagens, wenn die Sicherheitsfunktion gebraucht wird
PFH	Probability of dangerous Failure per hour; Wahrscheinlichkeit des Versagens bei kontinuierlicher Sicherheitsanforderung
PIN	Personal Identification Number
PSM	Permanentmagnet-Synchron-Maschine
RoHS	Restriction of the Use of Hazardous Substances
SIA	Schweizerischer Ingenieur- und Architektenverein
SIL	Safety Integrity Level; Sicherheits-Integritätslevel
SNEL	Safety Norm for Existing Lifts
SR	Sicherheitstechnische Richtlinien für Aufzüge
SSt	Schallschutzstufen
TAB	Technische Anschlussbedingungen für den Anschluss an das Niederspannungsnetz (TAB Niederspannung)
TAHQ	Theoretische Fahrzeit
TBT	Technical Barriers to Trade
TCO	Total Cost of Ownership
TD	Time to destination
TN	(frz.) Terre Neutre; Realisierungsart eines Niederspannungsnetzes zur elektrischen Stromversorgung in der Elektrotechnik
TN-C	(frz.) Terre Neutre Combiné; Einsatz eines PEN-Leiters, der gleichzeitig Schutzleiter und Neutralleiter ist

TN-S	(frz.) Terre Neutre Séparé); separate Neutralleiter und Schutzleiter, vom Transformator bis zu den Verbrauchsmitteln geführt
TR	Technical Reports
TRA	Technische Regeln für Aufzüge
TS	Technical Specifications
TRBS	Technische Regeln für Betriebssicherheit
TT	Transit Time
UCM	Unintended Car Movement
UWE	Minimum Safety and Health Requirements for the Use of Work Equipment by Workers at Work
VDE	Verband der Elektrotechnik, Elektronik und Informationstechnik e.V.
VDEW	Verband der Elektrizitätswirtschaft
VDI	Verein Deutscher Ingenieure
VDMA	Verband Deutscher Maschinen- und Anlagenbau
VdTÜV	Verband der Technischen Überwachungsvereine
VFA	Verband für Aufzugstechnik
VSG	Verbundsicherheitsglas
WEEE	Waste of Electrical and Electronic Equipment
WG	Working Groups
WL-Technik	Ward-Leonard-Technik
WT	Waiting Time
WTO	World Trade Organization
ZLS	Zentralstelle der Länder für Sicherheitstechnik
ZÜS	Zugelassene Überwachungsstelle

Publikationen und Veranstaltungen

Die wesentlichen Literaturquellen und Publikationen, die auch bei der Erstellung des Buches verwendet wurden, sind im Literaturverzeichnis aufgeführt.

Zusätzlich wird hier nachfolgend noch auf die Fachpublikationen und Veranstaltungen hingewiesen, die in Deutschland und Europa Bedeutung haben. Die Aufstellung erhebt keinen Anspruch auf Vollständigkeit.

Fachzeitschrift *LiftReport*
Die Fachzeitschrift für Technologie von Aufzügen und Fahrtreppen erscheint 6-mal jährlich.
Verlag:
VfZ Verlag für Zielgruppeninformationen GmbH & Co. KG
Postfach 12 01 21
44291 Dortmund
Internet: www.liftreport.de

Fachzeitschrift *LIFTjournal*
Die Fachzeitschrift der Auszugsbranche für Betreiber und Hersteller von Aufzügen und Komponenten erscheint 6-mal jährlich.
Verlag:
F. H. Kleffmann Verlag GmbH
Postfach 10 13 50
44713 Bochum
Internet: www.kleffmann-verlag.de

Fachzeitschrift *ELEVATOR WORLD*
Die internationale englischsprachige Fachzeitschrift für die Aufzugsindustrie erscheint monatlich.
Verlag:
ELEVATOR WORLD Inc.
356 Morgan Avenue (36606)
P.O. Box 6507
Mobile, Alabama 36660 (USA)
Internet: www.elevator-world.com

Fachzeitschrift *ELEVATION*
ELEVATION ist die Fachzeitschrift für die Aufzugsindustrie in England erscheint 4-mal im Jahr.
Verlag:
Cyber Communications Limited

The Old Chapel, Birch Place
Stone, Kent DA9 9DP (Großbrittanien)
Tel. +49(0)1322/37 07 73
Fax. +49(0)1322/38 35 61
E-Mail: ish@elevation.co.uk
Internet: www.elevation.co.uk

Fachzeitschrift *ELEVATORI*
ELEVATORI ist die Fachzeitschrift für die Aufzugsindustrie in Italien, erscheint 6-mal im Jahr.
Verlag:
VOLPE EDITORE
Via di Vittorio 21 A
20060 Vignate – Milano (Italien)
Tel. +39(0)2/95 36 04 16
Fax. +39(0)2/95 36 04 18
eMail: elemail@elevatori.it
Internet: www.elevatori.it

Veranstaltungen
Nachfolgend sind einige der Messen und Tagungen, die regelmäßig stattfinden, aufgelistet. Da in einzelnen Ländern auch neue Veranstaltungen hinzukommen, erhebt diese Auflistung keinen Anspruch auf Vollständigkeit. In den Fachzeitschriften werden die aktuellen Termine regelmäßig veröffentlicht.

Messen
- ❑ VFA-interlift
- ❑ Euro-Lift, Messe Kielce, Polen
- ❑ Lift Milano, Mailand, Italien
- ❑ China Elevators and Accessories Expo, China
- ❑ IEE Expo, Mumbai, Indien
- ❑ Asensör, Istanbul, Türkei
- ❑ Lift Expo Russia, Moskau, Russland
- ❑ Ele Espania, Spanien
- ❑ NAEC in den USA
- ❑ ExpoElevator Brasil

Tagungen und Kongresse
Die nachfolgende Auflistung kann auch nur eine unvollständige Übersicht darstellen, in der die Veranstaltungen aufgeführt sind, die regelmäßig stattfinden. In den Fachzeitschriften werden die aktuellen Termine kontinuierlich veröffentlicht.

- ❏ European Lift Congress, Heilbronn, Deutschland
  www.intra.hs-heilbronn.de/TAH
- ❏ Heilbronner Aufzugstage, Heilbronn, Deutschland
  www.intra.hs-heibronn.de/TAH
- ❏ Schwelmer Symposium, Schwelm, Deutschland
  www.henning-gmbh.de
- ❏ Kasseler Aufzugstage, Kassel, Deutschland
  www.vfa-interlift.de
- ❏ Deutscher Aufzugstag, VDMA, Berlin, Deutschland
  www.vdma.org
- ❏ Elevcon (an wechselnden Standorten)
  www.elevcon.com
- ❏ Essener Aufzugstagung
  www.hdt-essen.de
- ❏ Betreibertage des VBI (Verband beratender Ingenieure)
  www.vbi.de
- ❏ Interlift Forum der VFA Akademie in Augsburg
  www.vfa.interlift.de
- ❏ Diverse Informationsveranstaltungen von Herstellern und Organisationen

Infopool

Die nachfolgende Übersicht gibt Hinweise auf Quellen, die im Umfeld von Aufzügen wichtige Hilfe bei der Informationsbeschaffung sein können.

Gremien und Organisationen in Deutschland

❏ VDMA
www.vdma.org

❏ VFA-interlift
www.vfa-interlift.de

❏ VMA
www.vma.de

❏ GAT
www.gat.de

❏ VBI
www.vbi.de

❏ DAfA
über www.vdma.org

❏ VdTÜV
www.vdtuev.de

❏ VDI
www.vdi.de

❏ VDE
www.vde.de

Gremien und Organisationen in Europa

❑ ELA
www.ela-aisbl.org

❑ IAEE
www.elevcon.com

❑ EFESME
www.efesme.org

❑ ELCA
www.elca-europe.org

❑ EPSA
www.epsa.eu.com

Informationen rund um den Aufzug

Die Informationen wie Gesetze, Verordnungen, Richtlinien, Normen stehen über unterschiedlichen Wegen zur Verfügung. Generell ist das Internet eine gute Informationsplattform, über die viele Informationen frei verfügbar sind und heruntergeladen werden können. Gesetze und Verordnungen können über die Plattformen der veröffentlichenden Stellen kostenfrei beschafft werden. Normen und Richtlinien sind frei zugänglich, aber kostenpflichtig und unterliegen dem Urheberschutz. Durch die Mitgliedschaft in den Aufzugsverbänden erhält man wichtige Informationen über rechtliche und normative Änderungen, die für die tägliche Arbeit benötigt werden.

Literaturverzeichnis

[1] Aufzugsverordnung AufzV, in Bundesgesetzblatt Jahrgang 1998 Teil I Nr. 37, ausgegeben zu Bonn am 24. Juni 1998.

[2] BACHMANN, OLIVER: *Aufzüge und Fahrtreppen – Technik, Planung, Design.* Landsberg/Lech: Verlag Moderne Industrie AG, 1992 (fachliche Unterstützung durch Otis GmbH).

[3] DIN 15 309: Personenaufzüge für andere als Wohngebäude sowie Bettenaufzüge – Baumaße, Fahrkorbmaße, Türmaße: Dezember 1984:

[4] *Elevator World*

[5] EN 81-1:1998 + AC:1999 D: Sicherheitsregeln für die Konstruktion und den Einbau von Aufzügen, Teil 1: Elektrisch betriebene Personen- und Lastenaufzüge, CEN.

[6] EN 81-3:2000: Sicherheitsregeln für die Konstruktion und den Einbau von Aufzügen, Teil 3: Elektrisch und hydraulisch betriebene Kleingüteraufzüge, CEN.

[7] HIRSCHER, PETER: *Aufzüge – Technik, Planung, Betrieb.* München: Nathan Verlag GmbH, 1986 (fachliche Unterstützung durch Thyssen Aufzüge GmbH).

[8] HOWKINS, ROGER E.: Lift Modernisation Design Guide: Ove Arup & Partners. *ELEVATOR WORLD*, 1998.

[9] PISTOHL, WOLFRAM: *Handbuch der Gebäudetechnik.* Planungsgrundlagen und Beispiele, Band 1 Sanitär/Elektro/Förderanlagen, 2. neubearb. u. erw. Aufl. Düsseldorf: Werner Verlag, 1997.

[10] Richtlinie 95/16/EG des Europäischen Parlaments und des Rates vom 29. Juni 1995 zur Angleichung der Rechtsvorschriften der Mitgliedstaaten über Aufzüge, in: *Amtsblatt der Europäischen Gemeinschaften, L 213, 38. Jahrgang,* vom 7. September 1995.

[11] SCHEFFLER (Hrsg.); FEYRER, MATTHIAS: Fördermaschinen – Hebezeuge, Aufzüge, Flurförderzeuge. Braunschweig/Wiesbaden: Friedr. Vieweg & Sohn Verlagsgesellschaft mbH, 1998.

[12] SCHOLLEY, HANS-FERDINAND Freiherr von: *Einführung in den Aufzugsbau.* Vortragsreihe an den Heilbronner Aufzugstagen, 2000.

[13] SIMMEN, JEANNOT: *Vertikal-Aufzug, Fahrtreppe, Paternoster.* Eine Kulturgeschichte vom Vertikal-Transport, 1. Auflage, 1994. Berlin: Ernst & Sohn, Verlag für Architektur und technische Wissenschaften GmbH (fachliche Unterstützung durch Thyssen Aufzüge GmbH).

[14] STEMSHORN, AXEL (Hrsg.): *Barrierefrei bauen für Behinderte und Betagte.* 4. überarb. u. erw. Auflage, 1999. Leinfelden-Echterdingen: Verlagsanstalt Alexander Koch GmbH.

[15] THEISINGER, WOLFGANG: *Infoline Aufzüge und Fahrtreppen.* Internet www.baunetz.de, im Juli 2002 (gesponsert von Schindler Aufzüge und Fahrtreppen GmbH).

[16] THEWS, UDO: *Informationen und Wissen rund um die Elektro- und Aufzugstechnik.* Internet www.u-thews.de, im August 2010.

[17] ThyssenKrupp Aufzugswerke GmbH, Prospektmaterial, 2010.

[18] Pfeifer Drako – *Drahtseile in Aufzügen* 11/2007.

[19] *Liftreport* (diverse Ausgaben)

[20] *Liftjournal* Heft (div. Ausgaben)

[21] BARNEY, G. C.: *Elevator & Escalator Micropedia*, 2. Auflage. IAEE, The International Association of Elevator Engineers, 1997.

[22] COTTARDO, R.: *Wie er funktioniert. Praktische Anleitung für Aufzüge*. 3. Auflage. Mailand: VolpeEditore, 2009.

[23] BÖHM, W.: *Elektrische Antriebe*. 7. Auflage. Würzburg: Vogel Buchverlag, 2009.

[24] BROSCH, P. F.: *Praxis der Drehstromantriebe*. Würzburg: Vogel Buchverlag, 2002.

[25] BROSCH, P. F.: *Moderne Stromrichterantriebe*. 5. Auflage. Würzburg: Vogel Buchverlag, 2008.

[26] BÖHM, W.: *Elektrische Steuerungen*, 8. Auflage. Würzburg: Vogel Buchverlag, 2003.

[27] Flender Loher: *Technische Schrift, Drehzahlverstellung von Asynchronmaschinen*. Ruhstorf: Eigenverlag Loher, 2005.

[28] MAGNAGO LAMPAGNANI, V., und HARTWIG, L: *Vertikal-Aufzug – Fahrtreppen – Paternoster. Eine Kultur-Geschichte vom Vertikaltransport*. Berlin: Verlag Ernst & Sohn, 1994.

[29] MARTINELLI R.: *Nutzung von Aufzügen zur Evakuierung von Gebäuden*. Heilbronn: TAH, Technische Akademie Heilbronn, 2010.

[30] *de/der elektromeister + deutsches Elektrohandwerk* (div. Ausgaben).

[31] Wikipedia.de

[32] ELA – European Lift Aassociation, Brüssel.

[33] VDMA FAAuF, Frankfurt.

[34] *de-Jahrbuch, Elektromaschinen und Antriebe*. München/Heidelberg: Hüthig & Pflaum Verlag, 2008.

[35] DAfA – Deutscher Auschuss für Aufzüge, Frankfurt.

[36] Telemecanique Groupe Schneider, Ratingen.

Quellenverzeichnis

[Q.1]   ThyssenKrupp Aufzugswerke, Neuhausen a.d.F.

[Q.2]   LiftEquip Elevator Components, Neuhausen a.d.F.

[Q.3]   Böhnke & Partner Steuerungen, Bergisch Gladbach

[Q.4]   Schäfer Bedien- und Anzeigeelemente, Sigmaringen

[Q 5]   Cobianchi Komponenten, CH-Münzingen

[Q.6]   Beil Aufzüge, Luxemburg

[Q.7]   Volker Lenzner, Waldenbuch

[Q.8]   E.-A. Siekhans VdTÜV, Berlin

[Q.9]   SMW Elevator, Schweden

[Q.10] Janzhoff Aufzüge, Dortmund

[Q.11] Hütter Aufzüge, Glinde

[Q.12] GMV Hydraulik, Italien

[Q.13] Walter Nübling, Ostfildern

[Q.14] Schmersal Komponenten, Wuppertal

[Q.15] ALGI Giehl Hydraulik, Eltville

[Q.16] Pfeifer Drako, Mülhein/Ruhr

[Q.17] Meiller Türen, München

[Q.18] Wittur Aufzugsysteme und Komponenten, Wiedenzhausen

[Q.19] ACLA Komponenten, Köln

[Q.20] Emanuele Emiliani, DMG Rom

[Q.21] BTR Schachtentrauchung, Hamburg

[Q.22] F. Meermann, Herbolzheim

[Q.23] Henning Komponenten, Schwelm

[Q.24] *Liftreport* 1/1986

[Q.25] Böhm, Werner: Elektrische Antriebe, 7. Auflage. Würzburg: Vogel Buchverlag, 2009

[Q.26] Bericht Dr. Scheunenmann in: *Liftreport 6/2000*

[Q.27] Bericht *Liftreport 2/2009*

[Q.28] *Liftreport 4/2007*

[Q.29] DIN EN 81-1:2009

[Q.30] *Liftreport 4/2007*

[Q.31] Bericht Dr. Rohr; Dr. Skauradszun in: *Liftreport 2/11)*

[Q.32] Telemecanique Groupe Schneider, Ratingen

[Q.33] Böhm, Werner: Elektrische Steuerungen. 8. Auflage. Würzburg: Vogel Buchverlag, 2003

[Q.34] Bernd Scherzinger, Unterensingen

[Q.35] Ziehl-Abegg AG, Künzelsau

Glossar

Ausgleichsgewicht	Masse, die der Energieeinsparung dadurch dient, dass sie die gesamte oder einen Teil der Masse des Fahrkorbes ausgleicht.
Autoaufzug	In der Fachliteratur findet man öfters die Bezeichnung Autoaufzug. Im Sinne der gültigen Regelwerken gibt es diesen Begriff nicht, da es sich im eigentlichen Sinne um einen überdimensionalen Personenaufzug handelt, mit dem meistens Autos befördert werden.
Benutzer	Personen, die den Aufzug benutzen.
Bremsfangvorrichtung	Fangvorrichtung, bei der die Bremsung durch Reibung an den Führungsschienen erfolgt und bei der besondere Vorkehrungen getroffen sind, dass die auf den Fahrkorb, das Gegengewicht oder Ausgleichsgewicht wirkenden Kräfte auf ein zuverlässiges Maß begrenzt werden.
Einfahren	Vorgang, bei dem der Fahrkorb in die Höhe der jeweiligen Haltestelle fährt und möglichst bündig zum Stehen kommt.
	Der Bereich oberhalb und unterhalb der Schachttürschwelle (25 cm) wird Einfahrzone genannt. Beim Einfahren in diesen Bereich darf die Aufzugtür mit dem Öffnungsvorgang beginnen. Wenn der Fahrkorb diesen Bereich verlässt, muss die Schachttür selbstständig schließen. Dies wird mittels Schließgewichten oder mechanischen Federn erreicht.
Elektrische Sicherheitskette	Gesamtheit der in Reihe geschalteten elektrischen Sicherheitseinrichtungen.
Entriegelungszone	Bereich unterhalb und oberhalb der Haltestelle, in dem sich der Boden des Fahrkorbes befinden muss, damit die Schachttür an dieser Haltestelle entriegelt sein darf.
Fahrgast	Jede Person, die im Fahrkorb eines Aufzuges befördert wird.
	In Deutschland wird der Begriff: «Fahrgast» weniger verwendet. In der Literatur und in den Vorschriften werden die Begriffe: «Personen» oder «Benutzer» verwendet.
Fahrkorb	Teil des Aufzuges, der die Personen und/oder die Lasten aufnimmt.
Fahrkorbführung	Der Fahrkorb wird mittels Gleit- oder Rollenführungen an den Führungsschienen im Schacht entlang geführt. Die Führungen sind im Bereich der Fahrkorbdecke und des Fahrkorbbodens angebracht und sollen die Übertragung von Schwingungen verhindern. Bei verglasten Aufzügen und hohen Fahrgeschwindigkeiten werden meist Rollenführungen eingesetzt.
Fangvorrichtung	Bei der Fangvorrichtung handelt es sich um eine mechanische Sicherheitseinrichtung um den freien Fall einer Aufzugsanlage zu verhindern und dadurch Personenschäden

auszuschließen. Sobald der Aufzug die zulässige Geschwindigkeit überschreitet, wird der Fahrkorb automatisch abgebremst und festgehalten. Die Fangvorrichtung wirkt wie eine Bremse am Auto.

Mechanisches Teil, das dazu dient, den Fahrkorb, das Gegengewicht oder Ausgleichsgewicht bei einer Übergeschwindigkeit in der Abwärtsfahrt oder Bruch der Tragmittel an den Führungsschienen abzubremsen und festzuhalten.

Förderhöhe

Die Förderhöhe bezeichnet den Abstand zwischen der untersten und der obersten Haltestelle eines Aufzuges, gemessen jeweils am fertigen Fußboden.

Förderleistung

Um bei größeren Projekten die Größe und Anzahl der Aufzugsanlagen richtig auslegen zu können, müssen verschiedene Kennwerte errechnet werden:

Umlaufzeit — Die Zeit, die der Aufzug benötigt, um wieder an der Ausgangsposition anzugelangen (z.B. von EG bis 4. OG und zurück zu EG).

Mittlere Wartezeit — Dabei handelt es sich um die Zeit, die durchschnittlich vergeht, bis ein Fahrgast an einer Station abgeholt wird.

5-Minuten-Leistung (HC5) — Mit diesem Kennwert wird ausgedrückt, wie viele Personen mit den Aufzügen in 5 Minuten befördert werden können.

Führungsschienen

Bauteile, die der Führung des Fahrkorbes, Gegengewichtes oder Ausgleichgewichtes, sofern vorhanden, dienen.

Gegengewicht

Masse, die die Treibfähigkeit sicherstellt.

Geschwindigkeitsbegrenzer

Zur Vermeidung von Personenschäden durch Aufzugsanlagen werden diese mit Geschwindigkeitsbegrenzern ausgerüstet. Hierbei handelt es sich um zwei Rollen, die im Schachtkopf und in der Schachtgrube befestigt werden. Über diese Rollen wird ein Stahlseil geführt, dessen Enden an der Fangvorrichtung am Fahrkorb befestigt sind. Überschreitet der Aufzug die zulässige Maximalgeschwindigkeit, wird diese Sicherheitseinrichtung automatisch ausgelöst und wirkt wie eine Bremse am Auto.

Bauteil, das bei Erreichen einer vorherbestimmten Geschwindigkeit das Triebwerk abschaltet und, wenn notwendig, die Fangvorrichtung einrückt.

Hängekabel

Bewegliches Kabel zwischen dem Fahrkorb und einem Festpunkt.

Inverkehrbringen

Die Aufzugsrichtlinie bezeichnet den Ausdruck «Inverkehrbringen» als den Zeitpunkt, zu dem der Montagebetrieb den Aufzug dem Benutzer erstmals zur Verfügung stellt.

334

Lastenaufzug	Man unterscheidet zwei Arten von Lastenaufzügen. Zum einen gibt es Lastenaufzüge ohne Personentransport, bei denen das Mitfahren verboten ist. Diese Lösung wird oft zum Transport von Müllcontainern aus dem Keller verwendet. Bei Lastenaufzügen mit Personentransport handelt es sich im Sinne der gültigen Regeln für Aufzugsanlagen um Personenaufzüge, mit denen auch Lasten transportiert werden. Diese unterscheiden sich von reinen Personenaufzügen lediglich in der robusteren Ausführung im Fahrkorb.
Mindestbruchkraft eines Seiles	Produkt aus dem Quadrat des Seil-Nenndurchmessers in mm² und einem Umrechnungsfaktor für die entsprechende Seilkonstruktion.
Montagebetrieb	Die Aufzugsrichtlinie bezeichnet mit dem Ausdruck «Montagebetrieb» diejenige natürliche oder juristische Person, die die Verantwortung für den Entwurf, die Herstellung, den Einbau und das Inverkehrbringen des Aufzuges übernimmt, die CE-Kennzeichnung anbringt und die EG-Konformitätserklärung ausstellt.
Nachstellen	Vorgang, der es nach dem Anhalten des Fahrkorbes erlaubt, die Bündigstellung während des Be- und Entladens, wenn notwendig durch aufeinanderfolgende Bewegungen, zu korrigieren.
Nenngeschwindigkeit	Geschwindigkeit des Fahrkorbes, für die der Aufzug ausgelegt ist. Angabe in Meter pro Sekunde (m/s), Umrechnung: 1 m/s = 3,6 km/h. Einer der schnellsten Personenaufzüge **Europas** fährt 8,5 m/s und befindet sich in Berlin am Potsdamer Platz. Der derzeit schnellste Personenaufzug **weltweit** fährt 12,5 m/s und befindet sich Japan in einem Aussichtsturm.
Nennlast	Last, für die der Aufzug ausgelegt ist. Angabe in [kg]. Die maximal zulässige Traglast oder Tragfähigkeit eines Aufzuges wird als Nennlast bezeichnet. Die Tragfähigkeit ist bei Aufzügen mit Personenbeförderung auf einem Schild im Fahrkorb angegeben.
Nutzfläche des Fahrkorbes	Fläche des Fahrkorbes, gemessen 1 m über dem Boden ohne Berücksichtigung eventueller Handläufe, die Personen und Lasten während des Aufzugbetriebes einnehmen können.
Puffer	Nachgiebiger Anschlag am Ende der Fahrbahn, der hydraulisch durch Federn oder durch ähnliche Einrichtungen verzögert. In der Schachtgrube befinden sich Aufsetzpuffer aus Vulkolan bzw. ölhydraulische Puffer. Diese wirken wie ein Stoßdämpfer und reduzieren dadurch die Verletzungsgefahr für Personen im Fahrkorb, wenn dieser aus geringer Höhe wegen eines technischen Fehlers abstürzt. Dies kann durch eine Leckage am Hydrauliksystem oder durch Versagen der Bremse am Antrieb bei Treibscheibenaufzügen entstehen.
Rollenraum	Raum, in dem Rollen und gegebenenfalls der Geschwindigkeitsbegrenzer und die elektrischen Einrichtungen, aber keine Antriebselemente untergebracht sind.

Schacht	Raum, in dem sich der Fahrkorb, das Gegengewicht oder Ausgleichsgewicht bewegen. Dieser Raum ist üblicherweise durch den Boden der Schachtgrube, die Wände und die Schachtdecke begrenzt.
	Bei teilumwehrten Schächten gilt der offene Freiraum bis zu einem Abstand von 1,5 m von beweglichen Teilen (z.B. Fahrkorb, Gegengewicht) ebenfalls als Schacht.
Schachtgrube	Teil des Schachtes unterhalb der untersten, vom Fahrkorb bedienten Haltestelle. Bei Reparatur- und Wartungsarbeiten in der Schachtgrube muss für eine Person ein Mindestsicherheitsraum vorhanden sein, wenn der Fahrkorb bei zusammengedrückten Puffern die tiefste Stellung erreicht hat.
	Ist der Raum unter der Schachtgrube begehbar, so ist ab gewachsenem Boden bis zur Schachtgrube (unter der Gegengewichtsfahrbahn) ein Pfeiler nach den Belastungsangaben des Aufzugsherstellers zu erstellen. Ist die Erstellung eines Pfeilers nicht möglich, so ist das Gegengewicht mit einer Fangvorrichtung auszurüsten.
Schachtkopf	Teil des Schachtes zwischen der obersten vom Fahrkorb bedienten Haltestelle und der Schachtdecke. Die zwischen Fahrkorbdach und Schachtdecke verbleibende Höhe ist der Überfahrweg und der Schutzraum. Der Schutzraum soll eine gefahrlose Wartung auf dem Fahrkorbdach sicherstellen.
Schürze	Senkrechtes glattes Teil unterhalb der Schwelle einer Haltestelle oder eines Fahrkorbzugangs. Mit der Schürze soll verhindert werden, dass beim unbündigen Stehen des Fahrkorbes zwischen Fahrkorbboden und Schachttürschwelle eine «Absturzöffnung» entstehen kann.
Sicherheitsseil	Hilfsseil, das am Fahrkorb, Gegengewicht oder Ausgleichsgewicht befestigt ist, um bei Bruch der Tragmittel eine Fangvorrichtung auszulösen.
Sperrfangvorrichtung	Fangvorrichtung, die unmittelbar sperrend an den Führungsschienen angreift.
Sperrfangvorrichtung mit Dämpfung	Fangvorrichtung, die unmittelbar sperrend an den Führungsschienen angreift, bei der jedoch die auf den Fahrkorb, das Gegengewicht oder Ausgleichsgewicht einwirkenden Kräfte durch ein zwischengeschaltetes dämpfendes System begrenzt werden.
Treibscheibenaufzug	Aufzug, dessen Antrieb auf die Reibung zwischen den Tragseilen und den Rillen der Treibscheibe des Triebwerks beruht.
Triebwerk	Einrichtung einschließlich des Motors, die die Bewegung und das Anhalten des Aufzuges bewirkt.
Triebwerksraum	Raum, in dem das Triebwerk und/oder die dazugehörigen Einrichtungen untergebracht sind.
Trommelaufzug, Kettenaufzug	Aufzug, dessen Tragseile oder Ketten nicht durch Reibung angetrieben werden.
Verbundsicherheitsglas (VSG)	Einheit von 2 oder mehr Glasscheiben, wobei benachbarte mittels einer Kunststofffolie miteinander verbunden sind.

Stichwortverzeichnis

A

A-Bewertung in dB(A) 248
Ablegereife 67
Abnahmeprüfung 284
Abschaltung der Schütze 86
Abschirmung 262
Absolutwert-Drehgeber 78
Absolutwertgeber 109
Abwärts-Sammelsteuerung 97
AC-Gerät 104
Akustik 247
Anhaltegenauigkeit 107
Ankunftsgong 101
Anlage
  –, überwachungsbedürftige 227, 299
  –, überwachungspflichtige 283
  –, Zustand der elektrischen 274
Anlagendokumentation 192, 273
Anlagezeichnung 51
Anmeldeunterlage 245
Anschlussbedingung 192
Antrieb
  –, Gearless- 71
  –, getriebelos 71
  –, Netzverhalten von 85
  –, Ward-Leonhard- 71
Antriebskomponente 49
Antriebsregelung 69
Antriebstechnik 69
Anwendungshilfe 235
Anzeigeelement 94, 138, 190
Applikationsprofil 146
Arbeitsmittel 227, 299
  –benutzungsrichtlinie 211
Arbeitsplatz 227, 300
Arbeitsschutz 299
  –anforderung 227

–management 315
Arbeitssicherheit 300
ATEX-Richtlinie 212
Atmosphäre
  –, explosionsfähig 257
Aufsetzprobe 115
Aufstellhöhe 92
Aufzug
  –, behindertengerecht 25, 222, 255
  – bei Netzausfall 195
  – für Personen mit eingeschränkter Beweglichkeit 256
  – im Brandfall 224
  – im Freien 186
  –, maschinenraumlos 189
  – mit Reibradantrieb 68
  –, rollstuhlgerecht 255
  –, triebwerkraumlos 64
Aufzugsanlage
  –, Anschlusswert 192
  –, Qualität 272
Aufzugbuch 228, 245
Aufzugsfachplaner 239
Aufzugsführer 21
Aufzugsgruppe 100
Aufzugs-Informationssystem 142 f.
Aufzugsnotruf 288
Aufzugsrichtlinie 206
  – 95/16/EG 15
Aufzugsschacht 183
  –entrauchung 253
Aufzugssystem 37, 49
Aufzugsverordnung (AufzV) 14 f.
Aufzugswärter 228, 287
Ausbildungskriterium 232
Ausführungsregel
  – für barrierefreies Bauen 254

Ausrüstung
  –, elektrotechnische   204
Ausschreibung   239
  –, technische   50
Außenbereich   35
Außensteuerung   96
Autoaufzug   29

B

Barrierefreiheit   18
Bauen
  –, barrierefreies   254
Bauformen von Motoren   88
Baumusterprüfbescheinigung   171
Baumusterprüfung   157
  – von Komponenten   219
Bauordnung   241
  – der Länder   29
Bauproduktenrichtlinie   211
Baurecht   197
Bauregelliste   222
bauseitige Leistungen   198
Bauzeichnung   50
Bedienelement   138, 190
Bedienkasten   65
Beeinträchtigung
  – durch Lärm   247
befähigte Person (BP)   228
Befehle   96
Befreiungsvorgang   178
befugte Person   199
Behälteraufzug   22
Beleuchtung
  –, indirekte   131
Benutzerfreundlichkeit   272
Benutzung durch Personen mit
  Behinderung   255
Bereich
  –, explosionsgefährdeter   212, 256
Berührungsschutz   104
Beschaltungsmaßnahme   78
Bestandsbau   18

Bestandsschutz   229
Betonschacht   185
Betreiber   229
  –pflichten   286
  –sicht   272
Betriebsanleitung   50, 209, 245
Betriebsart   88
Betriebsdaten   152
Betriebsdrehzahl   81
Betriebssicherheitsverordnung   19,
  226, 305
Betriebszeiten
  – Verlängerung der   233
Betriebszustand
  – Fahren   19
  –, gefährlicher   169
  – Stand-by   19
Bettenaufzug   27
Bewegung
  –, unbeabsichtigte   219
Bewertung
  –, sicherheitstechnische   227, 273
Bezeichnungen der europäischen
  Normen   218
Biegewechsel   67
Blechtürblätter   133
Blitzeinschlag   263
Blitzschutz   263
  – außen   263
  –, innerer   263
  –gerät   104
  –system   263
Bodenbelag   130, 296
Brandfall   29
  –modus   224
  –steuerung   224
Brandmeldeanlage   224
Brandschutz   252, 274
  –anforderung   137
  –klasse   194
Brandschutzkonzept   222, 252
  – des Gebäudes   233
Bremsansteuerung   93

Bremseinrichtung 159, 175
Bremsscheibe 175
Bügelebene 122
Bussystem 114, 145 f.
 – DCP 146

C

CAN-Bussystem 147
CANopen 146
CE-Kennzeichen 208, 258

D

DAfA-Empfehlung 235
Datenferndiagnosesystem 152
Daten für die Kommunikation 151
Denkmalschutz 18
Derating 92
deutsches Gesetz 203
Diagnose 150
 –system 280
Diode 104
Direkteinfahrt 111
Dokumentation 50, 245
Doppeldecker 38
 –aufzug 35
Drehstrom-Asynchronmotor 76
 –, Ersatzschaltbild 80
Drehstrom-Synchronmotor 78
Drehzahl-Drehmoment-Kennlinie 81
Dreistufenkonzept 264
Druckgeräterichtlinie 212
Druckschlauch 62
Dübelbefestigung 122
Durchführungsmaßnahme 213

E

Einfahren
 – bei offener Tür 106
Einfahrgong 142

eingekoppelt
 –, induktiv 261
Einknopf-Sammelsteuerung 97
Einsatzmöglichkeit 49
Einspeisepunkt 166
Einzelfahrtsteuerung 96
Elektroinstallation 194
elektromagnetische Verträglichkeit
 (EMV) 104
EMV-Norm 212
EMV-Richtlinie 211
EMV-Störung 86
EN-81 14
Energie
 –, kinetische 73
 –, potentielle 73
 –bedarf 274
Energieeffizienz 19, 78, 112, 131,
 233, 307, 310
 –klasse 310
Energieeinsparmöglichkeit 299
Energieeinsparpotential 299
Energieeinsparverordnung
 (EnEV) 197, 253
Energiefluss 73
 – zum Antrieb 105
Energieübertragung
 –, berührungslose 154
Energiezertifikat 302
Energiezufuhr
 – zur Bremse 106
EN-Norm 203
Entladung
 –, energiereiche 263
Entsorgung 303
Erdungsband 104
Erdungsmaßnahme 263
Erdungsverhältnis 193
Ersatzbedarf 305
Ersatzmaßnahme 66, 209
Evakuierung 310
 – im Katastrophenfall 253
 – von Personen 225

Evakuierungshaltestelle   109
Explosionsschutz   256
Explosionsübertragung   256
EX-Zeichen   258
Eytelwein'sche Formel   59, 114

F

Fachbetriebspflicht   229
Fachplaner   19
Facility Management   112, 151
Fahrkorb   125 f., 128, 210, 300
  –ausstattung   50, 125, 129
  –beleuchtung   131, 298
  –füllgrad   276
  –größe   254
  –-Verteilerkasten   95
Fahrqualität   275
Fahrschachttür
  –, Brandverhalten von   221
Fahrstuhl   16
Fahrtenzahl pro Stunde   88
Fahrtrichtungsanzeige   142
Fahrtzeit   114
Fahrzeit
  –, theoretische   275
Fangladung   263
Fangrahmen   127
Fangvorrichtung   122, 159, 259
Fehlerstrom-Schutzeinrichtung   193
Fernkonfiguration   152
Fern-Notrufeinrichtung   220
Fernüberwachung (DFÜ)   150
Fertigungsverfahren   315
Feuerwehraufzug   29, 224, 241
Filterung
  – unechter Notrufe   178
Förderhöhe   18
Förderleistung   18, 102, 243, 276, 295
Formulierung von Schutzzielen   171
Führung   123
Funkentstörfilter   262
Funktionsdiagramm   109

G

Gateway   146
Gearless-Antrieb   65, 76
Gebäude
  –, bestehende   220
  –automation   153
  –installation   192
  –management   151
Gefährdung
  –, signifikante   225
Gefährdungsbeurteilung   225, 227, 300
Gefahrenanalyse   64, 157, 171, 203, 209
Gegengewicht   143
Geländer   300
Gerät
  –, virtuelles   149
Geräte- und Produktsicherheitsgesetz GPSG   226
Geräusch   248
  –messung   277
  –verhalten   89, 277
Gesamtenergieeffizienz von Gebäuden   212
Geschwindigkeitsbegrenzer   162
Gesichtspunkte
  –, technische   272
Gesundheitsanforderung   208
Gesundheitsschutz   300
Getriebeantrieb   69
Gewässerschutz   302 f.
Gewitter   263
Glasaufzug   30
Glaselement   129
Glasschacht   185
Glastür   33
  –blätter   133
Gleichstrommotor   79
Gleichstrom-Nebenschlussmotor   84
Gleitführung   123
Grundfläche   244

Grundstruktur der Steuerung   92
Gruppe   243
Gruppenalgorithmus
  –, energieoptimierter   114
Gruppensteuerung   95, 111
  –, Leistungsfähigkeit einer   114
Güteraufzug
  –, vereinfachter   22

H

Halfenschiene   122
Haltegenauigkeit   25
Handelsbarriere   204
Handlauf   130
Handlungsfelder des Umwelt-
  schutzes   302
Handlungsvorschrift   234
Hängekabel   95
Hauptpotentialausgleich   264
Hauptprüfung   116
  –, wiederkehrende   285
Hauptschaltereinheit   93
Heberanordnung   62
Heizung   201
Herstellerunternehmen   19
High-Rise-Bereich   305
Hilfsspannungsquelle   178
Hochhausrichtlinie   229
Hydraulikaufzug   49, 60
Hydraulikflüssigkeit   201
Hydraulikheber   119
Hydrauliköl   201
Hydraulikzylinder   62

I

Impulszählverfahren   109
Inbetriebnahme   207, 247
Informationssystem   142
Informationsteil   94
Infraschall   249
Inkrementaldrehgeber   76

Inkrementalgeber   109
Innensteuerung   96
Inspektionsfahrtsteuerung   94
Inspektionssteuereinheit   166
Inspektionssteuerung   106
Instandhaltungsanweisung   225
Instandhaltungshandbuch   226
Instandhaltungskonzept   278
Interpretation   207
Interpretationen der DAfA-
  Hotline   235
Inverkehrbringen   157, 247
Isolierstoffklasse F   92
ISO-Normen   236
ISO-Standard   204

J

Justierfahrt   107

K

Kabine
  –, Isolation der   127
Kabinenwand   130
kapazitiv eingekoppelt   261
Keilriemengetriebe   71
Kleingüteraufzug   23
Klimaschutz   302
Kommandos   94, 96
Kommunikationsnetz   181
Kommunikationsprotokoll   181
Komplettsystem
  –, baumustergeprüftes   157
Komponentenebene   172
Konformitätsbewertungsverfahren
  206 f.
Kontakt
  –, zwangsläufig geführter   170
Kopierung   94, 96, 107
Kopierwerk
  –, elektromechanisches   107
  –, virtuelles   110

Kopplung
–, galvanische 261
Kopplungsmechanismus 261
Körperschall 249
 –dämmung 250
Korrekturfahrt 109
Kurzhaltestelle 111
Kurzschlussring 80

L

Lagerung
 –, elastische 251
Landesbauordnung 20, 29, 199, 229
Lärm 248
 –minderung 248
 –schutz 248
Lastenaufzug 20
Lastkennlinie 82
Lastträger 210
Lautstärke 249
Leckage 62
LED-Element 131
LED-Spots 299
Leistungsteil 93
Leitblitz 263
Leitsystem 142
Leitungsbruchventil 176
Leitungsverlust 62
Lernfahrt 107
Lichtgitter 135
Lichtschranke 135
Linearantrieb 155
LON-Bussystem 147
Lüfterkennlinie 104
Luftschall 249
Lüftung 201

M

Magnetschalterkopiersystem 108
Magnetschalterkopierung 108

Maschine
 –, unvollständige 210
Maschinenraum 186
Maschinenrichtlinie (MRL) 16, 23, 210
Masseband 262
Massepotential 104
Maßnahme
 –, bauliche 252
Maßnahme zur Notbefreiung 301
Master-Slave-System 147
Messung
 – der Fahrqualität 237
 – der Seilspannung 281
Modernisierung 19
Modernisierungsbedarf 305
Montagebetrieb 206, 272
Motoranlaufstrom 192
MRL-System 59
Multimastersystem 147
Musteraufzug 207
Musterbauordnung 199, 229

N

Nachreguliergenauigkeit 107
Nachrüstmaßnahme 225
Nachstellen
 – bei offener Tür 106
nationale Regel 204
NBS-System (Notbremssystem) 70
Nenngeschwindigkeit 17
Nennisolationsspannung 169
Nennlast 17
Netzblindleistung 80
Netzeinschaltung
 –, direkte 74
Netzfilter 86, 262
Netzform 193
 –, Bezeichnung der 193
Netzrückspeisung 192
Netzrückwirkung 77, 192

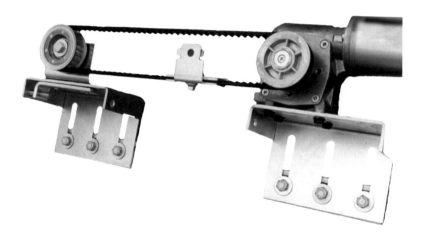

Neuer Ansatz – New Approach   205
Neutralleiter   194
Niederspannungsrichtlinie   211
Norm   204
  –, harmonisierte   209
Notbremsschalter   107
Notevakuierungsfahrt   195
Notrufeinheit   176
Notrufeinrichtung   176
Notruf-Filterung   181
Notrufinformation   177
Notrufsystem   176
Notrufzentrale   176, 288
Notstromaggregat   195
Nullung   193
Nutzerorganisation   150
Nutzersicht   272
Nutzlast   17

O

Oberschwingungsstrom   192
Ökodesign-Anforderung   213
Öko-Design-Richtlinie   213
Online-Anbindung   143

P

Panoramaaufzug   31, 34
Paternoster   43
Pendelschlagversuch   31
Peoplemover®   155
permanenterregte Drehstrom-
  Synchronmaschine (PSM)   83
Person
  –, befähigte   228
  –, eingewiesene   287
Personenaufzug   19
Personenbefreiung   65
Personenbefreiungsdienst   178
Personen-Umlaufaufzug   43
PESSRAL   168
Planetengetriebe   70

Planung   18
Plug-and-Play-Verfahren   149
Polumschaltung   74
Potentialausgleich   194
Produkt
  –, energieverbrauchs-
    relevantes   213
  –, Gestaltung energie-
    betriebenes   213
Produktrichtlinie   205
Produkt- und Gerätesicherheits-
  gesetz   206
Projekt E4   302
Projektierungsmöglichkeit   118
Projektierungszeichnung   194
Prüfbescheinigung   228
Prüffrist   228
Prüforganisation   206
Puffer   164
Pumpe   72
Pumpenmotor   72

Q

Qualifizierung von Personal   233
Qualitätsmanagement   315
  –system   207

R

Rauchableitung   253
Rauchabzugsöffnung   212
Rauchmeldung   198
Rauchtote   252
Regeln der Technik   233
Regelwerk
  –, gefährdungsbezogenes   203
  –, produktbezogenes   203
Reisezeit   277
Reparatur   291
Richtlinie   204
  – der Europäischen Kommission
    203

Richtlinienausschuss 233
richtungsabhängige Sammel-
  steuerung 99
Risikobewertung 171, 173
Risikodefinition 173
Risikostufe 225
Rohmontage 272
Rohstoffressource 303
Rollenführung 123
Rollstuhlfahrer 222, 297
Rotorlage 83
Rückholsteuerung 94, 106, 166
Rückleiter 166
Rucksackprinzip 62
Rücksendeeinrichtung 224
Rufe 94, 96
Rundfahrtzeit 275

S

Sachverständiger 19
Safety Integrity Level (SIL) 172
Sammelsteuerung
  –, richtungsabhängig 99
Sanftanlaufgerät 85
Schacht 300, 301
  –ausrüstung 49, 122, 185
  –entlüftung 197
  –grube 65, 183
  –kopf 65, 185
  –tür 137, 189
  –wirkungsgrad 124
Schadensfall 228, 293
Schall 248
  –druck 248
  –druckpegel 248
Schallschutz 200, 233, 248
  –, erhöhter 251
  –, nachhaltiger 277
  –stufe 250
Schaltschrank im Triebwerksraum 102
Schiene 122

Schiffshebewerk 45
Schirmauflage 104, 262
Schleifenwiderstand 166
Schließkraftbegrenzung 135
Schlupfregelung 82
Schneckengetriebe 69
Schrägaufzug 40
Schutzart 91
Schutzleiter 193 f.
Schutzraum 65 f., 183
  –, reduzierter 183, 185
Schutzziel 203
Schwingungsdämmung 249
Schwungring 73
Seil 120
  –aufzug 60
  –befestigung 120
  –bremse 162
  –hydraulikaufzug 63
  –reibung 59
Service 289
Service Center 181
Servicepersonal 181
Sicherheitsanforderung 175, 208
Sicherheitsaspekt 297
Sicherheitsbauteil 157, 209
Sicherheitsbremse 72
Sicherheiteinrichtung 157, 166
Sicherheitsglas 133
Sicherheitskreis 94, 165
Sicherheitsniveau 171
Sicherheitsschalter 168
Sicherheitsschaltung 166, 168
Sicherheitsschütze 170
Sicherheitstechnik 49
Signalisierungseinrichtung 180
Signalübertragung
  –, berührungslose 154
SNEL (Safety Norm for Existing
  Lifts) 225
Sozialrichtlinie 205
Spannungseinbruch 192
Spannungsregelung 76

Spiegel 297
Spindelaufzug 68
Sprachansage 142
Standanzeige 141 f.
Stand-by 131
Stand der Technik 295
ständiger Ausschuss 207
Stelle
–, benannte 19, 206
Steuereinrichtung 167
Steuerteil 93
Steuerung 49
Steuerungslogik 101
Steuerungssystem 38
Steuerventil 72
Stillstandsenergieverbrauch 274
Stirnradgetriebe 71
Störaussendung 260
–, elektromagnetische 262
Störemission 260
Störfestigkeit
–, elektromagnetische 260
Störimmunität 260
Störung
–, elektromagnetische 260
Störungsziffer 277
Strahlung 262
Stromrichter 80
Stromspitze
– beim Einschalten 85
Stromverdrängungsläufer 74
Stützkettenaufzug 68
Subunternehmen 272
Synchrondrehzahl 81
System
–, offenes 307
–, programmierbares
elektronisches 168, 171
–, serielles 146
System der harmonisierten
europäischen Norm 215
Systemebene 172
Systemwartung 278

T

Tachogenerator 79
taktil 25
Tandemprinzip 62
Taster 25
Technische Regeln für Aufzüge
(TRA) 20, 231
Technische Regeln für Betriebssicher-
heit (TRBS) 21, 231
Teil-Ex-Ausführung 257
Teilunterhaltung 278
Temperatur 201
–bereich 104
–verträglichkeit 104
Testrufe 181
TN-S-Netz 194
TRA 21
Tragfähigkeit 17
Tragkraft 17
Traglast 17
Tragmittel 126
Tragrahmen 126
Treibfähigkeit 50, 59, 114
Treibscheibenaufzug 49, 56, 59
Triebwerksraum 59, 63, 186, 300
Trommelaufzug 47
Tür 49, 130 f.
Türantrieb 93, 133
Türbreite 254
Türklasse 222
Türsicherungssystem 133, 135
TWIN 37 f.

U

Überarbeitung der EN 81-1/2 219
Überbrückung durch Leiterstücke
301
Übergangszeit 219
Überlast 128
Überspannungsschutzgerät 263
Überstrom-Schutzeinrichtung 193
Übertragungsprotokoll 146

Überwachung 150
Überwachungseinrichtung 167
Ultraschall 249
Umbaukatalog des DAfA 231
Umgebungstemperatur 92
Umschlingung
 –, doppelte 59
Umsetzung
 –, nationale 217
Umweltrichtlinie 205
Umweltschutz 301
 –management 315
Unfall 228, 293
 –verhütungsvorschrift 232
Unterband 124
Unterfluraufzug 22
untergesetzliches Regelwerk 234
Unterkette 124
Unterölmotor 75
Unterseil 124
 –spannvorrichtung 124

V

Vandalenschutz 18
vandalensicher 178
Vandalismus 270, 279, 297
 –, Stufen von 223
Varistor 104
VDE-Vorschriftenwerk 204
VDI 4707 19
VDI-Richtlinie 233
VDMA-Einheitsblätter 234
VdTÜV-Merkblätter 234
Ventilblock 119
Verbesserung der ARL 209
Verbundsicherheitsglas 30
Verfahren zur Drehzahlverstellung 82
Verfügbarkeit 152, 277
Verfügbarkeitsgrad 278
Verglasung 30
Verkehrsberechnung 275
Verkehrserschließung 240

Verkehrsleitrechner 113
Verkehrsweg 300
Vermutungswirkung 203, 218, 231
Verordnung 203
Versagenswahrscheinlichkeit 172
Verschleißüberwachung 176
Verteilverkehr 275
Voll-Ex-Ausführung 257
Vollwartung 278
Vorraumüberwachung 136
VSG 133

W

Ward-Leonard-Technik 79
Warteschlange 277
Wartezeit 112, 114, 276
Wartung 289
Wartungsfirma 19
Wartungspersonal 181
Wartungspflicht 289
Wartungsunternehmen 228
Wartungsvertrag 290
Weiterfahrtanzeige 101, 142
Wirbelstrombremse 76
Witterungseinfluss 35

Z

Zählkopierung 108
Zahnstangenaufzug 68
Zentralstelle der Länder für Sicher-
 heitstechnik 228
Zerstörung
 –, mutwillige 223
Zertifizierung 315
Zielauswahlsteuerung 38
Zielerreichungszeit 114
Zielhaltestelle 101
Zielrufsteuerung 101
Zielzeit 276
Zugänglichkeit 254
zugelassene Überwachungsstelle 228

Zuladung 17
Zündgefahrbewertung 259
Zusatzmaßnahmen
    –, aerodynamische 18
Zweiknopf-Sammelsteuerung 99
Zweikreisbremse 70
Zwischengeschossverkehr 99
Zwischenprüfung 116, 285